THE REMARKABLE LIFE OF THE *SKIN*

An Intimate Journey Across Our Surface

皮膚大解密

揭開覆蓋體表、連結外界和內心的橋梁，
如何影響我們的社交、思維與人生？

Monty Lyman

蒙蒂・萊曼——著　洪慧芳——譯

科普漫遊 FS0124

皮膚大解密：

揭開覆蓋體表、連結外界和內心的橋梁，如何影響我們的社交、思維與人生？

The Remarkable Life of the Skin: An Intimate Journey Across Our Surface

作　　者　蒙蒂・萊曼（Monty Lyman）
譯　　者　洪慧芳
副總編輯　謝至平
責任編輯　鄭家暐
行銷企畫　陳彩玉、楊凱雯

編輯總監　劉麗真
總 經 理　陳逸瑛
發 行 人　凃玉雲
出　　版　臉譜出版
城邦文化事業股份有限公司
臺北市中山區民生東路二段141號5樓
電話：886-2-25007696　傳真：886-2-25001952
發　　行　英屬蓋曼群島商家庭傳媒股份有限公司城邦分公司
臺北市中山區民生東路二段141號11樓
客服專線：02-25007718；25007719
24小時傳真專線：02-25001990；25001991
服務時間：週一至週五上午09:30-12:00；下午13:30-17:00
劃撥帳號：19863813　戶名：書虫股份有限公司
讀者服務信箱：service@readingclub.com.tw
城邦網址：http://www.cite.com.tw
香港發行所　城邦（香港）出版集團有限公司
香港灣仔駱克道193號東超商業中心1樓
電話：852-2508623　傳真：852-25789337
電子信箱：hkcite@biznetvigator.com
新馬發行所　城邦（馬新）出版集團
Cite（M）Sdn. Bhd.（458372U）
41, Jalan Radin Anum, Bandar Baru Sri Petaling,
57000 Kuala Lumpur, Malaysia.
電話：603-90578822　傳真：603-90576622
電子信箱：cite@cite.com.my
一版一刷　2021年1月
一版二刷　2021年9月

ISBN 978-986-235-882-5
售價　NT$ 380

國家圖書館出版品預行編目資料

皮膚大解密：揭開覆蓋體表、連結外界和內心的橋梁，如何影響我們的社交、思維與人生?／蒙蒂・萊曼(Monty Lyman)著；洪慧芳譯. 一版. 臺北市：臉譜，城邦文化出版；家庭傳媒城邦分公司發行, 2021.01
面；　公分. --（科普漫遊；FS0124）
譯自：The Remarkable Life of the Skin: An Intimate Journey Across Our Surface
ISBN 978-986-235-882-5（平裝）

1.人體學　2.皮膚　3.通俗作品

394.29　　　　109018941

目次

本書謹獻給全球數百萬名為皮膚所苦的人

作者註：斟酌與定義

希波克拉底誓詞有言：「凡余所見所聞，不論有無業務牽連，余以為不應洩漏者，願守口如瓶。[1]」所有的醫生都有義務為病人保密，所以本書中每個有皮膚問題的角色都套上了假名。有些情況下，尤其是那些罹患極其罕見皮膚病的患者，我以雙重匿名的方式加以保護，不僅套用假名，也更改見面的地點，但更改的地點一定是我去過或曾任職的地方。

雖然以疾病來界定一個人並不恰當（諸如「痲瘋病人」或「白化症患者」），我偶爾會使用這些術語，以便帶讀者瞭解，深受這些疾病所苦的患者過著什麼樣的現實生活。

序言

對一個喜好研究古物的醫生來說，即使義大利的酷暑把鑲木大廳烤得跟三溫暖室一樣，波隆那大學（University of Bologna）那個恢弘氣派的解剖教室在我的眼裡，依然宛如天堂。我站在這所世上最古老的大學中，那個有四百年歷史的大廳完全是由雲杉雕刻而成。站在裡頭，我感覺自己像一隻縮小的精靈，在一個古色古香的珠寶盒內探索。房間的中央擺著一張氣派的大理石解剖臺。數百年來，那張解剖臺一直為坐在四周木椅上的醫科生提供完整的手術全貌。牆上裝飾著大型的精緻木雕，都是古代醫療英雄的雕塑。希波克拉底（Hippocrates）與蓋倫（Galen）以令人生畏的眼神，看著下面的學生——如今許多醫學院講師的表情，無疑是仿效他們的。這個解剖教室裡充滿了驚奇，其中最吸引訪客的，莫過於這裡的核心。那是教授的座位，可以俯瞰整個教室。座位上方蓋著由兩尊「無皮雕像」（Spellati）舉起的精緻木棚。這兩座雕像擺在這座醫學殿堂的舞臺中央，肌肉、血管、骨骼全暴露在外。

所謂的「écorché figures」（源自法語，意為「去皮」），是描繪身體的肌肉、骨骼及它們的互動，但沒有皮膚。自十五世紀達文西畫出開創性的解剖圖後，這些肌肉發達、無皮的身體就成了醫學的代名詞，幾乎所有醫學教科書的封面上，都可以看到他們。皮膚是人體最大、最明顯的器官，儘管我們每天都會看到它，觸摸它，時時刻刻活在它的保護下，但當我抬頭凝視波隆那大學那兩尊木製的無皮雕像時，還是可以清楚看到皮膚是最容易被醫學界忽略的器官。皮膚重達九公斤，面積可覆蓋兩平方米，但直到十八世紀，大家才認定皮膚是一種器官。我們想到器官或人體的時候，鮮少想到皮膚。它近在眼前，我們卻視而不見。

初識不久的人問起我的臨床與研究興趣時，我總是以近乎抱歉的口吻回應，我對皮膚學最感興趣。對方聽了之後，往往露出困惑或可惜的表情，或是既困惑又可惜的表情。一位外科醫生好友喜歡挖苦我：「皮膚就只是包裹禮物的包裝紙罷了。」但皮膚之所以吸引我，部分原因在於，儘管皮膚是身體最顯眼的部位，但它的存在意義遠不止於表面看到的那樣。

我對皮膚的興趣是從十八歲開始的，就在聖誕節後兩天的一個悠閒下午。家人才剛吃完最後的佳節剩菜，我吃飽攤在沙發上，蓋著毯子，把複習筆記攤開，慢條斯理地開始準備一週後的第一次醫學院考試。我感到有點不舒服，手肘內側與臉部異常發癢。後來，我照鏡子才發現，臉頰變得更紅了。兩天內，我的臉與脖子變得又紅又乾又癢。朋友與家人為此提出

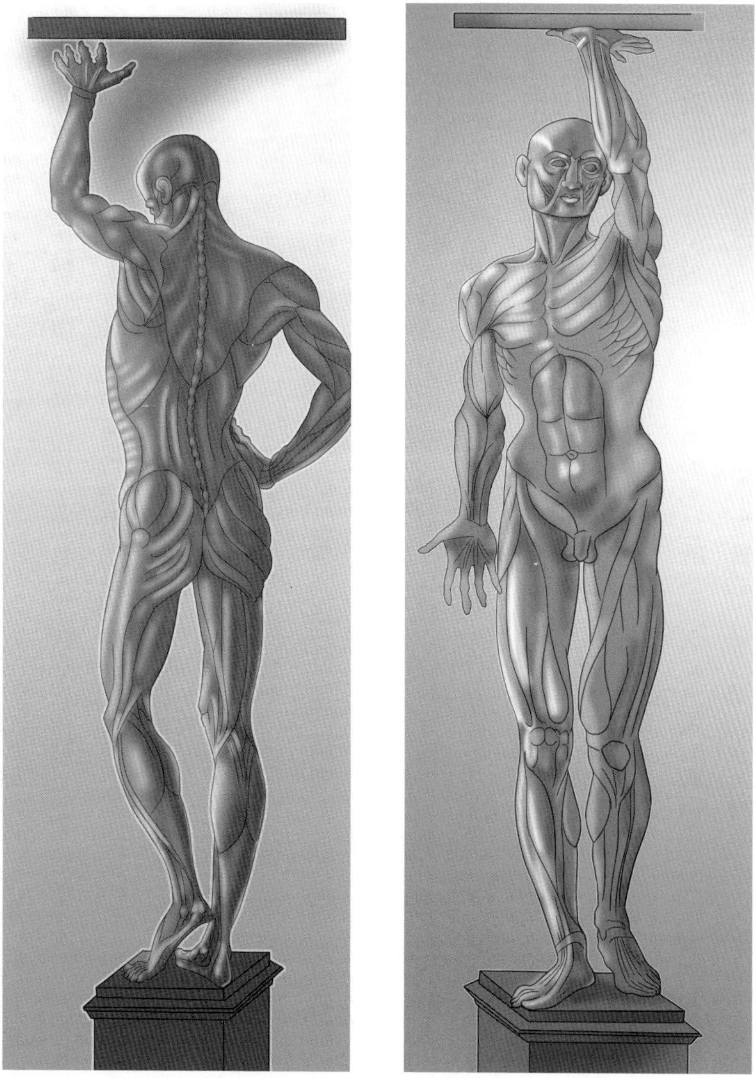

波隆那大學的無皮雕像

截然不同的解釋，有人說是考試壓力使然，有人說是室內過敏原造成的，有人說是洗太熱的熱水澡，有人說是皮膚的微生物在作怪，也有人說我吃太多糖了。不管是什麼原因，我的皮膚好端端地過了十八年，這時卻突然開始出狀況。此後，濕疹一直如影隨形，揮之不去。

皮膚充滿美麗的神祕感，掩藏在感覺、觀點、疑問之下。隨著科學日益揭開這個未知領域，我們發現這個大家最忽視的器官其實也最迷人。皮膚有如人體器官中的瑞士刀，它有從生存到社交的多種功能，是其他器官無可比擬的。皮膚不僅是抵禦外界恐怖的屏障（有數以百萬計的神經末梢幫我們感受生活），也是通向我們自身的橋梁。它既是牆，也是窗，在身體上包圍著我們，也是我們心理與社交的一部分。皮膚不僅是一種奇妙的材質，也是我們瞭解世界與自身的透鏡。身體的皮膚讓我們驚嘆身體的複雜與科學的驚奇；教我們尊重那些伴隨我們生活的數百萬隻微生物；對飲食抱持理智，而不是激進的態度；對太陽抱持敬畏，而不是恐懼。老化的皮膚讓我們直接面對自己的死亡。人類的觸覺極其複雜，令人費解，這促使我們重新檢視身體接觸在這個日益孤立和電腦化的社會中所扮演的角色。找不到比心理皮膚（psychological skin）更適合證明人類的身體與心理（事實上是身心健康）密不可分的平臺了。服裝、化妝、紋身，以及社會對膚色的激烈討論，還有數百萬人因皮膚被認為有病或骯髒而遭到評斷等等——這些議題都顯示皮膚是社交功能最強大的器官。最終，皮膚超越了實體的存在，影響著我們的信仰、語言與思維。

這本書不是指引你如何擁有美麗或健康皮膚的逐步指南。雖然你在書中會看到一些如何打理外表的資訊，但這本書可能比那些資訊更重要。這是一次飽覽這個非凡器官的精采旅程，也是一封寫給皮膚的情書。我們以皮膚作為稜鏡，綜覽時間（從古代歷史到科學的未來）與空間（從巴布亞紐幾內亞那些鱷魚崇拜者的優雅紋身，到邁阿密海灘上那些日光浴愛好者的皮膚變化）。這本書是從探索皮膚的實體樣貌開始，區分虛實資訊，並解答一些問題（例如飲食是否會影響皮膚？什麼因素使皮膚老化？曬多少陽光才算太多？）。這些問題將帶我們深入皮膚與心智之間那個迷人的陌生領域，以瞭解觸摸的痛苦與快樂、壓力對皮膚的影響等等。皮膚與心智是親近的朋友，其他器官的心理重要性都比不上皮膚。別人對我們皮膚的觀感——或者說，是我們認為別人對我們皮膚的觀感——會影響我們的心理健康。就某些方面來說，皮膚就像一本書。在那本書上，傷疤、皺紋、紋身訴說著我們的故事，其他人可以閱讀那些東西。然而，皮膚也像一個螢幕，展現出不斷變化的內在情緒——無論是透過微妙的臉部抽動、臉紅，還是潛在的身心突發狀況展現出來。這趟環遊人類表面的最後一段旅程，是在社交情境中探索皮膚。皮膚把我們團結起來（人類是唯一永久在皮膚上做標記或紋身，以便與他人交流的生物），也造成分歧（膚色及「玷汙性」的皮膚病使社會分離，也改變了人類歷史的進程）。人類的皮膚甚至影響了哲學、宗教、語言，影響所及遠遠超出其單純的實體形式。

無論你打開這本書是出於對科學的好奇，還是想獲得皮膚健康的相關建議，我希望你都會滿意，也對自己與他人有更宏觀的理解。事實上，我自己探索皮膚的旅程就是如此——這是一場奇妙的冒險，從觀察病人皮膚或培養皿中的皮膚開始，最後我的世界觀也徹底改變了。皮膚對於我們的生存與日常運作是不可或缺的，但它也顯示我們身為人類究竟是怎麼一回事。我們看波隆那大學的無皮雕像時，可以一眼認出人形，但少了外面那層皮膚，他們也失去了人性。因此，瞭解皮膚，也是在瞭解自己。

1 有如瑞士刀的器官

皮膚的多層樣貌

「我們的任務不是去看沒人看過的東西，而是去思考那些每個人都看過，卻從未思考過的東西。」

埃爾溫・薛丁格（Erwin Schrödinger）

我們隨時都能看到皮膚，無論是在自己或是別人身上。但你上次真正注意到自己的皮膚是什麼時候？你可能經常觀察鏡中的自己，那是你日常護膚的一部分，但我是指仔細**端詳**並感到**驚嘆**。驚嘆指尖上那些細膩獨特的螺紋，以及手背上的微型溝壑與凹痕；驚嘆這層薄壁如何把內臟包藏在體內，把危險的東西隔絕在外。每天，皮膚被抓扒、擠壓、拉伸數千次，卻不會破裂——至少不容易破裂——或磨損。它承受太陽的強大輻射，卻能阻止輻射觸及內臟。許多最出名又致命的細菌造訪過皮膚表面，但很少細菌能穿透它。雖然我們覺得皮膚是再普通不過的組織，皮膚所形成的薄壁其實非比尋常，它無時無刻都在保護我們的生命。

皮膚的重要性，在罕見但發人深省的異常故事中最為明顯。一七五〇年四月五日星期四，在南卡羅來納州的查理斯鎮（Charles Town，現在的查爾斯頓），那是一個寧靜的春日早晨，但新任牧師奧立佛．哈特（Oliver Hart）正趕去處理一樁緊急狀況。哈特來自賓州，原是未受過教育的木匠，但獲得費城教會領袖的關注。二十六歲時，他被安排到查理斯鎮的第一浸信會教堂擔任牧師（後來成為影響力卓著的美國牧師）。他的日記有如一個謙卑的時間膠囊，記錄了十八世紀美國人經歷的種種磨難：疾病肆虐、颶風、與英國的衝突。他開始寫日記時，才剛擔任牧師幾個月。在最初的一篇日記中，他記下那天早晨的緊急狀況。他是去探訪一位教會成員的新生兒，因為他看到前所未見的狀況：

> 看過的人都驚訝不已，我簡直不知該如何形容。他的皮膚又乾又硬，似乎有多處龜裂，有點像魚鱗。嘴巴又大又圓，張得開開的。他沒有外部的鼻子，但鼻子的位置上有兩個洞。眼睛看起來像凝固的血塊，約莫李子那麼大，看上去很可怕。他沒有外耳，但耳朵的位置上有洞……他發出奇怪的聲音，那聲音很低沉，我不知道該怎麼形容。他活了約四十八個小時，我看到他時，他還活著。[1]

這篇日記是第一筆有關「斑色魚鱗癬」（harlequin ichthyosis）的紀錄。那是一種罕見又致命的遺傳性皮膚病，是名叫「ABCA12」的單一基因突變造成的。這種基因突變導致組成皮膚最外層（亦即「角質層」〔stratum corneum〕）的「磚」（蛋白質）與「灰泥」（脂質）減少。[2]這種不正常的發育，使皮膚變成魚鱗狀的厚塊（ichthys是古希臘語的「魚」），而且厚塊與厚塊之間還有毫無保護的裂縫。以往，罹患斑色魚鱗癬的嬰兒會在出生幾天內，因皮膚屏障破損，導致好的物質流失（嚴重的水分流失及脫水）、壞的物質侵入（感染性的病菌）而死亡。皮膚無法隨時調節體溫時，也會帶來持續的風險：體溫過高或體溫過低都可能危及生命。[3]雖然如今有現代加強療法可以修復屏障功能，讓一些病童活到成年，但這種毀滅性的疾病依然無法治癒，需要持續仰賴藥物控制。

皮膚是人類最多樣化的器官，在生活中有無數的功能，但我們很容易把那些功能視為理所當然，更遑論它作為「屏障」這個看似平凡的功能了。但擁有畸形的皮膚就像被判死刑一樣。想瞭解這個人體最大器官的美麗與複雜，可以想像一下你跳上一輛細胞大小的礦車，穿過皮膚的表皮層與真皮層，這兩層截然不同但一樣重要。

✤ ✤ ✤

皮膚的最外層位於人體的最邊緣，那是表皮層（epidermis，字面意思是「在真皮層上」〔on the dermis〕）。它的平均厚度不到一公釐，比你讀的這一頁厚不了多少，但皮膚的屏障功能幾乎完全由它承擔，它也比其他的身體組織更常抵禦各種損傷。它之所以如此堅韌，關鍵在於它有多層的活磚牆：角質細胞（keratinocyte cell）。表皮層是由五十到一百層的角質細胞所組成的。Keratinocyte這個名稱是以其結構蛋白「角蛋白」（keratin）來命名。角蛋白極其強大，我們的頭髮與指甲，以及動物界那些堅不可摧的爪子與尖角，都是由角蛋白構成的。Keratin這個字本身是源自古希臘語的「角」（keras，犀牛〔rhinoceros〕這個字也是源自keras）。如果你可以把手背的皮膚放大兩百倍，你會看到堅韌相連的角蛋白鱗片，狀似犰狳的盔甲。這種生物鏈甲是角質細胞精采生命歷程的巔峰。

角質細胞源自表皮最深的底層：**基底層**（stratum basale），這一層就覆蓋在真皮層的上方。這個薄到幾乎看不見的底層，有時只有一個細胞那麼厚，是由不斷分裂與自我更新的幹細胞所組成的。人體表面的每個皮膚細胞，最初都是從這些神祕的生命泉源冒出來的。新的角質細胞一旦形成，它就會緩慢向上移動到另一層：**棘狀層**（stratum spinosum）。在這裡，這些年輕的成體細胞開始透過一種名叫「橋粒」（desmosome）的超強蛋白質結構，與鄰近的角質細胞連接起來。它們也開始在細胞體內，合成不同類型的脂肪，那些脂肪很快就會變

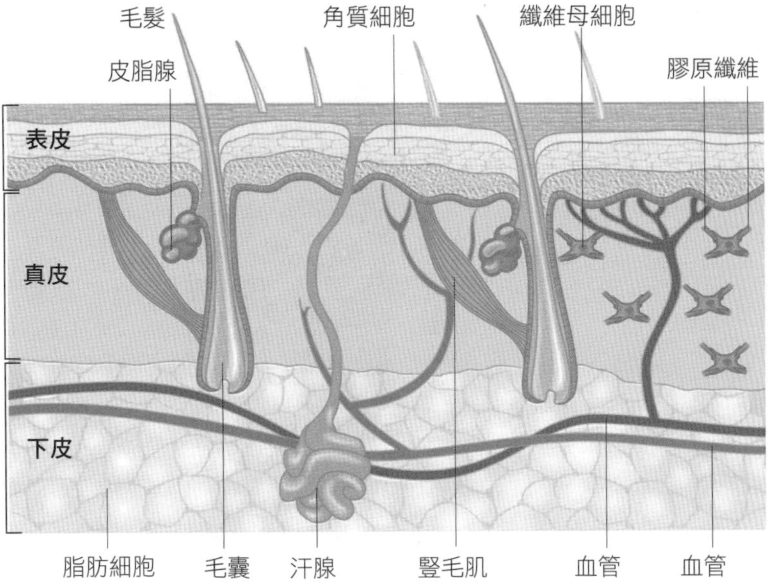

皮膚的分層

成打造皮膚外壁的最重要灰泥。當角質細胞升到另一層時，它們會做終極的犧牲。在**顆粒層**（stratum granulosum）中，細胞變平，釋放脂肪，失去細胞核（亦即包含基因的細胞大腦）。除了紅血球與血小板以外，人體的所有細胞都需要細胞核才能運作及生存下去。所以，當角質細胞終於達到皮膚的表層（角質層）時，它們其實已經死了，但目的也達到了：這個極小的薄層是身體的屏障。活的角質細胞已經變成相連又堅硬的角蛋白片，周圍的脂肪使人體的表皮像上蠟的外套一樣防水。最終，在它們長達

表皮

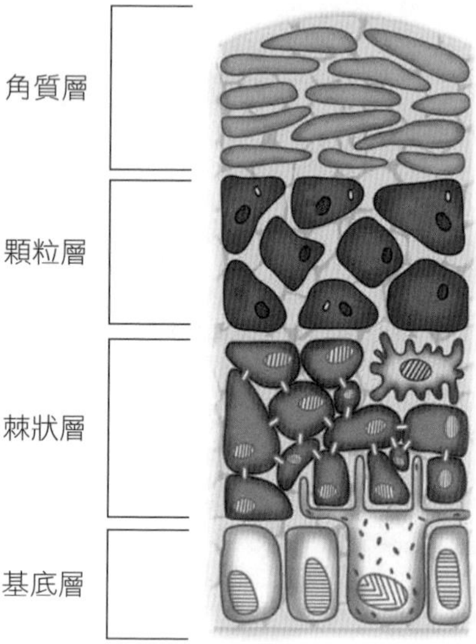

皮膚的分層

一個月的生命結束時，這些角蛋白片會在外界的抓搔刮弄下脫落，飄落在大氣中。但這種脫落不會損及表皮壁，因為年輕的細胞不斷向上移動，輪到它們來面對外界。角質細胞形成一種精細但強大的外部防禦，保護體內數兆個細胞。從未見過那麼多細胞欠那麼少細胞那麼大的恩情。*

在較厚的皮膚區（亦即手掌與腳底）有額外的第五層表皮。**透明層**（stratum lucidum）有四到五個細胞那麼厚，位於角質層的下面，由大量的死亡角質細胞所組成，包含一種名為角母蛋白（eleidin）的透明蛋白質，這個額外的皮層幫四肢的皮膚因應不斷的摩擦與拉伸。

表皮的外層覆蓋著抗菌分子與酸性物質，它的對外防禦效果既是化學的，也有物理的，目的是阻止昆蟲、刺激物等不速之客以及保濕。[4]皮膚這道防水屏障攸關我們的生存。在人類遭到活活剝皮的可怕案例中（謝天謝地，大多是古早案例），他們最終是死於脫水。燒燙傷患者失去大部分表皮時，需要大量的液體才能存活下來（有時一天超過二十升）。少了皮囊，我們會脫水。

表皮雖是一堵牆，但它其實動個不停。基底層的幹細胞源源不斷地生出新的皮膚細胞。一個人每天會脫落一百多萬個皮膚細胞（約占家中灰塵的一半）[5]，我們的表皮每個月都會完全替換一遍，但驚人的是，這種無止境的變化並未導致皮膚屏障滲漏。皮膚這個不滲漏的祕密，是透過一種有點奇特的假設發現的。

一八八七年，蘇格蘭數學家兼物理學家卡爾文男爵（Lord Kelvin）已經以無數的科學發明聞名全球，尤其溫度的絕對零度就是他發明的。但晚年時，他試圖發現泡沫的完美結構。這個奇怪的提案，是為了解決一個從未問過的數學問題：若要以相同體積的物體填滿一個空

*譯註：這句話是套用邱吉爾稱讚二戰期間英國皇家空軍奮勇抵禦德軍侵襲的名言：「從來沒見過那麼多人欠那麼少人那麼大的人情。」

間，但物體與物體之間的表面積最小，那個物體最好是什麼形狀？雖然那個年代的人認為那項研究「根本是浪費時間」或「浮誇膚淺」，但他透過密集的計算，最終提出十四面體的形狀。那個十四面體放在一起時，會形成漂亮的蜂窩狀結構。[6]

這個假設性的「十四面體」（tetradecahedron）並未引起眾人的關注。有長達一世紀的時間，卡爾文男爵的貢獻似乎與材料科學或自然界毫無關係。後來，二〇一六年，日本與倫敦的科學家以先進的顯微鏡觀察人類表皮。[7]他們發現，當角質細胞升到顆粒層、尚未升到表面時，就是呈現這種獨特的十四面體。所以，儘管皮膚細胞在脫落以前一直在動，但細胞之間的表面接觸是如此的緊密有序，所以水分無法穿透。事實證明，人體皮膚就是理想的泡沫。我們的皮膚就像中世紀伊斯蘭建築中那些錯綜複雜的幾何瓷磚，同時結合了功能與形式，形成了一道美麗的屏障。

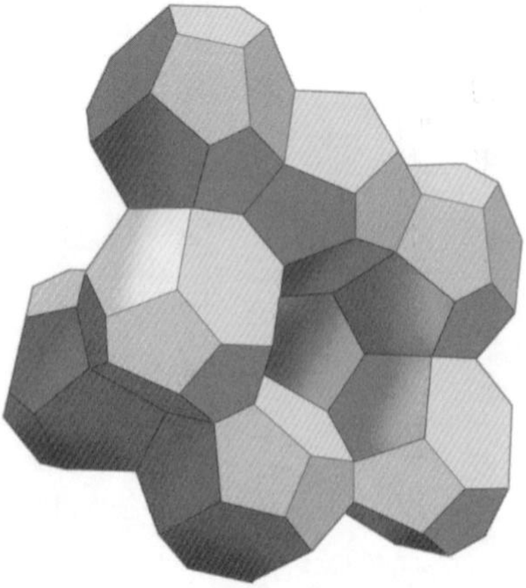

十四面體

✤ ✤ ✤

當皮膚外壁反覆遭到打擊時，表皮會出現過度反應。表皮經過反覆摩擦後可能長繭，建築工人、划船選手是常見的例子。我有一個朋友常在室內彈吉他，也常在戶外攀岩。這兩項活動對皮膚所造成的磨損，使他的角質細胞以遠高於平均的速度增生，所以他的手指與拇指都長了硬硬的老繭。

結繭——角化過度（hyperkeratosis）——是一種皮膚需要強化外壁的健康反應，也是一種保護反應。但角質細胞過度生長可能造成許多皮膚問題。約三分之一的人曾出現「毛孔角化症」（keratosis pilaris），俗稱雞皮病。那是一種肉色的粗糙小顆粒，通常遍布在上臂、大腿、背部和臀部，看起來像永久的雞皮疙瘩，摸起來像粗糙的砂紙。[8] 這種遺傳性疾病是角質細胞過剩，覆蓋及堵塞了毛囊，迫使毛幹（hair shaft）在封閉的毛囊中生長所致。

毛孔角化症是無害的，對生活品質幾乎沒有影響，但不是所有的角化過度狀況都是如此。一七三一年，一個名叫愛德華・蘭伯特（Edward Lambert）的人在倫敦皇家學會的前面展出。他的皮膚（除了臉、手掌和腳底以外）布滿了極端角化過度所造成的黑色硬刺，因此有「豪豬人」（亦即魚鱗癬患者）之稱。他似乎是這種病歷的第一人。蘭伯特只能在英國與歐洲的巡迴馬戲團中找到工作。在德國，他得到同樣不雅的稱號「Krustenmann」——字面意思是「硬皮人」。他因這種極其罕見的疾病而留名至今：豪豬狀魚鱗癬（ichthyosis hystrix）——hystrix是古希臘語的「豪豬」。

除了罕見的遺傳疾病以外，一些比較常見的疾病也可能導致表皮的屏障功能失效。在歐洲與美國，五分之一的兒童與十分之一的成人患有異位性皮膚炎（atopic dermatitis，濕疹的臨床名稱）。[9]濕疹的情況有很多種，輕則乾燥不適與搔癢，重則嚴重干擾生活。長久以來，大家一直以為那是一種純粹「由內而外」的疾病，是免疫系統內部失衡而破壞皮膚。[10]然而，二〇〇六年，鄧迪大學（University of Dundee）的研究小組發現，帶有聚絲蛋白（protein filaggrin）的基因出現突變，與濕疹密切相關。[11]聚絲蛋白對角質層的屏障完整性非常重要。它把相連的死亡角質緊密地結合在一起，並自然地滋潤這層細胞。失去這種蛋白質會造成裂縫，導致皮膚壁變得脆弱，使環境中的過敏原與微生物進入皮膚，導致水分流失。這種「由外而內」的模式顯示，濕疹（或至少許多濕疹病例）是皮膚屏障的結構受損造成的，而不是內部免疫失調造成的。這也可以解釋為什麼濕疹患者會經歷季節性的皮膚變化。二〇一八年發表在《英國皮膚病學期刊》（*British Journal of Dermatology*）上的一項研究發現，在冬季——至少在北緯地區——聚絲蛋白的生成會減少，角質層的細胞會在寒冷中萎縮，從而降低屏障效果。[12]這有助於解釋為什麼濕疹在寒冷的冬天會轉趨惡化，所以研究人員建議容易出現這種症狀的人，在這段時間用潤膚劑加強保護皮膚。罹患嚴重濕疹的患者中，約一半的患者有聚絲蛋白基因突變。雖然這不是這種複雜疾病的唯一肇因——外部環境與內部免疫系統是其他原因——但我們現在知道屏障功能失調是主要因素。

儘管表皮是人體最容易接觸的器官中最容易接近的部分，我們仍在探索它的祕密。近年來發現，表皮顯然比以前大家所想的更有活力。新證據顯示，皮膚細胞內有複雜的時鐘，受人體的「主時鐘」所影響，以二十四小時的節律運行。主時鐘是在大腦的下視丘（hypothalamus）內。[13] 一夜之間，角質細胞會迅速增生，為外部屏障功能做好準備，以因應翌日的陽光與摩擦。在白天，這些細胞會選擇性地啟動那些對抗陽光紫外線（UV）的基因。二〇一七年一項研究進一步發現，夜裡大吃大喝可能導致曬傷。[14] 我們深夜進食時，皮膚的生理時鐘會以為現在是晚餐時間，因此延後啟動早晨對抗紫外線的基因，使我們翌日更容易暴露在紫外線下。因此，儘管愈來愈多的研究顯示，睡眠不足對身心健康有害，但現在看來，多睡一點對皮膚也有好處。表皮也許是生來面對外界的，但愈來愈多的證據顯示，它也會往內看。連我們選擇何時進食，它也會關注。

✤ ✤ ✤

表皮下面是一個非常不同的皮層：真皮層。皮膚大部分的厚度都屬於真皮層，這裡也聚集了多元的活動。你可以把表皮想像成工廠的屋頂，從那裡可以俯瞰繁忙的工坊。神經纖維、血管與淋巴管等管線在高聳的蛋白質支撐體周圍蜿蜒，整個空間裡充滿了一樣多元的特殊細胞。

如果說角質細胞是表皮的主要細胞，那麼真皮中最重要的細胞就是纖維母細胞（fibroblast）——它們就像建築工人。這些細胞產生的蛋白質是皮膚的支架：一束束的膠原蛋白（collagen）為皮膚提供力量與飽滿度；彈性蛋白（elastin）讓皮膚可以拉伸，並在變形後復原。在這些高聳的結構之間，是一種富含重要分子（例如玻尿酸〔hyaluronic acid〕）的膠狀基質，它在皮膚中負責執行許多其他的功能，包括光害後的組織修復。皮膚裡的血管網路足足有十一英里長（約十八公里），足以橫跨歐洲與非洲之間的直布羅陀海峽。它們為上面增生的表皮及真皮內許多特殊的結構提供養分。

真皮層也包含皮膚自身的微型器官——汗腺、皮脂腺、毛囊。三者合起來，讓我們的皮膚具有明顯的人類特徵。你問任何觀眾，什麼特質使人類這個物種能夠生存、蓬勃發展，進而主宰地球。你可能會聽到「大腦複雜化」或「手指靈巧度」之類的答案，但如果人類少了皮膚特有的裸露及出汗特質，人類主宰世界的故事永遠不會發生。

不管外面的溫度如何，人體的體溫需要維持在攝氏三十六度到三十八度之間。體溫一旦超過攝氏四十二度，就有可能致命。人腦充滿智慧，卻對熱度非常敏感，如果沒有一個在炎熱氣候中長距離攜帶大腦的身體，人腦不可能前往世界各地。人體之所以能夠維持一定的溫度，有賴於勤勞的外泌汗腺（eccrine sweat gland，又名小汗腺）。這種特殊的汗腺狀似義大利麵條，一端盤繞在真皮層的深處，其餘的部分則是一直延伸到表面，最後通往一個汗孔。人體皮膚中，這種腺體有四百萬條。它們合起來每天可排出大量的汗液，有些人每小時可排汗三公升。在炎熱的天氣裡，大腦中敏感的下視丘一偵測到身體的核心溫度上升，便透過自主神經向汗腺發出訊號，指示它們把汗液排到皮膚表面。當汗液（基本上是含有少量鹽分的水）排到裸露的皮膚上時，它會迅速蒸發。蒸發的過程會把高能量、帶有熱度的分子從體內排除，迅速讓皮膚與真皮層的血管降溫。接著，冷卻的靜脈血從皮膚回流到身體的核心部位，避免核心部位的溫度繼續升高。

人體皮膚上到處都有外泌汗腺，但密度最大的地方是手掌與腳底。然而，這些區域在遇熱及運動時，似乎不是大量冒汗的地方。手腳上的汗腺對自主神經的另一種刺激，反應比較強烈：壓力。這可以解釋為什麼我們在面試室的外面等待時，不管室溫幾度，手總是濕漉漉的。令人驚訝的是，當人體準備好跟敵人搏鬥或爬樹時，手掌與腳底的汗水其實增加了皮膚表面的摩擦力與抓地力，所以流汗也有防禦效果。

但流汗只是皮膚的恆溫功能之一。真皮裡的血管也會在神經的刺激下擴張，以幫助身體散熱，或收縮以保持熱度。相較於多數的哺乳動物，人類明顯缺少體毛。當我們需要散熱時，缺少體毛是排汗的關鍵。相反地，當我們需要保暖時，我們也許沒有厚厚的皮毛，但毛囊會暫時緊縮起來，以形成另一層防護。皮膚上的毛幹通常是平的，但天冷時，附在真皮毛囊上的豎毛肌（arrector pili muscle）會收縮。這種收縮會豎起毛髮，把皮膚上方那層薄薄的暖空氣包起來，形成臨時的外層。皮膚的恆溫功能使體溫維持在狹窄的範圍內，它會不斷地偵察體溫並做出回應以維持生命。

真皮中，另一種汗液工廠是頂漿腺（apocrine gland，又名大汗腺）。頂漿腺狀似外泌汗腺，但它的分泌物（油性）為人類的繁衍扮演截然不同的角色。腋窩、乳頭、鼠蹊部都有頂漿腺。由此可見，它們在性愛中可能扮演的角色。

頂漿腺的汗液本身沒有氣味，但它含有蛋白質、類固醇、脂質這些雜七雜八的物質，對皮膚上的細菌大軍來說是不可多得的美味大餐。細菌會把頂漿腺的汗液代謝成不太好聞的體味。長久以來，大家一直認為這種天然香水含有費洛蒙（pheromone）——一種能引發他人身體或社交反應的化學化合物。儘管科學尚未確定可能影響感知魅力的確切分子，人類依然很擅長偵測伴侶的「氣味印記」。長時間聞愛人的氣味，可激發快樂的回憶及抒壓。[15]

頂漿腺的汗液也是一種催情劑。證據顯示，這種汗水的氣味在我們為性愛做準備時發揮了作用。二〇一〇年佛羅里達州立大學的一項研究，招募了一群大膽（或報酬不錯）的男性來嗅聞女性志願者未洗的Ｔ恤。有趣的是，只有聞排卵期女性Ｔ恤的男性，睪固酮的濃度上升。[16]這個「汗水Ｔ恤」研究，是由瑞士科學家克勞斯・魏德金（Claus Wedekind）在一九九五年率先設計的，他最初的實驗產生了有趣的結果。他要求四十四名男性參試者兩天不洗澡，穿同樣的Ｔ恤。接著，他把那些Ｔ恤放在沒標示的盒子裡，並請四十九位女性評估盒子的氣味：針對盒子氣味的濃烈度、愉悅度，甚至性感度進行排序。研究結果一面倒地顯示，女性最容易被「主要組織相容性複合體」（ＭＨＣ）的基因與自己不同的男性氣味所吸引。[17]這些基因控制著我們辨識外來分子（從而辨識危險微生物）的能力，它們有效定義了免疫系統的範圍。一個人不可能擁有這種基因的全套，而是無數的基因變異分散在整個人類族群中。這種多元性意味著，任何當前或未來的微生物，至少都有一群人的免疫系統能夠辨識它。例如，一場全新的流感疫情不可能消滅全人類。從避免亂倫的角度來看，喜歡基因不同的伴侶顯然是有道理的，但研究也顯示，ＭＨＣ基因差異較大的伴侶所生下的孩子，有更多元、更強大的免疫系統。[18]皮膚與鼻子之間的溝通，是由真皮中的頂漿腺促成的，這種溝通可能幫人類免於滅絕。

真皮中的最後一種腺體是皮脂腺（sebaceous gland），亦即皮膚的油井。這個附在毛囊上的小袋子，把含油及脂性的皮脂分泌到毛幹和皮膚上，為兩者提供潤滑，也幫表皮做好防水工作。皮脂中的酸性物質也使皮膚表面保持弱酸性（pH值介於4.5～6之間），從而阻擋潛在的危險細菌。而那些適應這種環境的細菌，即使設法穿過皮膚、感染血液中的鹼性環境，它們也難以蓬勃發展。當神經刺激汗腺源頭時，性荷爾蒙對皮脂腺的影響最大。當青春期睪固酮的濃度增加，刺激皮脂分泌過度時，就會長青春痘，變成問題。

真皮中暗藏了許多工具，我們仍在持續探索。二〇一七年，劍橋大學與瑞典的卡羅琳斯卡學院（Karolinska Institute）的研究人員發現，小鼠的皮膚可幫忙控制血壓（人類的皮膚可能也是如此）。皮膚含有一種名叫「缺氧誘導因子」（HIFs）的蛋白質，它會影響真皮血管的收縮與擴張，進而影響血管的阻抗力。如果皮膚缺氧，這些蛋白質會導致血壓和心率在十分鐘內迅速上升，然後在四十八小時內下降並恢復正常。[19]人類的高血壓病例中，十分之九沒有已知的病因，但有些答案可能潛藏在皮膚裡。[20]

✤ ✤ ✤

駐守在「真皮」那座皮膚之城的各種細胞大軍中，最受人矚目的或許是免疫細胞。每天

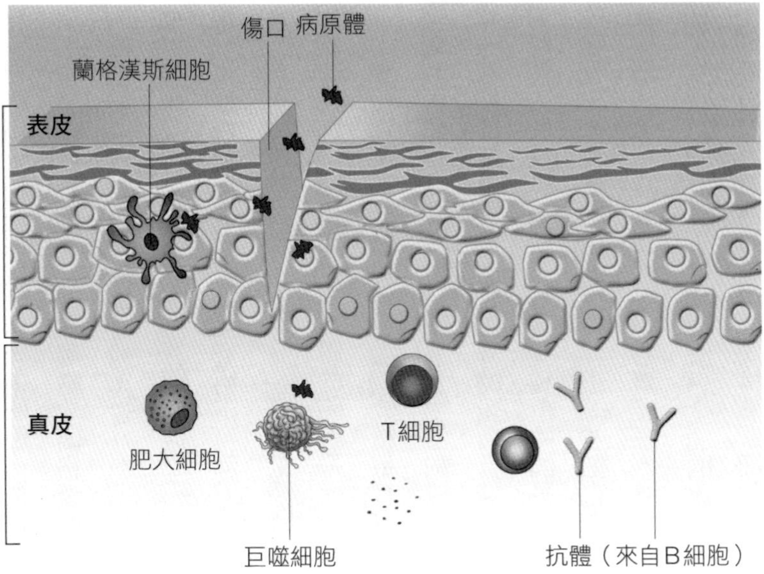

免疫細胞

皮膚都受到不計其數的微生物攻擊，這可以解釋為什麼皮膚中有多種特殊的免疫細胞。皮膚的多數免疫細胞是駐守在真皮層，或被徵召到真皮層戰鬥，但它們是依靠駐守在表皮外壁的哨兵來通知它們侵入者來襲。這些哨兵名為蘭格漢斯細胞（Langerhans cell），是一八六八年由當時年僅二十一歲的德國生物學家保羅・蘭格漢斯（Paul Langerhans）發現的。可能有害的細菌侵入表皮時，蘭格漢斯細胞會偵測到外來的入侵者。[21]它會吞噬細菌上的小分子，把它們分解成更小的碎片。這些小碎片稱為表位（epitope），是特定菌種特有的。蘭格漢斯細胞是把表位當成條碼來使用，把它放在自己的表面上。

接下來發生的事情非比尋常。蘭格漢斯細胞抓著捕獲的細菌表位，離開皮膚，前往身體的淋巴結。透過一系列驚人的複雜互動（許多互動是我們還不瞭解的），蘭格漢斯細胞向一個T細胞（T cell）呈報簡要的戰況——亦即說明戰爭發生在皮膚的哪個部位，以及敵人是誰。T細胞可以向其他的細胞發出訊號，並組織協調的免疫反應來對抗入侵者。[22]這種反應有一個更顯著的特色：許多T細胞就像產生抗體的B細胞（B cell），會記住這種細菌，所以未來那種細菌再次侵入皮膚的防禦系統時，它可以更快地因應它。

免疫系統另一個複雜又協調的精準打擊例子，是由毒葛所引起的搔痛疹子。毒葛的葉子接觸到人體皮膚時，會留下名為「漆酚」（urushiol）的微小油分子，它會穿過表皮，進入真皮。有些漆酚會與皮膚細胞外的蛋白質結合。巧的是，這種特殊的「油與蛋白」組合，幾乎對每個人的免疫系統，都是一種危險的外來微生物。蘭格漢斯細胞會以類似吸收細菌蛋白質的過程，來吞噬這種油蛋白分子，並把它帶到身體深處的淋巴結，呈報給T細胞。人體第一次接觸到毒葛時，皮膚沒有過敏反應，但身體已經感應到了，隨時準備行動。下次皮膚再接觸到那種植物時，T細胞會號召全面的攻擊，誤以為有傳染性物質侵入。這些出征的T細胞不僅會破壞含有漆酚分子的蘭格漢斯細胞，也會破壞周圍的健康皮膚細胞，引起發炎，導致類似皮膚感染的症狀：瘙癢、腫脹、起泡。

皮膚的免疫系統包含許多其他的武器，每一種武器都會針對特定的情況做出反應，以保護我們的安全。真皮充滿了球狀、帶有斑點的細胞，名叫肥大細胞（mast cell）。它們是皮膚上的地雷，充滿強大的分子，最明顯的是組織胺（histamine），它會引起發炎與過敏症狀。如果你想實驗的話，可以用指甲或尖體（例如鉛筆）沿著手背刮皮膚。刮完後，一定會出現三種東西。首先，幾秒內，一條紅線出現了。那是因為肥大細胞當場釋出強大的內容物，組織胺使真皮的小血管擴張，以增加該區的血流。接著，約一分鐘後，紅色似乎擴散到紅線的邊緣外，這稱為軸突反射（axon reflex）——那是指組織胺啟動神經末梢，把刺激發送到脊椎再回到皮膚，使更多的真皮血管立即在刮痕的周圍擴張。最後，沿著原紅線的位置會出現一道紅腫傷痕。那是因為這些血管的擴張增加了它們的滲透性，把血漿（懸浮血球的液體）從血管釋放到周圍的組織中。這會引發幾乎總是伴隨發炎而來的紅腫。這種發炎反應在我們對抗受傷與感染時非常重要。藉由疏通所有通往感染區域的道路，皮膚使免疫系統能夠迅速處理任何造成損害的東西。

以前在醫學院上某堂特別枯燥的課程時，朋友會找我玩一種特別的聚會把戲。我們拿鉛筆在他的皮膚上作畫，那通常會演變成圈叉遊戲。這種在皮膚上寫字所造成的紅腫，往往需要一個多小時才會消退，因為他患有皮膚劃紋症（dermographism），那是肥大細胞釋出太多組織胺造成的。全球約有百分之五的人口有這種過度反應，但目前尚不清楚其背後的原因。[23]

我們的免疫系統是迅速發展的尖端科學之一，皮膚則是神奇的實驗室。科學家持續發現新的互動，甚至新型細胞。在牛津大學的皮膚免疫實驗室裡，我可以研究皮膚中「先天性淋巴細胞」（innate lymphoid cell）這種免疫細胞的作用，那是二〇一〇年代以前還不為人所知的細胞。[24]近年來，使用生物製劑（針對特定免疫分子的療法）來操縱免疫系統，已經徹底顛覆了皮膚學。例如，牛皮癬的鱗塊是免疫系統失調造成表皮過度增生的結果。對一些人來說，這些鱗塊只是煩人的搔癢症狀，但明顯又嚴重的牛皮癬還是有可能致命。如今，新的生物療法已經幫百分之七十五的患者減輕症狀。[25]隨著新藥及搭配基因編碼的療法可望出現，那個比例會持續增加，嚴重的牛皮癬可能很快就會成為過去式。

✤ ✤ ✤

表皮和真皮截然不同，但兩者緊密相連。它們都是由螺旋狀的粗蛋白，固定在兩者之間的單薄「基底層」上。這兩層交疊在一個起伏的介面上，真皮向上延伸到表皮，形成一系列的脊狀結構。這些脊狀突起在指尖（和腳趾尖）上最為明顯，並形成了我們個體化的螺旋：

指紋。低頭看你的拇指尖，然後再貼近一點，看它的凹凸起伏。除非你碰巧是全球有皮紋病（adermatoglyphia，先天沒有指紋）的四個家族的成員，否則你應該會看到以下三種常見模式中的一種或多種：螺紋型（圓形螺旋狀）；環型（從手指的一側開始，向上彎曲，從同一側退出）；拱形（從一側上升，向上彎曲，從另一側退出）。

指紋是在子宮裡形成的，是由遺傳基因及隨機因素勾勒而成。稍微看一下近親的指尖，就能看出指紋中的遺傳成分，近親的指紋模式應該與你的相似。不過，儘管一個家族的指紋模式大致上相似，每個人的指紋細節都是獨一無二的，即便是同卵雙胞胎也不一樣。但指紋有什麼作用呢？長久以來，大家以為指紋有利於抓握東西，但研究發現，那些脊狀突起其實減少了手指與其他表面之間的摩擦。[26]另一種假設是說，指紋增加了皮膚的觸覺敏感度，而且這些脊狀區域比較不容易長水泡，所以可以減少剪應

拱形　環型　螺紋型

指紋

力（shearing force）。但目前來看，指紋的功能仍然跟它獨一無二的個體性一樣神祕。我們只知道，無論手指怎麼生長，我們的指紋從出生到死亡都不會改變。

遺憾的是，真皮與表皮之間緊密相連的重要性，反而在缺乏這種特質的人身上看得最明顯。想像一下，如果每次你抓癢或腳擦撞到桌子時，皮膚就馬上脫落，那是什麼樣子？腳上有個一元大小的水泡可能很痛苦，但如果你百分之八十的皮膚都是傷口呢？

哈桑（Hassan）是七歲的敘利亞移民，住在德國。他出生時就罹患遺傳性的表皮分解性水疱症（epidermolysis bullosa），也就是說，缺少了把表皮緊緊固定在真皮上的蛋白質。輕如轉動門把這樣的剪應力，就能撕裂他的手部表皮，造成巨大的疼痛，並破壞最重要的皮膚屏障，導致水分流失、微生物進入。哈桑身上唯一存留下來的皮膚是在他的臉上、左大腿、軀體上的幾塊地方。在這種情況下，他活不久。罹患這種疾病的孩子，幾乎有一半活不到青春期。

在德國波鴻（Bochum）的大學兒童醫院裡，哈桑的醫生使用哈桑父親的皮膚，嘗試了傳統的皮膚移植療法，但哈桑的身體排斥外來組織。二〇一五年，他們決定向義大利摩德納雷焦艾米利亞大學（University of Modena and Reggio Emilia）的米歇爾・德・盧卡醫生（Michele de Luca）和他的團隊求助。那個研究小組一直在實驗室裡研究一些培養健康皮膚的方法，但他們的研究還沒做過人體測試，更何況是應用在一個只有五分之一的皮膚是完好的小男孩身上。不過，他們從哈桑的左大腿表皮取得細胞，放在實驗室的培養皿中。表皮分解性水疱症是一種名叫LAMB3的基因突變造成的。那個基因負責建造表皮與真皮之間的薄膜，所以義大利研究團隊讓這些細胞感染一種病毒，那種病毒包含健康版的基因，藉由基因來修復細胞。接著，研究小組在實驗室裡，養出九平方英尺的新生皮膚，並透過兩次手術為哈桑的受傷表面植上新皮。整個過程大約持續了八個月。

哈桑的身體並未排斥新皮，他有生以來第一次擁有一層保護的外皮，但這還不是最驚人的發現。實驗手術完成兩年後，研究團隊發表論文時，哈桑的皮膚依然完好無損。[27]新皮膚中的幹細胞形成了全新的基底層，可以永遠地生成新鮮、健康的皮膚細胞。在哈桑這個劃時代的案例中，皮膚是兩個新興領域的實驗室，這兩個新興領域即將掀起醫學革命：幹細胞療法與基因療法。

✤ ✤ ✤

當我們再往真皮底下深入探索時，很難分辨出皮膚和體內其他器官的明確分隔在哪裡。從真皮的膠原蛋白與彈性蛋白的基質再往下看，就逐漸變成充滿「脂肪細胞」（adipocyte）

的無特徵區域。這個名為下皮層（或皮下組織）的真皮腹地，究竟屬於皮膚的第三層，還是根本不算皮膚的一部分，終究是一個語義問題。這個沒人愛的皮膚層看似乏味，但脂肪細胞幫我們儲存能量、隔熱，也提供不可或缺的襯墊層。下皮層中也充滿了血管，所以是注射藥物（例如胰島素）的理想目標。

然而，我們一般認識的下皮層，是我們自己製造的橘皮組織（cellulite）。這種皮下脂肪的向上突起，使皮膚看起來像酒窩狀的橘皮，但不是一種病，而是每位後青春期的女性幾乎都會經歷的過程。為什麼有橘皮組織的女性高達九成，但有橘皮組織的男性僅百分之十呢？一切要歸因於下皮層的結構。皮下脂肪是由膠原纖維固定，它是從真皮向下延伸到纖維組織和下面的肌肉。在女性身上，這些纖維是平行排列的，像希臘神廟的圓柱那樣。由於荷爾蒙、基因、年齡、體重增加等因素的綜合作用（儘管橘皮組織在年輕、有運動習慣或苗條的女性身上也很常見），脂肪細胞會被推入真皮，形成橘皮組織。相反地，男性的膠原纖維是縱橫交錯的，像尖尖的哥德式拱門，把脂肪鎖在下皮層裡。

✤ ✤ ✤

皮膚相當驚人，它位於身體的外緣，保護人體不受外界侵擾，也幫人體連接外部世界。

它既熟悉又神祕，而且科學顯示，我們愈仔細觀察皮膚，就愈瞭解自己。還有很多東西等著我們去探索。

2 探索皮膚之旅
關於蟎蟲與微生物群落

「每件大事都是由一系列小事組合而成。」

梵谷

仔細端詳手背，猶如搭乘客機從三萬英尺的高空鳥瞰這個世界。你可以看到由痕跡、傷疤、肌腱組成的山脊與峽谷，巨大的指關節山脈使它們顯得微不足道。也許你可以看到藍色的靜脈河流，或者，如果你的毛髮比較旺盛，你還可以看到手臂處的森林。不過，就像搭機一樣，你看得到底下的地形，但看不到任何生命跡象。當飛機開始下降時，你開始看到建築物與道路，接著看到路上行駛的私家車。最後，飛機著陸，你離開機場時，可以看到街上熙熙攘攘的人群，這些都是你從高空的飛機窗口看不見的。

如果可以用類似的方法來放大皮膚的地形，你會進入一個奇妙又令人興奮的世界，裡面有各式各樣的微生物。事實上，在我們身上共兩平方米的皮膚上，有一千多種不同的細菌，更遑論真菌、病毒和蟎蟲了。[1]這些細菌中，有許多是友善的「共生體」，它們快樂地活在皮膚上，不會對宿主造成傷害，也不會給宿主帶來任何明顯的效益。有些細菌甚至是「互惠互利」的，為人體帶來好處，是皮膚社群中的建設性組成分子。然而，還有一些名為「病原菌」（pathogenic bacteria）的細菌則帶有惡意。說到「潛在致病菌」（pathobionts）時，區別又更模糊了，那是一種狡猾的雙性格細菌，通常生活在皮膚表面，平時無害，但當環境一變，就可能讓人生病。這些與我們生活在一起的群體，有的好、有的壞、有的醜，它們通稱為皮膚微生物群落，是個複雜又迷人的世界。二〇一二年，人類微生物組計畫（Human Microbiome Project）首度發表資料庫。那個資料庫的目的，是為了詳細列出住在人體表面——亦即皮膚、腸道、生殖系統、呼吸道——的微生物。[2]我們現在知道，生活在人體上及人體內的微生物，至少和我們身上的細胞一樣多，甚至可能更多。計算皮膚微生物群落的總數，就像計算海灘上的沙粒，估計值介於三十九兆到一百兆之間。相較之下，人體細胞的數量約三十兆。[3,4]這個專案的結果顯示，人體內有眾多微生物群落影響著我們的健康，操縱及調整這些族群可能徹底改變醫療。

就像地球上有截然不同的生態系與棲地（包括海洋、沙漠、熱帶雨林）一樣，人類的皮膚也有許多棲地，供養著全然不同的微生物群落。腳趾之間溫暖的沼澤區，與兩腿表面乾燥得像沙漠的區域，是全然不同的。這種地理位置與許多疾病有關。例如，臉部與頭皮有很多分泌油脂的皮脂腺，所以感覺比較油膩。對熱愛脂肪的真菌「馬拉色菌」（*Malassezia*）來說，那些地方是完美的棲地。一般認為，這種微生物過量是造成脂漏性皮膚炎（seborrheic dermatitis）的原因。這個讀音聽起來很怪的病症其實很常見，特徵是鼻子與眉毛周圍的皮膚發癢、發紅、剝落，以及頭皮有頭皮屑，常被誤認為濕疹，但療法不同，通常需要使用抗真菌藥物來去除馬拉色菌。[5]另一種在光滑油性臉部爆發的症狀是青春痘。這是許多因素造成的，但主因是「痤瘡丙酸桿菌」（*Cutibacterium acnes*）過度活躍所致。這些桿狀的微生物住在黑暗、骯髒的毛孔與毛囊中，以皮脂和從皮膚表面掉入毛孔的死皮為食。它們通常無害，但青春期荷爾蒙開始分泌時，一切就變了。隨著皮脂分泌遽增，皮膚表面剝落的角質細胞被皮脂黏在一起，堵塞毛孔，形成粉刺。如果這種黏稠的混合物完全被外面的皮膚覆蓋住，就會形成白頭粉刺。一般常誤以為黑頭粉刺是環境汙垢塞在毛孔上造成的，因此是缺乏清潔所致。事實上，當死皮細胞與皮脂阻塞毛孔的頂部，並接觸到環境中的氧氣，引起化學反應時，黏稠物就會變成灰黑色的黑頭粉刺。

在這個黑暗、低氧的環境中，痤瘡丙酸桿菌的數量激增。它在阻塞的毛孔中過度破壞皮膚，導致免疫系統產生發炎反應，結果就是猛長青春痘。[6]長久以來，大家一直認為痤瘡丙酸桿菌是皮膚微生物群落中的底層寄食者，但二〇一四年一項令人驚訝的研究發現，它們也愛葡萄酒。[7]研究在葡萄藤莖的微生物群落中發現一種痤瘡丙酸桿菌。那可能是約七千年前，我們第一次發現葡萄酒的神奇時，這種菌就從人類身上永久地轉移到葡萄藤上了。

✤ ✤ ✤

人體皮膚上有眾多野生生物，其中最令人討厭的肉食者之一是金黃色葡萄球菌（*Staphylococcus aureus*），約三分之一的人身上有這種細菌。在顯微鏡下，這些細菌看起來像成串無害的葡萄（staphyl是古希臘語的「葡萄」），但它們很擅長趁虛而入。當皮膚最重要的屏障功能受損時（例如濕疹），金黃色葡萄球菌就會穿過縫隙，導致疼痛及持續發炎。[8]它們是透過釋放類似手榴彈的毒素（例如脫皮毒素）來達到這個目的，藉由破壞那些把皮膚細胞固定在一起的蛋白質，來破壞表皮的外壁。在五歲以下的孩童身上，這可能導致「葡萄球菌皮膚燙傷樣症候群」（staphylococcal scalded skin syndrome）。那些毒素導致皮膚表層脫落，看起來像燒燙傷，令人擔憂，但抗生素幾乎都能完全解決問題。然而，金黃色葡萄球菌還有另一張更毒的王牌：金黃色葡萄球菌腸毒素B（enterotoxin B）。人體一辨識出這種毒素時，免疫系統就會迅速出征，進入超速過載的狀態。由此產生的「中毒性休克症候群」（toxic shock syndrome）會使人產生類似曬傷的皮疹、發燒、低血壓、多重器官衰竭，通常會導致死亡。幸好，這種疾病非常罕見，但金黃色葡萄球菌對很多人的皮膚仍有破壞性與潛在的危險，這促使科學家開發出消滅它的創新方法。二〇一七年七月，范德比大學（Vanderbilt University）的艾瑞克・斯卡博士（Eric Skaar）在推特上寫道：「如果金黃色葡萄球菌要像吸血鬼那樣吸我們的血，那就讓陽光來殺死它吧。」他的團隊開發出一種名為882的小型光敏分子，它可以啟動金黃色葡萄球菌中的酶，使金黃色葡萄球菌對光變得極其敏感。皮膚暴露在特定波長的光下時，這種分子會立即殺死金黃色葡萄球菌。[9]這種治療仍處於實驗階段，但由此可見，鎖定微生物是一種治療疾病的巧妙方法。

雖然金黃色葡萄球菌明顯有害，但許多微生物的威脅並不是那麼明確，表皮葡萄球菌（*Staphylococcus epidermidis*）的雙重性格就是最明顯的例子。這種細菌可以在人體皮膚上寄居一輩子，不會造成任何傷害。更棒的是，研究顯示，表皮葡萄球菌產生的脂肪酸其實可以抑制更討厭的細菌成長（例如金黃色葡萄球菌）。二〇一八年三月，加州大學聖地牙哥分校發表的一項研究甚至發現，表皮葡萄球菌產生的化合物可以殺死一些皮膚癌細胞，同時保留健康的細胞。[10]然而，表皮葡萄球菌碰巧也喜歡塑膠表面。這聽起來無害，但在醫院裡卻是個問題，例如，靜脈導管穿透皮膚，把這些小傢伙送進血管。表皮葡萄球菌成群結隊地附著在塑膠上，聚集在一起，把自己包裹在舒適的生物膜中。這是一張黏糊糊的蛋白質網，把細菌固定在靜脈導管的塑膠上，使它們不受人體免疫系統與抗生素的侵害。[11]例如，如果表皮葡萄球菌設法附著在人工心臟瓣膜上，細菌生物膜可能危及病患的生命。隨著醫療技術與外科實務的不斷精進，這些生物膜在人工心臟瓣膜上形成的可能性較低——不到百分之一。[12]但是，如果這些在皮膚表面上無害的細菌感染了心臟內膜（亦即感染性心內膜炎〔infective endocarditis〕），出現致命併發症的機率就變成約二分之一。這種細菌甚至可能聚在心臟的大型「贅生物」上。當它們移位時，可能阻塞流向大腦的血液，導致中風。[13]

✤ ✤ ✤

人體皮膚上的微生物群落不是只有細菌。加州柏克萊實驗室最近發現，皮膚上也有名叫古菌（archaea）的神祕微生物在爬行。一般認為，這些微生物是地球上最頑強的生命形式。其中，延胡索酸火葉菌（*Pyrolobus fumarii*）在攝氏約一一三度的深海熱泉中繁衍生息，其中一種延胡索酸火葉菌甚至可以在攝氏一二一度的高溫下待十個小時，毫髮無損。[14]這些所謂的「嗜極生物」（extremophiles）非常強健，航太組織會積極阻止它們汙染太空探索。某些菌株幾乎一定能在火星上蓬勃發展。不過，儘管古菌以堅不可摧著稱，但它們對待其他生物時，始終維持溫和的本性。目前還沒有已知的古菌導致動物界生病的案例。海英・霍爾曼（Hoi-Ying Holman）在二〇一七年領導研究人員發現了這種皮膚微生物，他認為古菌是人體皮膚的守護者。[15]例如，名叫奇古菌門（thaumarchaeota）的古菌可以氧化汗液中的氨，在皮膚表面的氮轉化中扮演要角。它可能也幫助皮膚維持酸性，使皮膚變成對病原菌比較不利的環境。怪的是，在極端年齡的皮膚上，這些嗜極生物特別多——尤其是小於十二歲及大於六十歲的人身上。由此可見，古菌可能不喜歡青春期與壯年期的油脂，偏愛比較乾燥的皮膚。

✤ ✤ ✤

皮膚上有些生物看起來無害（最明顯的是金黃色葡萄球菌，狀似無害的葡萄，但有威脅性），但有些生物看起來醜惡無比，幸好它們小到肉眼看不見。你讀到這裡時，蠕形蟎（*Demodex* mite）很可能在你的臉上爬行，抓住你眉毛上的樹狀毛囊。這種蟎蟲有長長的尾巴，長相介於蜘蛛和螃蟹之間。夜裡，雄性蠕形蟎會爬出來，在你的臉上笨拙地游來游去，用八條粗短的腿，以每小時十六公釐的速度，游過皮膚上的油脂與汗水。它們正在尋找雌性，這聽起來很簡單，但由於它們只能活兩週，所以有一定的時間緊迫感。加上雌性生活在汗腺與毛囊的深處，偶爾才浮到皮膚表面交配，交配完後又會躲進去產卵。這些蟎蟲不交配時，會貪婪地吞噬皮脂與死皮。由於它們缺少肛門，這種短時間卯起來狂吃的方式，終究會脹死它們。這些微小世界裡的龐然大物通常無害，可能在吞噬死亡組織方面扮演有益的角色。然而，它們也可能導致酒糟（**rosacea**，又稱玫瑰痤瘡）。這是一種常見的疾病，導致永久的臉部紅腫以及結節（**nodule**）的形成。[16]這是因為蠕形蟎的體內通常有一種名叫「蔬菜芽孢桿菌」（*Bacillus oleronius*）的細菌。蟎蟲通常是死在毛囊旁的皮脂腺內，它們死後，蔬菜芽孢桿菌也會死亡並釋出發炎蛋白，刺激免疫反應，最終以酒糟的形式呈現出來。

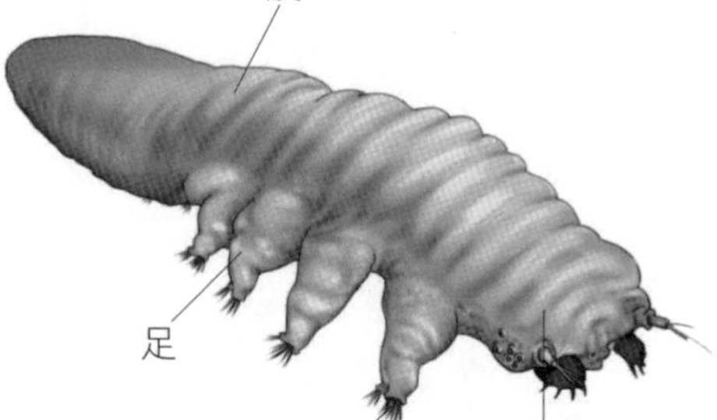

蠕形蟎

但是，儘管外表醜陋，這些生物也是人類皮膚的歷史學家。蠕形蟎是透過家庭在人與人之間傳播，可能是透過哺乳的方式傳給下一代。一種蠕形蟎可以在一個家庭中存活好幾個世代，即使移民到世界上另一個擁有不同種蠕形蟎的地區，它依然會留在那個家庭中。除此之外，他們其實不太容易轉移。這個特質使某種蟎蟲的DNA成為一種時間膠囊，可以用來追蹤我們的祖先在大陸之間的遷徙行蹤。[17]由於蟎蟲已經和我們一起旅行數千年了，它們也許可以告訴我們，我們是誰。

皮膚上除了有永久存在的蠕形蟎以外，還有其他不受歡迎的生物經常造訪。體外寄生蟲（ectoparasite）是生活在皮膚裡或皮膚上的生物，有多種形狀與大小。蝨子、臭蟲、跳蚤是微小的六足昆蟲，蟎蟲和壁蝨（蜱）是八足的蛛形類。除非你是新銳的蝨子專家（沒錯，這種專家確實存在），或你自己感染過這種寄生蟲，否則忽視這些種子大小的寄生蟲也沒什麼大不了的。在皮膚的微型世界裡，相對巨大的生物是棲息在人類皮膚的不同毛髮區。蝨子、臭蟲、跳蚤這三種生物都有特別的爪子，適合攀爬某個厚度的毛髮。不起眼的頭蝨（*Pediculus humanus capitis*）只會出現在人類身上，而且它一輩子都待在頭皮，從針頭般大長到火柴頭大小。幼蟲從卵中爬出後，留下一個空的「蝨子卵」，接著就開始寄生在人類的頭皮上。它將在這個充滿敵意的世界裡，艱苦奮戰一個月。這些扁平、細長、沒有翅膀的小昆蟲，整天在毛髮間擺動，在皮膚表面上緩緩移動。每天必須刺穿皮膚表面一次，以獲得生存所需的血液。但即使它可以從人體皮膚直接取餐，那也充滿了危險。人類的血壓常使頭蝨穿腸破肚而死。

雌性頭蝨準備繁殖並在毛髮間找到伴侶時，交配的身體勞動（有時長達數小時）也可能致命。那些倖存下來的幸運兒，每天可產下少量的卵。至於雌性頭蝨在毛髮周遭的哪個位置產卵，則看外界的溫度而定。天冷時，雌性頭蝨把卵產在毛幹離開皮膚的地方。天暖時，它會小心翼翼地沿著毛幹往上爬十五公釐，到毛髮的冠層產卵，並分泌一種富含蛋白質的膠水，把卵固定在頭髮上。

頭蝨的生活顯然很艱難，但它最大的敵人是宿主。光是美國，就有多達一千二百萬人長頭蝨。[18]英國則有約一成的學生長頭蝨。而且，這不是新問題：在哈德良長城（Hadrian's Wall）一處考古遺址中，挖出一支羅馬士兵的梳子，有兩千年的歷史，上面還有一隻保存完好的蝨子，長三公釐。儘管頭蝨無害，卻會導致頭皮發癢，令人心煩，而且很容易讓人產生「不潔」的錯誤聯想，所以成為全民根除運動的目標，例如學校的「除蝨」政策。[19]蝨子可以用化學藥物毒死；以矽靈（dimethicone）之類的矽化液悶死；或以梳子手動抓取。

雖然頭蝨普遍受到宿主的嫌惡，聲譽不佳，甚至有人以nit-witted（愚笨）、lousy（爛）之類的蝨子相關字彙來罵人，但有些人認為，這些小夥伴可能是我們的長期盟友。人類有一種獨特的動作：以摸頭或是把頭緊靠在一起的方式，來表達愛意與親密（無論是浪漫的，還是親情的）——這是其他靈長類動物所沒有的行為。匈牙利的一個研究小組假設，摸頭是一種適應性的行為，這有助於和他人「分享」頭蝨。當人類的免疫系統把頭蝨視為外來物時，它會做好準備，以抵抗外來物穿過皮膚、侵入體內。分享頭蝨可讓社群的所有成員都產生免疫反應。但由於這種昆蟲是無害的，免疫系統不會攻擊頭蝨，而是做好準備，以攻擊它的致命表親：體蝨。[20]體蝨（*Pediculus humanus corporis*）與頭蝨的外型難以區別。事實上，研究顯示，頭蝨和體蝨的基因非常相似，在實驗室裡，它們可以交配繁殖。這點導致許多科學家主張，頭蝨與體蝨其實是同一物種。[21]這強化了一種觀點：如果人類皮膚對一種蝨子產生免疫反應，它也會對另一種蝨子產生免疫反應。然而，這兩種蝨子存在人體時，它們從來不會冒險進入對方的領地，更遑論交配了。

與頭蝨不同的是，體蝨棲息在毛髮比較稀疏的皮膚上，它們已經適應環境，可以在衣服上產卵，而不是在毛髮上產卵。然而，對人類來說，最重要的區別在於，體蝨會攜帶病原菌來感染宿主。這些病原菌包括：引起斑疹傷寒的普氏立克次體（*Rickettsia prowazekii*）；引起回歸熱的回歸熱疏螺旋體（*Borrelia recurrentis*）；引起一次大戰中著名戰壕熱的五日熱巴通氏菌（*Bartonella quintana*）。這些感染都可能引起高燒，並常伴隨皮疹。

二〇一八年的一項研究顯示，十四世紀導致三分之一歐洲人喪生的黑死病，主要可能是透過體蝨以「人傳衣，衣傳人」的途徑傳播的，這種說法挑戰了傳統的「鼠蚤」理論。[22]由於體蝨在衛生條件差的骯髒環境中特別容易繁殖，並且需要密切的人類接觸才能傳播開來，因此體蝨造成的傳染病只局限於某些地區，不太可能再次像黑死病那樣變成全球大疫情。不過，對於現今活在貧困及戰亂地區的許多人來說，體蝨仍是嚴重的公共衛生問題。

第三種寄宿在人類身上的蝨子是陰蝨（*Pthirus pubis*），從名稱即可看出它喜愛的棲地。陰蝨棲息在陰部、腋窩、鬍鬚、睫毛的毛髮濃密區。它的常見別名是「蟹蝨」（crab），這個別名更能貼切地描述它粗壯、寬爪的外觀，非常適合抓住濃密的毛髮。陰蝨跟其他種類的蝨子一樣，無法跳躍或飛行，所以它們的傳播有賴人體的親密接觸，如此才能從一個寄主移往另一個寄主。它們不會傳播疾病，但會帶來搔癢、不適與尷尬。雖然陰蝨不像頭蝨那樣成為全民撲滅的目標，但它與人類的關係正面臨一種新的威脅：除毛風潮。里茲綜合醫院的泌尿科醫生率先在一篇標題貼切的文章中提出這個議題：〈巴西式除毛讓陰蝨消聲匿跡了嗎？〉。新的證據顯示，全球女性和男性去除陰毛的人數增加，可能導致陰蝨滅絕。[23]雖然許多人樂見這種寄生蟲滅絕，荷蘭的生物學家啟斯．莫利克（Kees Moeliker）卻開始收集陰蝨，並把它們存放在鹿特丹自然史博物館（Rotterdam Museum of Natural History）中。他上BBC廣播第四臺的《怪奇博物館》（*The Museum of Curiosity*）當嘉賓時，甚至捐了一隻給那個節目。莫利克其實不太在意蟹蝨本身的困境，他希望藉由這個奇怪的收集癖好，吸引大家關注一個更迫切的問題：森林砍伐導致全球動物的棲地以同樣驚人的速度遭到破壞。

皮膚的體外寄生蟲不僅存在毛髮的冠層中，也存在皮膚底下。我在醫學院最難忘的回憶之一，也是我瞭解如何得出診斷結果的關鍵養成階段——那是我跟著一位非傳統的全科醫生實習的那段時間。他是古怪英國人的典型，戴著蝴蝶領結，使用桃花心木桌。他有一個病人叫珍（Jen），是五十歲的教師。她進診療室時，一直猛抓手指。她一邊抓，一邊坐下來，把手放在桌上，急切地想讓我們檢查。那雙手布滿了一條條縱橫交錯的紅色小突起所連成的線條。醫生的眼睛突然為之一亮，從外套的內側口袋掏出一支放大鏡。

他說：「你可能以為這是濕疹，但如果你想成為研究疥瘡的專家，你必須仔細看表面下的情況。這看起來像人疥蟎（*Sarcoptes scabiei*）造成的。」他示意我從放大鏡看珍的手背。我看到一個小小鱗狀的斑塊，中間有個小洞。斑塊往外是一條

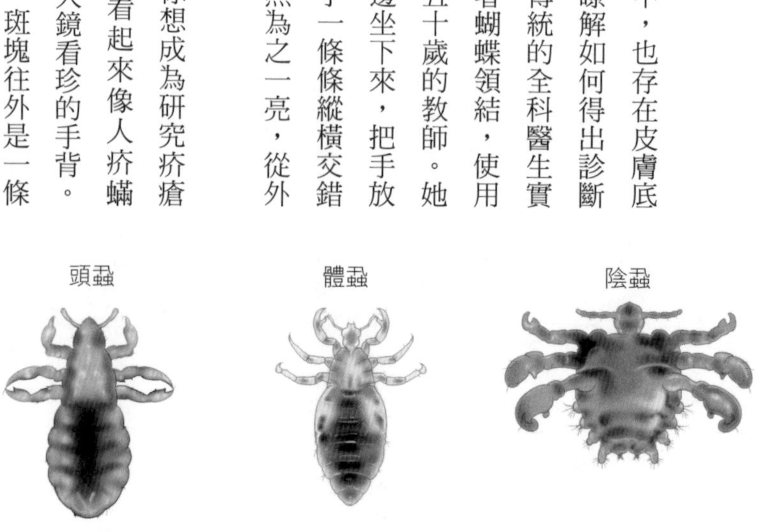

蝨子

由四、五個小小紅色突起組成的直線。醫生把他的鋼筆放進墨水瓶裡蘸了蘸，我以為他要寫臨床診斷紀錄。結果不是，他以筆尖的後背劃過珍的手，接著以酒精棉片擦去多餘的墨水，以呈現出藍色墨汁凸顯出來的隧道網。那些洞痕是疥蟎肆虐的典型徵狀。雌蟎會深入皮膚，在表皮內移動，一天排兩、三個卵，在移動的過程中形成獨特的凸起線條。你有時可以看到皮膚下面的一個小黑點在軌跡的末端，那就是蟎蟲本尊。雄蟎比較懶，它們為自己挖了淺坑後，就在裡面休息與進食，需要交配時才去找雌蟎的洞穴。

疥瘡最有名的症狀可以從它的拉丁字根看出來：scabere——那是「抓」的意思。在感染疥蟎四至六週後，當我們的免疫系統開始認出與蟎蟲有關的過敏原時，那些洞穴才會開始發癢。接著，為了確保我們對未來的感染有更好的準備，人體會形成對抗蟎蟲的永久抗體。下次蟎蟲再來時，這些抗體將迅速與過敏原結合，爆炸的肥大細胞將在二十四小時內啟動，釋出組織胺，引起極度搔癢。疥瘡是已知最癢的疾病之一，煩人又無法抗拒的抓癢衝動導致許多人抓破一兩層皮膚，引發危險的感染（金黃色葡萄球菌常趁虛而入），並導致一些人精神錯亂。

新的疥蟎從皮下孵化出來後，可能到皮膚表面遊蕩，並透過皮膚與皮膚的接觸去感染其他人。這些疥蟎還可以長時間存活在毛巾與寢具上，以遇見新的宿主。傳染性（亦即病原體感染另一個宿主的效率）是看多少疥蟎活在你的皮膚內而定，雖然宿主身上的疥蟎大多不會超過十五隻，但有些人身上的數量可能非常多。有一次我去澳洲，和一位皮膚科醫生聊天。他告訴我，有一次他去澳洲內地的一個原住民小社群看診。那個社群突然爆發疥瘡大傳染，原因不詳，導致四百多人的社群徹底停擺。那位皮膚科醫生取得治療及根除疥瘡所需的資源後，在當地開了一間綜合醫療診所。他的最後一批病人中，有一個骨瘦如柴的老人，他的皮膚似乎完全被厚厚的銀白色銀屑癬覆蓋了。然而，仔細檢查後，皮膚科醫生發現這個老人肯定是「零號病人」（patient zero）。由於營養不良又年老，他的免疫系統非常虛弱，皮膚成了疥瘡蟎滋生的沃土。他大半輩子都住在一個更偏遠的小村莊，幾十年來沒看過醫生，身上的蟎蟲數量可能多達一百萬隻。這種疾病稱為「結痂型疥瘡」（crusted scabies），以前稱為挪威型疥瘡（Norwegian scabies）。老人來到這個村子才幾週，疥瘡就席捲了整個村子。

不過，疥瘡還不算是最癢的皮膚寄生蟲。冠軍是由一種類似俄羅斯套娃的東西造成的：一隻蒼蠅內的一隻蟲的一隻細菌。在非洲撒哈拉以南的一些地區，被雌性黑蠅（或稱蚋）咬一口可能就此改變一生。如果這種蒼蠅感染了蟠尾絲蟲（*Onchocerca volvulus*）的幼蟲，它的叮咬會釋出數百條幼蟲，深入人類真皮的較深區域及下面的脂肪組織。這種蟲在這些深層組織中成熟並交配，之後雌蟲每天可在皮下組織釋出一千條幼蟲。夜裡，幼蟲待在皮膚下面，但白天，日光會吸引它們到皮膚的上層，準備讓只在白天進食的雌黑蠅吃掉。

不過，有數百隻幼蟲永遠不會被雌黑蠅帶走，它們會集體死在皮膚裡。[24]蟠尾絲蟲的幼蟲死亡時，會把它自身微生物群落中的細菌釋放到人類宿主的皮膚中。但是對蟲「有益」的細菌，不見得對人類有益。人體皮膚的免疫細胞會立刻辨識出沃爾巴克氏體細菌（*Wolbachia* bacteria，這種細菌常活在蟲體內），產生發炎，導致嚴重的蟠尾絲蟲症（onchocerciasis）搔癢。由於幼蟲會感染眼睛及損害視力，這種疾病還有一個更常見的名稱：「河盲症」（river blindness）。我造訪東非時，常聽到病人連續幾週用各種東西（指甲、破陶器，甚至砍刀）不停地刮皮膚、一直刮到肌肉的故事。目前還沒有人直接死於蟠尾絲蟲症，但止不住的搔癢所帶來的身體與社會併發症，使任何感染者的平均壽命減少了十三年。[25]

我們與皮膚上那些細菌的關係，為醫療開啟了一些意想不到的途徑。屋內的塵蟎聽起來無害，卻是欺騙性的威脅生物。它活在溫暖潮濕的寢具與家具中，最愛的食物是人類的死皮——一有機會，塵蟎就會湧向皮膚表面，導致或促成皮膚不適與濕疹。牛津大學實驗室的研究人員發現，這是蟎蟲產生的一種物質造成的，名叫磷脂酶（phospholipase）。磷脂酶可分解皮膚中的脂肪分子，從而刺激免疫系統。那會放大受影響的皮膚部位的免疫反應，使皮膚出現濕疹的紅癢發炎症狀。[26]這是研究皮膚微生物可能開啟新療法的眾多例子之一。

在棲息及造訪人體皮膚的所有生物中，乍看之下，蜱蟲（俗稱壁蝨，tick）的唾液一點也不像革命性醫療的金礦。當饑餓的肩板硬蜱（*Ixodes scapularis*）附著在人類皮膚上時，它會把堅硬的頭鑽進皮膚的真皮層，飽血一頓。有些蜱的腸道裡藏著伯氏疏螺旋體（*Borrelia bacteria*），這種細菌是蜱從其他的哺乳動物吸血時得到的。當這種細菌從感染的蜱蟲轉入人體皮膚時，會開始在皮膚上往四面八方移動，產生紅疹。就像一塊鵝卵石掉進靜止的池塘時所泛開的漣漪那樣，紅疹會開始往外環狀擴散，留下一塊中央淨空區。這種獨特的靶心型紅疹，是發炎反應瘋狂想追上那些竄逃微生物的結果。這種典型的紅疹名叫慢性遊走性皮膚紅斑（erythema chronicum migrans），可以用來診斷萊姆病（Lyme disease）：出現發燒、關節痛、記憶力減退、心悸等症狀。這種細菌之所以能在人體內傳播，是因為蜱蟲的唾液：那是一種富含分子的神祕液體，可抑制我們的免疫反應。蜱蟲的唾液中有數千種獨特的蛋白質，中和了我們的免疫分子，欺騙了我們的免疫細胞，使蜱蟲在人體內肆虐一週以上，人體也完全不知道它的存在。科學家因此想到，如果蜱蟲的唾液可以抑制我們的免疫系統，其中一些分子也可以用來抑制討厭的發炎並治療自體免疫疾病。二〇一七年，牛津大學的一個團隊從蜱蟲的唾液中分離出一種叫P991_AMBCA的蛋白質，發現它可以和心肌炎（myocarditis，一種可能致命的心臟病）發作時釋出的某些化學物質結合，並抑制那些化學物質。[27]無論微生物或其他微小生物是寄宿在人體的皮膚上一輩子，或只是偶然停留一週，現代科學正在尋找利用其能力的新方法，為人類帶來更廣泛的效益——把細菌變成藥物。

皮膚的微生物組成也會影響皮膚的健康。操控它的構成可能改變我們治療皮膚病的方式。有證據顯示，打從生命初始，我們出生的方式，無論是透過陰道自然分娩，還是剖腹產，都可能決定我們未來的皮膚與腸道的微生物相。我們呱呱落地時，皮膚大致上就像一片空白的畫布，隨時可讓任何生物進駐。當時，馬上就有一批活在母親陰道或剖腹切口周圍皮膚的微生物，以及醫院環境中的微生物，決定進駐新生兒的皮膚表面。哪些物種率先進駐嬰兒的皮膚是很重要的問題，而且會產生長期的影響，因為它們會迅速成為嬰兒皮膚上的主導生物，使其他晚來的細菌很難有立足之地。[28]相較於母親的腹部皮膚與醫院的環境，陰道的微生物含有較多的「益菌」。母親的腹部皮膚與醫院的環境有較多討厭的金黃色葡萄球菌，這可能是剖腹產的嬰兒日後過敏機率較高的原因。那麼，我們應該開始用母親的陰道黏液來擦拭所有的新生兒嗎？這種流程稱為「陰道播種」（vaginal seeding），雖然目前還不是主流，但已經開始流行起來了。例如，在丹麥，九成的產科醫生曾被孕婦問過陰道播種的問題。[29]然而，目前還沒有足夠的科學證據佐證這種療法。陰道播種的長期影響還不明朗。一些研究認為，剖腹產的孩子日後過敏機率較高，跟剖腹產流程的因素有關，例如有些症狀需要母親服用抗生素。[30]

出生後的那幾天，似乎有一段時間讓皮膚充滿「調節型T細胞」（regulatory T cell）。[31]這些細胞會影響其他免疫細胞的發育，幫忙抑制身體對細菌的過度反應，並阻止免疫細胞攻擊「自身」分子所造成的自體免疫疾病。在我們生命之初進駐皮膚的微生物類型，可能會影響這些免疫細胞與其他免疫細胞的發育。雖然我們還不知道這些微生物對日後疾病的影響，這種早期的皮膚部署可能會對人體的免疫網路產生連鎖反應，影響腸道與大腦等器官系統的功能。免疫細胞與棲息在皮膚的細菌之間維持健康的相互關係非常重要，否則皮膚表面會一直處於混亂狀態。免疫缺陷的患者缺乏許多免疫系統的戰鬥力，他們的身上通常有比較多元的菌群，因為他們的皮膚沒有免疫細胞防守邊界，變得過於寬容，來者不拒。[32]這些發現也帶出一些有趣的問題，例如，母親懷孕前與懷孕期間的飲食與抗生素的使用，是否會影響嬰兒的免疫系統發育及隨後的微生物相。

✤ ✤ ✤

由於這些微小的微生物是暴露在人體的肌膚表面，有人可能合理地認為，隨著時間的推移，它們會被風吹走，隨汗水排走，或隨著我們每天脫落的數百萬皮膚細胞一起飄進空氣中。有趣的是，康乃狄格州傑克遜基因體醫學實驗室（Jackson Laboratory for Genomic Medicine）的一個團隊發現，即使皮膚暴露在外部環境中，皮膚上的微生物相在一段時間內，大致上是穩定不變的。[33] 一般認為，我們的手只是微生物遷移的臨時過境點，那些微生物在我們開水龍頭洗手時就會洗掉，或是與人握手時，就會移到別人手上。然而，我們的手其實非常穩定。我們很容易把細菌想像成生活在一層扁平皮膚上的蟲子，但實際上它們是極其微小的生物，僅千分之一公釐長，藏在皮膚表面的峽谷與縫隙中。不過，隨著時間的推移，皮膚上的微生物相確實會改變，但它們不是在我們每次洗澡時緊抓著皮膚不放。

皮膚微生物相的主要改變，是發生在青春期的時候——那時皮脂腺分泌旺盛，創造出油性的皮膚表面，有利於熱愛脂肪的細菌發展，例如丙酸桿菌科（Propionibacteriaceae）。那種細菌會開始取代平常那些共生的皮膚菌群，為青春痘的形成創造有利的條件。進入成年期後，皮膚上的微生物相大致上就穩定下來了，它們會給予我們一種微生物特徵，但那不表示以後就沒有微生物遷移了。二〇一三年，奧瑞岡大學做了一項特別的研究。他們仔細研究滑輪對抗賽（roller derby）的選手，以探究這個議題。這種接觸性的運動是由兩支隊伍在平坦的室內滑道上溜滑輪，兩組人馬不斷地阻擋與扭打以超越對手。研究發現，訓練中的頻繁皮膚接觸，會使一支團隊的成員擁有相似的皮膚微生物相。[34]不過，兩隊在比賽中接觸後，都會從對手身上獲得不同的細菌，因此賽後留下不同的細菌型態。

無論我們喜不喜歡，當我們開始與某人住在一起時，也會開始分享他的微生物群落。[35]二〇一七年，一項研究發現，在十分之九的案例中，只根據皮膚微生物群落的特徵，就可以從一組隨機的個體中辨認出同居的性伴侶。[36]這為「兩人變成一體」的婚姻觀念，增添了一種稍微令人不安的面向。研究發現，夫妻腳上的微生物相似性最大，大腿上的微生物相似性最小。在這項研究中，每個參與者的生理性別可以直接從大腿微生物群落的樣本中辨識出來，這很可能是因為來自陰道微生物群落的微生物特別不一樣。這種家庭微生物特徵可以擴展到整個城市：一項研究鎖定北美三個不同城市的辦公室，衡量那三個辦公室內的微生物組成（包括辦公室員工的皮膚）：亞利桑那州的弗拉格斯塔夫（Flagstaff）、加州的聖地牙哥、加拿大的多倫多。

有趣的是，每個城市都在員工的身上留下它的微生物特徵，所以只需檢查員工的皮膚微生物相，就可以判斷員工在哪個城市裡生活與工作。當你想想在狹小的辦公室裡黏在我們脫落皮屑上的數百萬種微生物，或地鐵上有多少隻手抓過杆子，你就會明白為什麼我們與鄰居的共同點比我們想像的還多。在倫敦，在地鐵上與其他乘客交談幾乎是一件令人厭惡的事。但我們彼此分享的東西，可能比我們想要分享的還多。

幾年前一個寒冷的冬夜，我和一群免疫學家坐在牛津一家小酒吧的角落。我提出皮膚微生物群落這個話題，一位似乎很擅長問正確問題的朋友問道：「所以，我們可以與他人分享我們的微生物群落。如果我的皮膚上有一種特別糟糕的細菌，它導致我的濕疹惡化，那我可能逐漸『感染』我的伴侶嗎？」他如此發問後不久，二〇一七年，賓州大學的一個團隊開始回答這個問題。[38]他們讓一隻小鼠的皮膚感染利什曼原蟲（*Leishmania*），那種寄生蟲改變了小鼠皮膚上的微生物相。接著，儘管籠子裡的其他小鼠從未感染過利什曼原蟲，那個被病原體改變的微生物相也被傳到籠裡的其他小鼠身上了。即使我們對皮膚微生物群落那個奇怪、波動的世界所知甚少，那個世界正慢慢地揭開神祕的面紗，並改變我們看待生命的方式。

✤ ✤ ✤

在已開發國家，我們的衛生水準比老祖宗好太多了，孩子也比一個世紀前更少接觸到很多傳染病源。這在傳染病方面，是個好消息。但是，生命早期缺乏接觸細菌的機會，可能有礙免疫系統的正常發育，特別是「免疫耐受性」（immune tolerance）。[39]這是指免疫系統抑制自己的能力，對無害或屬於自體的東西不反應。免疫系統發育不良的潛在後果是，皮膚的免疫系統會變得過度活躍，很容易出現過敏與發炎狀況。這種「衛生假說」為已開發國家的濕疹、花粉熱、氣喘的發生率很高，提出了令人信服的解釋。[40]既然缺乏細菌多樣性及免疫耐受性降低會導致濕疹之類的疾病惡化，我們該如何治療這些病症呢？有些人可能已經直接泡在答案裡了。

從遠古時代起，人們就懂得成群結隊去溫泉浴場尋求健康與快樂，所以溫泉旁邊發展出度假村，甚至發展出整個城市。其中最有名的例子是英國西南部的巴斯（Bath）。兩千年前，羅馬公民與士兵在工作一天或努力奮戰英國裸體野蠻人後，會來這裡休息及調養身體，躺下來，以橄欖油和刮身板（鋒利的金屬刮具）來刮除身上的汙垢與汗漬。長久以來，大家一直標榜泉水中的礦物質有療癒皮膚病的效果，但最近的發現顯示，那可能要歸功於遠在羅馬人泡澡之前就已經存在水中的微生物。那些細菌中，有一種細菌叫線狀透明顫菌（*Vitreoscilla filiformis*），那是一種細小透明的生物，會在皮膚表面滑行，研究已經證明它可以減少濕疹的發炎狀況。二〇一四年一項研究發現，線狀透明顫菌會透過一系列訊號路徑，跟我們的免疫系統溝通，從而產生更多的調節型T細胞，抑制免疫反應，幫助減輕濕疹。[41]現在我們主要還是依靠類固醇乳霜來減弱濕疹的免疫反應。有朝一日，含有線狀透明顫菌等細菌的乳霜，可能變成一種持久又無副作用的替代方案。

過去十年裡，腸道益生菌市場呈倍數成長。益生菌是一種活的細菌，它們與活在人體內的細菌相同或相似。如今，數百萬人每天飲用添加「益菌」的優酪乳。為腸道的微生物群落增添大量的細菌種群以改善健康——這個主張的背後科學很複雜，但有很好的邏輯基礎。感染「困難梭狀桿菌」（*Clostridium difficile*）會影響人體胃腸道，造成腹瀉與腹痛，也可能導致危及生命的腸穿孔或敗血症等併發症。最近研究證明，糞便微生物移植對那些腸道感染困難梭狀桿菌的人非常有效。[42]所謂糞便微生物移植，是指吃健康捐贈者的冷凍乾糞，以便以無害的細菌取代病原菌。在許多方面，皮膚也適合這種療法，而且，皮膚不像腸道那樣有殺死細菌的胃酸，更適合這種療法。[43]目前正在研究的一個例子是，把表皮葡萄球菌（*Staphylococcus epidermidis*）和人葡萄球菌（*Staphylococcus hominis*）塗在皮膚上，以取代濕疹中有害的金黃色葡萄球菌。[44]與此同時，一項新的研究也顯示，長青春痘的青少年比不長青春痘的青少年擁有更多元的皮膚微生物相，因此調整微生物相也可能產生有益的效果。[45]微生物群落的「移植」可能很快就會應用在皮膚上，那並非難以想像的發展。

益生菌皮膚療法甚至還可以消除體味。腋窩、生殖器、乳頭布滿了頂漿腺（大汗腺）。它不像遍布在皮膚其他部位的外泌汗腺（小汗腺）在必要時排汗幫我們降溫，而是在短時間內分泌大量的油性汗液。油性汗液是完全無味的，但細菌（尤其是棒狀菌屬〔*Corynebacteria*〕）會把汗液分解成惡臭分子。其中一種是丁酸（butyric acid），它的名稱是源自腐臭的奶油（丁酸就是在那種奶油中首次發現的）。這種化學物質使人釋出獨特的氣味，那種氣味非常強烈。即使那種分子在鼻子嗅聞一次的空氣中只占0.001%，鼻子還是聞得出來。頂漿腺與棒狀菌屬結合起來的氣味非常濃烈，我們可以從身上頂漿腺或棒狀菌屬較少的人身上看到證明。東亞人（尤其是韓國人）的體味，比世上其他地方的人少很多，那是因為他們的基因組成使他們的頂漿腺較少，而且那也有利於不同腋下細菌種群的發展。[46]對於強烈體臭導致心理與社交受到影響的人來說，有朝一日用益生菌塗抹腋窩可能是解決問題的辦法。

在瑞典斯德哥爾摩舉行的二〇一七年卡羅琳斯卡皮膚學研討會（Karolinska Dermatology Symposium）上，有人發表了一項創下世界首例的研究結果：腋下細菌移植。[47]加州大學聖地牙哥分校的克里斯・寇華特醫生（Chris Callewaert）做了一個實驗，他找來一對同卵雙胞胎，其中一人幾乎沒有體味，但另一人有特別濃烈的體味。他要求無體味的那個人四天不洗澡，以便大量培養他身上的「好味」細菌。他要求體味重的那個人每天刷洗腋窩，連做四天，讓皮膚準備好接收新的微生物群落。他把第一個孿生子身上刮下的死皮，塗抹到體味重那個孿生兄弟的腋窩上。驚人的是，濃烈的體味竟然消失了，而且效果持續了一年。儘管現在仍處於研究早期，他們後來在十八對雙胞胎身上重複做了這個實驗，其中十六對也看到一樣的效果。也許我們很快就會拋棄除臭劑，轉而接受無體味友人捐贈的細菌。

乍看之下，人體皮膚像一塊光禿禿、不適合居住的地方。然而，人體顯然存在著許多棲地，裡面充滿了值得拍成一部自然紀錄片的野生生物。我們的皮膚就是它們的世界。我們正持續深入瞭解皮膚的微生物相如何導致及影響皮膚病。但調整表面微生物的平衡，顯然是解決一些皮膚問題的答案。

皮膚面向外在的環境，是人體中最容易觸及的實驗室。這有一個額外的好處：皮膚微生物群落的研究，可能對影響其他器官與身體系統的疾病研究有很大的幫助。反過來，我們也即將看到，在看似疏遠的器官中，裡面的微生物相也可能對皮膚產生直接的影響。

3 腸道與皮膚

人體的內外關係

「告訴我你吃什麼，我就能告訴你你是誰。」

薩瓦蘭（Jean Anthelme Brillat-Savarin）

讀醫學院期間，我剛到醫院實習時，醫生教我們如何做腹部檢查。這包括尋找與胃腸道及肝臟有關的疾病跡象，以及感覺、拍打、傾聽腸道周圍的情況。不過，早在我們有機會摸索與偵察病人腹部的疼痛與異常之前，老師就教我們要仔細觀察皮膚，看皮膚是否透露出什麼端倪。人體外表的許多改變，可以幫我們大致瞭解內部正在發生的事情。那可能是黃疸引起的發黃；可能是肝病引起的手掌發紅；腋下出現奇怪的黑塊可能是胃癌的徵兆。最令我著迷的是「蜘蛛痣」（spider naevus），那是肝病患者的胸部與背部上的紅斑，上面有網狀的放射形血管。一種簡單明瞭的測試可以馬上區分這種紅斑及其他的皮膚紅斑：輕輕按壓紅斑的中央再放開，會使血液像墨水般擴散，流去填補空的靜脈。「辨讀」皮膚這個概念實在太吸引我了，那就好像跟信使溝通，聽它訴說體內器官的故事。

我們都可以直覺感覺到，體內發生的事情對我們的外在有一些影響。我們常覺得飲食影響健康與皮膚外觀，例如吃太多復活節的彩蛋導致臉上大爆痘、多喝水可改善膚況。儘管皮膚與腸道是兩種截然不同的區域，但科學逐漸顯示，它們確實是透過一套極其多元，但大致上尚未揭露的網絡相互交流。有些交流途徑是直接的，從吃下食物過敏原後，皮膚上出現的紅腫及皮疹即可見得。其他的交流途徑（例如健康飲食對皮膚的影響）則比較迂迴、可議，是由遺傳和環境因素帶動的。回答底下這個看似簡單的問題：「飲食對我的皮膚有影響嗎？」，需要辛苦鑽研大量科學的（以及一些不是那麼科學的）研究與相互矛盾的文獻。而且，人體的複雜性意味著，即使是確鑿的實驗室發現，也不見得能轉化為人體研究。一直以來，大眾（有時也包括專業人士）的意見都受到名人代言、膳食風潮、食品業與製藥業的鼓動所影響（這兩個產業都亟欲銷售產品）。這也難怪，飲食導致皮膚科醫生意見分歧。這個複雜的尖端醫學領域不僅證明了科學的成功與失敗，更重要的是，它也證明了皮膚與腸道之間令人嘖嘖稱奇的複雜關係。

✤
✤
✤

在太平洋某個不起眼的地方，離巴布亞紐幾內亞約一六一公里處，有一個小小的熱帶天堂，名叫基塔瓦島（Kitava）。這個島占地不到二十六平方公里，有兩千多位島民，但很少人聽過這個地名。瑞典教授史戴凡・林德堡（Staffan Lindeberg）和團隊挑選這個不起眼的島嶼，作為一項指標性研究的地點。研究進行時，基塔瓦人是地球上最後幾個完全不受西方飲食影響的民族之一。當地幾乎所有人都是吃水果、根莖類蔬菜（例如山藥與紅薯）、椰子、魚類為生。膳食以植物為主，搭配低GI的高碳食物，但脂肪攝取量並不低。研究結果顯示，除了心臟病與中風率很低之類有點爭議的發現以外（這些發現幫忙啟動了「舊石器時代飲食」〔Palaeolithic diet〕的風潮），林德堡的研究中，最令人震驚的結果之一是，一千兩百名參試者都沒有青春痘：「整個研究母體中，完全看不到一顆丘疹、膿皰或開放性粉刺。」這增加了一種論點的可能性：西方飲食中的某些東西至少是導致皮膚病的部分原因。

飲食西化後，青春痘也跟著明顯增加——這似乎佐證了基塔瓦島的發現。造成及誘發青春痘的食物中，證據最明顯的是高GI食物。攝取高GI食物後，血糖會迅速明顯地上升。即使把體重、年齡、性別考慮進來，攝取較多高GI食物的人，長青春痘的機率還是比較高。[1]含糖食物及某些碳水化合物會導致胰島素和「類胰島素生長因子1」（insulin-like growth factor 1，簡稱IGF-1）激增，兩者都會抑制名為FOXO1的基因調節因子。這個流程對皮膚有許多影響：皮膚內的脂肪合成增加，皮脂生成細胞激增，皮膚失去控制痤瘡丙酸桿菌的能力。[2]牛奶也含有IGF-1、二氫睪固酮（dihydrotestosterone）、生長因子——這導致一些研究主張，攝取牛奶與青春痘的形成有關。低脂牛奶可能是罪魁禍首，因為一種理論指出，相關的荷爾蒙被脂肪稀釋得比較少。不過，牛奶使人長青春痘的證據，不像高GI食物那麼明確。英國皮膚科醫生史蒂芬妮・威廉姆斯（Stefanie Williams）指出：「目前西方對低脂食物的癡迷，以及對澱粉類、穀物類、含糖食物的過度依賴，對我們的皮膚毫無助益。[3]」她的說法反映出大眾對於「飲食對皮膚健康（不止是青春痘）的影響」愈來愈有共識。

我們對皮膚與內臟的關係常抱著錯誤的想法。比方說，父母常警告孩子：「別吃太多巧克力，吃多了會長痘子！」就是典型的例子。多數的科學證據顯示，巧克力對青春痘沒有顯著的影響。這種甜食其實是低GI食物，因為它的脂肪含量高，會減緩糖分的吸收。然而，有趣的是，關於「巧克力不會讓人長痘子」的證明，大多是來自一九六九年的一項研究，而且四十年來完全未受到質疑。[4]由於這項研究的完整性有許多問題（該研究是由美國巧克力製造商協會贊助的），有人重新檢視了這個主題。[5]一項研究發現，狂吃百分之百的可可確實會加劇男性的青春痘症狀，但該研究只看了十三位參試者。[6]我們看取樣太小的研究時，必須特別謹慎，因為它們不太可能代表整個母體的真實變異狀況。但是，如果目前沒有足夠的證據顯示巧克力是導致膿皰的食物，為什麼大家常把它當成罪魁禍首呢？歸根結底，這是把「因果」與「相關性」混為一談的典型例子。一種有趣的答案可能是，平均而言，女性在生理期快到時，通常會渴望甜食，那時正好雄性素（androgen）濃度上升，青春痘暴增。這種「每次我吃巧克力，就長青春痘」的相關性，跟真正導致青春痘的原因是不同的：研究證明，月經週期前後的荷爾蒙變化，最有可能是使人長青春痘的原因。

✤ ✤ ✤

從青春痘的例子可以看出，腸道顯然可以透過新陳代謝及荷爾蒙的變化，來跟皮膚溝通。但這無法解釋食物顆粒是否能直接接觸並影響皮膚。英國人熱愛南亞咖哩早已不是什麼祕密，據說香料烤雞咖哩（chicken tikka masala）是英國人最愛的餐點。我以前常和一位喜歡香料的朋友去伯明罕的「巴蒂三角區」（Balti Triangle）。他說，每週吃一次印度辣雞咖哩（chicken jalfrezi）後，一種輕微的大蒜味會在他的皮膚上停留兩天，他稱那個味道為「巴蒂味」。他認為，那是因為汗液中帶有咖哩分子。但我認為，氣味一定是直接從盤子裡飄出來，黏在他的衣服與皮膚上。辛辣的食物確實會讓人流汗：辣椒中的辣椒素（capsaicin）分子會觸發舌頭和皮膚上的相同受體。當舌頭或皮膚被辣得發燙時，這些受體就會被啟動。那會欺騙大腦，讓它以為我們覺得很熱，所以身體會透過流汗來幫我們降溫。但食物真的能透過汗水排出嗎？

事實證明，那位朋友的說法是對的：雖然絕大多數的食物殘渣是變成糞便，有些揮發性、有氣味的化合物卻會在呼吸（例如大蒜的甲基烯丙基硫醚分子〔allyl methyl sulphide〕）與尿液（例如約一半的人可在尿液中聞到蘆筍的味道）中釋出；有些食物分子確實可以在汗水中偵測到。大蒜與洋蔥是含硫量最大的罪魁禍首。硫不僅是造成「臭雞蛋」味的因素，有趣的是，導致口臭的分子似乎對皮膚的氣味有不同的影響。史特靈大學（University of Stirling）與布拉格查理大學（Charles University in Prague）的科學家發現，女性覺得吃了十二克大蒜的男性體味，比吃了六克或沒吃大蒜的男性體味更有吸引力。[7]在另一項嗅覺研究中，女性喜歡素食男性的汗味更勝於肉食男性的汗味。[8]我覺得設計出這種實驗的科學家很有創意，我很佩服，但我更佩服那些去聞汗臭味的勇敢參試者。

然而，對一些人來說，那些會傳到皮膚的食物分子可能毀了他們的人生。一位擔任全科醫生的同事說，他永遠忘不了他見到莎莉的那天。莎莉是年約二十五歲的健康女性，她一走進診療室，醫生就被她身上散發的刺鼻氣味嗆倒了，醫生說那氣味只能用一堆爛魚來形容。過去兩年間，莎莉注意到，同事紛紛把辦公的位置移開她的辦公桌。她在路上行走時，行人不禁皺起眉頭。她在公車站等車時，旁邊的青少年捏著鼻子，裝出嘔吐的樣子。儘管莎莉每天洗兩次澡，也噴了很多香水，最後一根令她崩潰的稻草，在她就醫的前一週出現了。服務生要求莎莉離開餐廳，並「請她多為其他的用餐者著想」。全科醫生坦承，他也不知道那究竟是怎麼回事。他把莎莉轉到大醫院求診，醫院為莎莉做了基因檢測，揭開了導致她散發惡臭的原因。她罹患一種罕見的遺傳疾病：三甲基胺尿症（trimethylaminuria），又稱「臭魚症」。三甲胺（trimethylamine）是一種由腸道細菌分解某些食物（包括魚、雞蛋、牛肉、肝臟、某些蔬菜）所合成的化合物。有三甲基胺尿症的人缺乏分解這種分子的酶，所以過量的三甲胺會進入汗液中，產生一種類似腐魚與爛蛋合起來的臭味。嚴格改變飲食幾乎完全消除了莎莉身上的惡臭，讓她重獲新生。

如果食物中的某些分子可能影響並傳到皮膚，這也難怪很多人相信營養可以直接影響皮膚健康，包括降低罹患皮膚癌的風險。不過，在這方面，我們再次陷入相互矛盾的證據泥沼中，幾乎沒有明確的答案。一般普遍認為，「抗氧化」補充劑（號稱可抑制細胞中破壞性的氧化反應）可降低罹癌風險，但這在科學上是有爭議的。沒有確切的證據顯示，β－胡蘿蔔素、維生素A、C、E等抗氧化劑能夠降低人類罹患皮膚癌的風險。[9]事實上，有些抗氧化劑（例如硒補充劑）若是服用高劑量，甚至可能提高罹癌的風險。有些抗氧化劑已經證明服用後會抵達皮膚，例如綠茶中的兒茶素，但這些物質是否有任何效益仍沒有定論。[10]實驗室研究的抗氧化劑效果，囿於一些分子的分解與代謝方式，目前還無法在人體上重現。然而，即使證據有限且缺乏科學共識，抗氧化劑依然非常熱門，在健康食品的廣告中無處不在。為什麼會這樣呢？身為人類，我們先天就會去尋找達到安全與健康的最省力方法。相較於實際驗證可行的方法（富含蔬果的均衡飲食，加上經常運動，不抽菸，飲酒不過量等等），萬靈丹型的食物對我們來說極具吸引力。產值數十億美元的健康食品市場，就是利用人們對簡單答案的渴望來獲利，但那些簡單的答案都好到令人難以置信。

不過，這並不是說這些分子都毫無助益，也許我們只是還不知道它們有什麼效益罷了。富含抗氧化劑的食物中，可能有其他的成分有助於健康。例如，維生素A_1*（retinol）是在雞蛋與乳製品中發現的一種維生素A，已經證明可以幫有中度罹癌風險的人，降低罹患非黑色素瘤皮膚癌（non-melanoma skin cancer）的風險。[11]茄紅素（lycopene）是番茄中發現的類

＊譯註：又稱視黃醇。

胡蘿蔔素（carotenoid）。研究顯示它似乎可以幫小鼠把罹患皮膚癌的風險減半，所以它也受到很多關注。[12]有趣的是，番茄本身比單純的茄紅素效果更強，可見這些水果的其他成分可能也有益。這些紅色水果是否能降低人類罹患皮膚癌的風險仍有待證實，但是吃胡蘿蔔、番茄、辣椒等富含類胡蘿蔔素的彩色食物還有一個額外的好處：這些食物可以讓你的皮膚容光煥發。對那些想要擁有「健康」古銅色肌膚的人來說，膳食中多攝取富含類胡蘿蔔素的食物，也證明可以讓皮膚產生一點顯著的金色光芒。[13]有一項實驗要求參試者衡量白皮膚實驗參與者的「吸引力」，結果顯示：攝取許多蔬果的人與輕度曬黑但沒有紫外線輻射破壞的人，獲得的評分差不多。[14]

其他的研究顯示了更明顯的結果。諾丁漢大學的伊恩．史蒂芬醫生（Ian Stephen）和其他的研究人員發現，他們請女性評斷任何膚色的男性臉龐時，那些女性參試者覺得，因攝取類胡蘿蔔素而臉部散發出黃紅色光澤的男性，比膚色較淺或曬黑的男性更有吸引力。[15]男性臉上的金色光澤甚至比臉上的陽剛氣概更有魅力。考慮到尋找性伴侶背後的邏輯，這種研究結果或許一點也不意外：因為紅黃色皮膚意味著那是一個擁有強大免疫系統的健康個體，我們比較可能被那種人吸引，進而繁衍後代。有時我們可以從皮膚輕易地察覺健康的變化，例如，嚴重貧血的人，皮膚蒼白；氧合不足的病人，四肢略帶藍色。不過，身為人類，我們也很擅長察覺他人皮膚上的微妙變化，即使我們無法用言語來描述或表達出來。

DNA雙螺旋結構的共同發現者詹姆斯．華生教授（James Watson）說得好，他主張我們不該因為某些食物有抗氧化的特質而吃那種食物：「吃藍莓最好是因為藍莓很美味，而不是因為吃藍莓可降低罹癌風險。[16]」接受這種說法的前提是，我們知道均衡的飲食對皮膚健康有明顯的好處。吃大量的蔬果確實是值得的，但一味追求某種「超級食物」並不值得。

✤ ✤ ✤

濕疹是皮膚與飲食之間關係複雜的另一個例子。我看過一些患者服用一些天然保健品，因為他們相信那些保健品可以幫他們舒緩症狀。一位罹患嚴重濕疹的三十歲女性，拒絕服用她認為是「醫療」的任何藥物或藥膏。她在家裡以靜脈滴注法，吸收櫻草花、琉璃苣、向日葵、鼠李、大麻籽、魚油，同時服用硫酸鋅和硒片，但那些東西似乎都沒有療效。每一個在飲食中添加上述任一東西而治癒濕疹的病人，相對就有幾十個覺得那個東西無效的病人，多數的病人是靠傳統的醫療方式來抒解濕疹的症狀。雖然食物過敏會加劇濕疹，但目前沒有真正的證據顯示，任何食物可顯著地減少這種常見惱人疾病的影響。[17]這並不是說，沒有任何食物可減輕任何人的濕疹症狀。由於每個人的基因與環境組成差異很大，有些人可能發現某些食物似乎對他們的特殊情況有幫助。不過，那種因個案而異的食物療效，應該與傳統醫療一起嘗試，而不是取代傳統醫療。

針對皮膚病（如濕疹）推出的保健品，突顯出一個營養醫學與整個醫學所面臨的難題：人體比我們所想的複雜許多。目前看來，使用維生素D來改善濕疹症狀稍微有點希望。皮膚因應陽光紫外線的照射會產生維生素D；維生素D直接影響腸道對礦物質的吸收。皮膚與腸道透過這種方式一起強化骨骼與免疫系統。在一項試驗中，每天服用1600 IU（國際單位）維生素D的人，改善了濕疹的症狀，但隨後的研究又得出不同的結果。[18]不過，研究發現維生素D改善了一小群病患的濕疹，那群病患有復發性的細菌感染。由此可見，維生素D在人體免疫系統中扮演要角。[19]即使我們不確定維生素D對皮膚健康的影響（見第四章），服用保健品是防止身體其他部位缺乏這種重要維生素的安全方法，也是公共醫療服務認可的途徑，尤其是在高緯度國家的冬季更是需要。然而，濕疹的一個潛在突破是來自二〇一七年的一項發現：有一大群濕疹患者的CARD11基因突變，那個基因與啟動皮膚的免疫細胞有關。[20]麩醯胺酸（glutamine）似乎可以補救這種基因突變的影響，所以研究人員正在研究，從膳食中補充麩醯胺酸能否改善這種疾病。

如果濕疹的研究讓我們認清食物中鮮少有神奇療法，那麼乾癬（psoriasis）則是直接鼓勵我們採用健康均衡飲食的例子。有明顯的證據顯示，減肥可以明顯改善乾癬，肥胖則會導致明顯的鱗狀癬斑大爆發。[21]肥胖時，人體處於容易發炎的狀態，所以體重增加會導致乾癬更容易爆發。由於乾癬的癬斑顯而易見，這種疾病常導致患者陷入絕望。而且，疾病本身容易使人抽離社會，養成不良的飲食習慣，那也助長了肥胖，更進一步加劇病情。飲酒也會導致乾癬惡化，而且飲酒容易讓患者養成不健康的飲食習慣，在他們最需要醫療協助時，反而逃避醫療。

關於皮膚與腸道的關係，另一個鮮為人知的故事是：近四分之一的乾癬患者有麩質不耐的現象，儘管麩質影響皮膚的確切機制仍不明朗，無麩質飲食可以顯著改善乾癬患者的狀況。這個看似很小的觀點，可以幫我們瞭解為什麼皮膚與飲食的關係如此複雜。多數有麩質不耐的乾癬患者有HLA Cw6基因，這種基因只出現在同時有麩質不耐又有乾癬的人身上。[22]皮膚與腸道如何互動，以及皮膚如何因應膳食，有部分是取決於我們的基因組成。營養遺傳學這個新興領域顯示，個人的基因碼直接影響我們對養分的反應，從理論上引導我們走向科學的個人化飲食時代。俗話說「人如其食」（you are what you eat），那要看你是誰而定。

✤ ✤ ✤

所以，飲食確實會影響皮膚，但不像我們所想的那樣簡單。那麼，水呢？這種長生仙藥肯定是讓人擁有飽滿健康皮膚的答案嗎？我的鄰居出國一年，回來後，我注意到她現在只用右手做事。無論是遛狗、在酒吧裡放鬆，還是在健身房裡運動，她的左手似乎總是握著一瓶礦泉水。她急切地告訴我：「顯然這是讓皮膚維持飽滿、緊緻、清爽、容光煥發的最好方法，甚至還可以撫平皺紋。」她說她現在每天喝四公升的水，我很訝異她竟然沒有整天跑廁所，更遑論只用右手做事了。但如今我們常看到超級名模手拿礦泉水並信誓旦旦地說，她們容光煥發的皮膚就是靠好幾升的水滋補的。這樣講符合邏輯，因為皮膚是由細胞組成，細胞大多是由水組成的，需要經常補水。然而，其他的器官也需要水，所以我們很難測量攝取的水分中有多少到達皮膚，更遑論那些水對外觀的影響了。[23]儘管網路與雜誌上隨處可見喝水有益皮膚健康的建議，但這方面的研究很少。這或許不足為奇，因為水又不能申請專利，所以藥廠資助這種研究幾乎得不到好處。少數的研究顯示，日常攝取正常的水量，對正常的皮膚功能及表皮的保濕有正面的影響。[24]脫水會使皮膚失去豐盈度（彈性）及變形，因為皮膚細胞失去了大量的體積。我們可以確定缺水對皮膚不好，但這不表示飲用大量的水對皮膚特別好。我們可以肯定地說，每天飲用建議的水量是健康的：男性約每日二點五升，女性約每日兩升（其中百分之七十到八十是來自飲料，其餘是來自食物）。但由於這個建議水量會隨著個人身型大小、活動程度、環境溫度而異，所以這不是精確的科學。幸好，人體有一個非常可靠的內部測量機制：每當口渴時，就應該喝水。

另一方面，酒雖然是液體，但它對皮膚的影響就不是那麼溫和了。說到皮膚的外觀與健康，酒精幾乎總是有害的。短期內，它會使皮膚脫水，顯得蠟黃、浮腫。而且，多數的雞尾酒中有大量的糖分，那也會加重青春痘，甚至可能加速皺紋的形成。酒精的主要分解產物是乙醛（acetaldehyde），它會使皮膚發炎，釋放組織胺，使血管擴張，導致典型的臉部潮紅。乙醛需要被一種名叫「乙醛脫氫酶」（acetaldehyde dehydrogenase）的酶分解，先天缺乏這種酶的人，即使只喝一杯酒，臉上也會出現極端的潮紅。華人、日本人、韓國人的基因中大多缺乏這種酶，在四成東亞人的身上可以看到這種一喝酒就臉紅的現象。

長期酗酒會在皮膚上留下明顯的印記。我還記得泰瑞，他是我在病房裡遇到的病患，年紀約五十出頭，因嚴重的肝硬化住院治療。他看起來蒼老疲憊，臉部的皮膚乾燥又浮腫，帶著黃疸的淡黃色。缺乏維生素導致嘴角皮膚乾裂，胸前布滿紅色的蜘蛛痣。泰瑞的腹部腫脹，看起來好像皮膚拙劣地在描繪卡拉瓦喬（Caravaggio）的畫作《美杜莎》（*Medusa*）——肚臍周圍靜脈曲張，像極了希臘怪物的蛇形頭髮。事實上，蛇女頭（caput medusae，「美杜莎的頭」）是這種肝臟衰竭症狀的醫學術語，這種症狀會導致靜脈回流受阻。小塊的盤狀濕疹（慢性發炎引起的水泡）和獨特的環狀體癬（環癬），充分地利用他受損的免疫系統，覆蓋在腹部的其他地方。任何原本可以倖免於難的皮膚，也因為肝病引起的持續搔癢而抓得傷痕累累。

短期飲酒與酗酒的影響，當然會在皮膚上留下痕跡。但如果是長期適度的飲酒——例如每晚一杯酒——皮膚的反應就不會那麼明顯了。以前大家認為，經常飲酒會導致惡性黑色素瘤。那是一種可能危及生命的皮膚癌，但那種觀點並未考慮到研究中所謂的「混擾因子」（confounding factor）。常喝啤酒的人，更有可能投入其他的冒險行為，包括曝曬陽光太久。考慮這點後，研究發現，酒精的攝取與黑色素瘤的出現其實沒有關聯，長期適度的飲酒很有可能是安全的。[25]

酒精常被比喻成一種吐真劑，使人吐露真情。它讓人放鬆雙唇，放下警戒，也使祕密透過皮膚外洩出去。酒精代謝的過程中，部分會透過汗液排出體外。最近的「經皮酒精技術」（transdermal alcohol technology）對這個流程做了深入的研究。現在手環可以透過皮膚，持續準確地衡量體內的酒精含量。也許有朝一日，我們可以把血液中的酒精含量也加入我們出售給智慧型科技的大量個資。

✤ ✤ ✤

合理、均衡的飲食有助於維持身體與皮膚的健康（即使沒有超級食物），但許多人開始相信，我們可以透過膳食讓自己看起來更年輕。這是新興的「口服保養品」（nutricosmetics）產業所帶來的觀念——據估計，保健品與各種粉類的銷售額將在二〇二〇年達到五十億美元之譜。[26]市面上，標榜可以讓膚色更明亮的飲品暴增。飲料除了添加維生素與抗氧化劑以外，還有一種新趨勢是從內而外更新皮膚的成分。如果說有哪一種分子最有可能是讓人青春永駐的萬靈藥，那應該是膠原蛋白。膠原蛋白是一種蛋白質，它構成皮膚的四分之三，使皮膚飽滿豐盈。隨著年齡增長，皮膚裡的膠原蛋白會開始流失，陽光曝曬過度與抽菸也會加速這個流失的過程，導致皺紋出現，皮膚鬆弛。標榜回補這種分子的療程可以讓皮膚恢復豐盈及撫平皺紋，似乎很合乎邏輯。

護膚霜中通常含有膠原蛋白，但膠原蛋白的分子太大，無法從體外滲透皮膚，所以任何護膚效果很可能是源自於護膚霜的短期保濕功能，而不是膠原蛋白本身的功效。那麼，我們能不能從內而外為皮膚提供膠原蛋白呢？近年來，許多保健品包含分子較小、水解形式的膠原蛋白，標榜可以回補皮膚中的膠原蛋白，或促進皮膚中膠原蛋白的合成。許多醫生懷疑，那些保健品無法避免強大胃酸的分解。目前還沒有足夠的證據可以證明正面或反面的說法。在成效最多的研究中，僅十八名女性接受測試。這種研究跟「巧克力與青春痘的關聯」一樣，測試的樣本規模太小，沒有統計相關性。[27]在另一項規模更大的研究中，僅百分之十五的參試者看到皺紋有明顯的改善，但那可能是其他因素造成的。[28]如果喝膠原蛋白你負擔得起，也讓你感覺良好，那不會對身體造成傷害，但膠原蛋白或抗氧化劑現在仍然沒有權力標榜它們是讓青春永駐的萬靈丹。不過，這並不是說，未來有足夠證據時，我們不會從腸胃來滋補皮膚。

攝取膠原蛋白對人體無害，但有些保健品則非常危險。近年來，市面上出現一些保健品，標榜它們是「可飲用的防曬霜」。其中一種甚至標榜它可以發射「純量波」（不管那是什麼東西），據說那種波會在皮膚的表面波動，產生防曬係數三十的效果。在隨後的訴訟中，愛荷華州的首席檢查官譴責了這種騙術，說那「幾乎可以肯定是胡說八道」。相較之下，其他的產品似乎比較可信，它們宣稱產品中含有抗氧化劑與維生素的混合物，可以避免皮膚受到紫外線的傷害，或是修復傷害。但這些分子預防皮膚癌的證據很有限，而且它們肯定無法像防曬霜那樣避免陽光傷害。當人們躺在陽光下，相信維生素飲料可以預防皮膚癌時，偽科學已經從鬧劇轉向潛在的悲劇發展了。

✤ ✤ ✤

幾乎沒有證據顯示，服用超過每日建議量的維生素保健品可以改善或修復皮膚，但身體缺乏維生素的後果可能很嚴重。

二十世紀初，南卡羅來納州處於緊急狀態。一開始是曝曬太陽的皮膚表面出現鱗狀紅疹。那些鱗片會變厚變暗，接著開始龜裂。隨著這些紅色病變的擴散，身體似乎也從內部分裂了。患者因劇烈的腹痛而臥床不起，也因拉不停的腹瀉而疲軟無力。最後，他們連精神也開始分裂，多數人出現憂鬱、頭痛、混亂的現象。許多人甚至陷入瘋狂，精神錯亂，被送進精神病院。約四成罹患這種新型神祕疾病的患者，在精神病院中陷入昏迷，接著死亡。一九〇六年到一九一四年間，光是南卡羅來納州就有三萬多個病例。[29]美國衛生部長決定派流行病的專家約瑟夫·戈德伯格醫生（Joseph Goldberger）去找出這個致命疾病的根源（戈德伯格醫生因發現從墨西哥到曼哈頓的流行病而出名）。這場疫情的爆發不知從何而來，所以醫學界的人士大多認為這種名叫癩皮病（或譯糙皮病，pellagra）的可怕疾病是一種感染。不過，戈德伯格醫生走訪了許多醫院、精神病院、監獄以後，注意到一個有趣的型態：似乎只有病人及住在精神病院的院友感染這種疾病，醫院的工作人員與醫生都沒有感染。

戈德伯格醫生向來喜歡跳脫框架思考，他開始做實驗。在一個病況特別嚴重的孤兒院裡，有一百七十二名孤兒罹患癩皮病，皮膚出現鱗狀紅疹與龜裂。戈德伯格醫生募集了資金，提供他們均衡的飲食（包括新鮮的肉類、牛奶、蔬菜）。結果顯示，每個孩子的癩皮病都突然治癒了。為了進一步證明膳食是原因，他到一家精神病院做了一項實驗。在兩年期間，一群院友（對照組）繼續吃院方提供的糟糕膳食（麥片和小麥），另一組（實驗組）則獲得健康膳食。他追蹤兩組的情況長達兩年。對照組中有一半的人罹患癩皮病，健康膳食組中沒有人罹患癩皮病。儘管戈德伯格的研究提供了愈來愈多的證據，證明飲食是導致這種疾病的原因，但他還是遭到無情的反對。醫學界有許多人深受新發現的「細菌致病論」所吸引，他們依然覺得癩皮病是一種感染。而且，南方的州長與醫生也無法容忍一個北方人跑下來，把疾病歸咎於南方的貧困。所以，戈德伯格在有生之年並未看到導致癩皮病的原因。一九三七年，康拉德．艾爾維傑姆（Conrad Elvehjem）發現，癩皮病是缺乏菸鹼酸（維生素 B_3）造成的。[30] 飲食均衡的實驗組所攝取的肉類、蔬菜、香料中，就含有菸鹼酸。因此，一九三八年，美國在麵包中添加了菸鹼酸，癩皮病的數量迅速減少。顯然，癩皮病的皮膚是膳食嚴重缺乏營養素的徵兆。

戈德伯格之所以會做那些臨床試驗，要歸功於一個世紀以前，另一位充滿求知欲又有科學精神的人研究了另一種神祕的皮膚病。一七四〇年，英國皇家海軍准將喬治・安森（George Anson）結束了為期四年的任務（從祕魯到巴拿馬，奪取西班牙在太平洋的屬地或破壞那些屬地的穩定）。儘管這趟環球任務非常成功，但他帶回國的水手很少。四年前剛啟航時，整支遠征軍有近兩千人，返國時卻僅剩一百八十八人。遠征軍是遭到另一種紅死病（red death）的蹂躪：壞血病。沒有人知道病因，也沒有人知道療法。一開始，毛囊周圍會出現紅藍色的斑點，通常是長在小腿上。接著，那些斑點會慢慢擴大，並合起來變成瘀青，最終會覆蓋整條腿。在海軍的船艦上，皮膚割傷與裂痕很常見。水手一旦罹患壞血病以後，這類傷口即使能夠痊癒，也需要很長的時間。除了皮膚上出現這些不祥、擴散的跡象以外，患者也會出現身體虛弱、嗜睡、雙腿疼痛等症狀。

在十六世紀到十八世紀間，死於壞血病的英國海軍比死於戰爭的人數還多，而且軍方完全沒有統一的療法。一七一六年出生的蘇格蘭人詹姆斯・林德（James Lind）以外科醫生助手的身分加入海軍，他親眼見證了這種疾病的毀滅性影響。為了搞清楚這種看似無法治癒的疾病是什麼造成的，一七四七年他做了醫學史上的第一次隨機對照試驗。他抱著開放的心態，把十二名水手分成六對，使他們的飲食與日常工作盡可能相似，但在每對的膳食中加入一項不同的東西。第一組是蘋果汁，第二組是酏劑（酒精和硫酸的混合物），第三組是醋，第四組是海水，第五組是每天兩顆柳丁和一顆檸檬，第六組是名叫「肉荳蔻大糊」的糊狀物。到了第六天，只有第五組能夠執行勤務及照顧同袍。一七九四年林德過世，隔年英國皇家海軍才終於肯定柑橘類水果是預防壞血病的方法。林德留下的遺澤不只是根除這種疾病，他也建立了臨床試驗的作法，後來臨床試驗成了現代醫學的基石。之後，英國海軍每天都會提供水手定量的萊姆配給，幫英軍在海上稱霸了一段時間，美國海軍因此給英國海軍取了「萊姆佬」（limey）這個綽號。直到一九三〇年代初期，匈牙利的艾伯特・聖捷爾吉（Albert Szent-Gyorgyi）和美國查爾斯・葛蘭・金（Charles Glen King）才發現柑橘類水果中治癒壞血病的神祕要素：維生素C。

✤ ✤ ✤

皮膚與腸道透過飲食及新陳代謝相互溝通，但它們還有另一種溝通方式。那種方式有時很特別，而且始終很有趣：免疫系統。一個人對食物產生過敏反應時，第一個症狀通常是出現在皮膚上（無論是紅疹、蕁痲疹，還是腫脹的嘴唇）。在真正的食物過敏中，人體會產生免疫球蛋白E（IgE）抗體，對無害的食物產生過度活躍的免疫反應。IgE是一種與許多過敏有關的抗體，它會與過敏原結合，前往皮膚，並啟動肥大細胞。那些肥大細胞一旦啟動以後就會爆炸，釋出一種由組織胺與酶組成的強大混合物，導致皮膚紅腫。醫生利用這種「皮膚—腸道」的溝通方法來診斷食物過敏。在皮膚穿刺試驗中，研究者以皮內針刺穿皮膚，並把少量的食物過敏原放入皮膚內。如果出現小範圍的發癢與紅腫，那就表示身體對某種食物有潛在的過敏反應。食物過敏也會影響皮膚病。如果有人的臨床試驗顯示他對食物過敏，那表示有一些證據顯示，「去過敏原飲食」（exclusion diet）不僅可以降低過敏反應的機率，也可以減輕皮膚病（例如濕疹）的症狀。[31]

假性過敏（pseudoallergy）是一種類似過敏，但不會產生IgE的皮膚反應或不耐症，比較難以診斷。關於慢性蕁麻疹（chronic urticaria），有一種理論主張：那是飲食中的偽過敏原（添加物與防腐劑裡的東西，或植物中發現的天然化合物，例如水楊酸）直接與皮膚發生反應，但沒有抗體反應。儘管這個理論有爭議，但有一部分慢性蕁麻疹的患者在其他的療法都無效下，採用「無偽過敏原的飲食」已經證明有效了。[32,33]

我曾經見過一位年輕女子，她在前幾個月體重意外下降的同時，臀部與四肢後方的對稱部位長出「癢到令人難以忍受」的小水泡。那是皰疹性皮膚炎（dermatitis herpetiformis），類似皰疹，是腸道乳糜瀉（celiac disease）導致皮膚爆發起泡性的皮疹。在過敏反應中，IgE抗體會對常見的食物過敏原（如牛奶、雞蛋、貝類）產生反應；而在乳糜瀉中，一種名為

IgA的抗體會對麥膠蛋白（以及其他分子）產生反應。IgA可以保護腸道與黏膜，避免它們受到外來物的侵害。麥膠蛋白（gliadin）是麩質中發現的蛋白質。在乳糜瀉中，免疫系統也會攻擊腸道中一種名叫「組織型轉麩胺脢」（tissue transglutaminase）的分子。免疫系統可能隨後在皮膚中找到一種非常類似的分子（表皮型轉麩胺脢〔epidermal transglutaminase〕），並開始形成抗體來對抗它。接著，IgA抗體便從腸道轉往皮膚，沉積在真皮的頂部，導致皮膚發癢、起泡、發炎。

在乳糜瀉中，皮膚與腸道之間的免疫關係非常清楚。但是，在許多其他的疾病中，我們對這兩個遙遠器官之間是怎麼連起來的，以及什麼分子與免疫細胞在這兩個器官之間移動，所知甚少。例如，與發炎性腸道疾病（inflammatory bowel disease）有關、看起來令人擔憂的皮膚結節與潰瘍。酒糟是一種發炎性的皮膚病，常涉及蠕形蟎，特徵是臉部潮紅、結節、腫脹，它也與許多胃腸病有關。例如，小腸內的細菌群過度增生時，會引起酒糟，這種情況稱為「小腸細菌過度增生」（small-intestinal bacterial overgrowth，簡稱SIBO）。如果用只影響腸道的抗生素來治療SIBO，皮膚上的酒糟也會消失。[34]

✤ ✤ ✤

SIBO證明了皮膚與腸道之間的另一種神祕關聯：亦即，腸道的微生物群落是如何影響皮膚的。人體內的細菌比人體內的細胞還多，腸道中這種複雜的微生物文明有時稱為「被遺忘的器官」。新的研究正慢慢揭開我們的菌叢如何影響健康，這顯然只是微生物冰山的一角。調整腸道的細菌群來改變皮膚病的病程，同時避免使用抗生素，無疑是一種很有吸引力的途徑。

一百多年前榮獲諾貝爾獎的埃黎耶·梅契尼可夫（Elie Metchnikoff）是走在時代前面的人。這位俄羅斯的動物學家認為，「最終，我們只要吞下一顆裝滿數十億細菌細胞的膠囊，或吃優格，就有可能讓體內枯竭的微生物群落恢復健康。」早在益生菌開始流行或科學認真看待益生菌之前，他就提早數十年預測了益生菌的使用。最近，研究已經證實，平均而言，罹患濕疹的兒童，腸道微生物的多樣性較少，腸道中的益菌（包括乳桿菌〔*Lactobacillus*〕、雙歧桿菌〔*Bifidobacterium*〕、類桿菌〔*Bacteroides*〕）也少。最近的大規模研究顯示，含有乳桿菌與雙歧桿菌混合物的益生菌，確實可以改善兒童的濕疹症狀。[35]同樣明顯的是，如果母親在懷孕期間服用益生菌，可以降低孩子在二到七歲之間罹患異位性皮膚炎的風險。[36]

注意，請勿混淆了「益生元」（prebiotics）和益生菌（probiotics）。益生元不含細菌，而是由支持「益菌」生長及改變腸道環境的不可消化元素所組成的。例如，水果、蔬菜、穀物中發現的膳食纖維，就是很好的益生元食物來源。「共生質」（synbiotics）是指益生菌與益生元的組合，以共生質來治療皮膚病的早期結果看來很有前景。二〇一六年的一項研究發現，口服共生質治療八週，可以減輕一歲以上兒童的濕疹症狀。[37]

腸道中數十億細菌所產生的漣漪效應，會透過不同的途徑傳到皮膚表面。第一種途徑是改變免疫系統。在一項研究中，小鼠喝了益生菌「羅伊氏乳桿菌」（*Lactobacillus reuteri*），結果皮膚中天然的抗炎分子增加了。[38]同樣地，異常的腸道微生物相也會對皮膚的免疫系統產生負面影響。腸道微生物的失衡，亦即所謂的「腸道微生態失調」（gut dysbiosis），會導致腸道內層更容易滲透，使病原和發炎分子進入血液，損害身體的遠端部位，這就是所謂的「腸漏假說」（leaky gut hypothesis）。[39]愈來愈多的證據顯示，微生態失調扭曲了免疫系統，導致「皮膚—腸道—關節」關係中出現發炎現象，加劇乾癬性關節炎（psoriatic arthritis，乾癬患者身上發生的發炎性關節炎）。[40]在乾癬患者的體內，微生態失調會增加血液中的細菌DNA與發炎性蛋白。對新生的小鼠施打抗生素，以減少其腸道微生物相的多樣性時，會看到牠身上的乾癬惡化。[41]二〇一八年，一組法國研究人員發現，破壞小鼠的腸道微生物相，會增加皮膚的過敏反應頻率與嚴重程度。[42]

皮膚與腸道這兩個遙遠器官的細菌群之間所採用的第二種溝通方式是飲食。人體的腸道微生物是分解及代謝食物的關鍵。它們把膳食纖維發酵成短鏈脂肪酸，讓人體吸收並產生抗炎特質。有些人認為，皮膚甚至有可能是微生物群落在腸道中合成脂肪的儲存庫。飲食也有可能影響皮膚上的微生物組成。誠如我在咖哩餐廳發現的，大蒜的代謝物（例如甲基烯丙基硫醚）會透過皮膚排出，而且已知有抗菌特質。然而，要確定飲食中的特定成分是否會影響皮膚很困難。再加上每個人的腸道微生物相略有不同，這又增添了另一層複雜性。

不過，皮膚與腸道之間的溝通途徑錯綜複雜，不止於此。讀醫學院的時候，有段期間我的室友承受了很大的精神或情緒壓力，那時他的身上也出現類似濕疹的皮疹，以及痛苦的大腸激躁症（irritable bowel syndrome），躺在沙發上痛不欲生。我為了找一種以我的名字命名的疾病（「萊曼症候群」聽起來確實挺威的），當時我假設皮膚、大腦、腸道這三種器官正承受著共同的痛苦。遺憾的是，皮膚科醫生約翰·史托克斯（John H. Stokes）和唐納·皮爾斯布瑞（Donald M. Pillsbury）比我早八十年證明了這點。他們指出「情感與皮膚紅斑、蕁麻疹、皮膚炎之間，透過胃腸道生理機能的重要關聯」。[43]羅馬詩人尤維納利斯（Juvenal）曾主張「有健全的身體，才有健全的精神」（mens sana in corpore sano）。沒有人會質疑這個說法。我們的精神狀態當然會影響皮膚與腸道（我們將在第七章看到），但現在愈來愈多的證據顯示，腸道發炎會導致大腦發炎，進而影響一個人的精神狀態，導致焦慮和憂鬱加劇。[44]

這種「腸道改變的精神狀態」甚至會影響皮膚，這點目前尚未測試，但似乎很合理。反過來也是如此：精神壓力會改變腸道微生物群落的組成。一項研究顯示，在動物模型中，精神壓力會導致「益菌」（乳桿菌和雙歧桿菌）數量的減少。[45]某些腸道細菌可以產生神經傳導物質：鏈球菌（*Streptococcus*）和念珠菌（*Candida*）可產生血清素，刺激腸道收縮。芽孢桿菌（*Bacillus*）和大腸桿菌（*Escherichia*）會產生正腎上腺素，抑制消化活動。心理壓力會減少腸道收縮及活動性，可能導致細菌過度增生及腸道通透性增加，進而影響酒糟等皮膚病。[46,47]這種「大腦—腸道—皮膚」的關係是一個鮮少探索的新領域，那是我們的精神、身體、微生物同伴之間複雜又神祕的溝通方式之一。

✤ ✤ ✤

所以，我們攝取的食物顯然會從內而外影響皮膚，但最近在這個「皮膚—腸道」的關聯中，出現了一個全新的論點，它顯示反過來也是成立的：也就是說，皮膚也會攝取東西。新的證據顯示，童年時落到我們皮膚上的東西，可能會直接導致食物過敏。二〇一五年，「及早適應花生過敏」（Learning Early About Peanut allergy，LEAP）試驗的第一批結果出爐了。LEAP的研究顯示，花生過敏風險較高的嬰兒（例如有雞蛋過敏或濕疹的嬰兒），吃含花生的零食，可以避免童年後期發生花生過敏。[48]這個證據有力地支持了口服耐受性的觀點，也就是說，人體學會對無害的花生分子做出保護性的反應，而不是對它們產生劇烈的過敏反應。我們現在知道，耐受性可以透過腸道來達成，但是如果我們先讓皮膚「攝取」這種食物粒子，那會怎樣呢？這其實不像聽起來那麼牽強。當皮膚的屏障功能遭到破壞時（濕疹是最常見的例子），空氣中的食物粒子更容易降落在皮膚上並穿透那個屏障。這些微小的過敏原會被皮膚上名為吞噬細胞（phagocyte）的免疫細胞所吞噬。接著，吞噬細胞與其他的免疫細胞溝通，引起「敏化」（sensitization）——也就是說，免疫系統認出這些食物粒子是外來物，它們讓身體準備好對抗這些食物。[49]以後，當身體再次接觸到那些食物時，就會產生過敏反應。有濕疹的嬰兒比皮膚健康的嬰兒更容易對食物過敏，例如對花生、雞蛋或牛奶過敏。事實上，濕疹是嬰兒食物過敏中最大的危險因素，皮膚病通常是發生在食物過敏之前。[50]

二〇一八年，一項研究進一步證實了這些發現。該研究顯示，食物過敏是由三種經皮吸收的因素合起來誘發的：增加皮膚吸收力的基因、接觸家中的灰塵與食物過敏原，以及過度使用嬰兒濕巾會在皮膚上殘留肥皂，破壞皮膚的脂質屏障。[51]目前還不確定濕巾是不是真的導致了近年來兒童食物過敏增加，如果真的是，也不知道它的影響力究竟有多大。但證據顯示，過度使用濕巾對嬰兒的皮膚屏障功能有害。隨著研究結果的累積，我們看到，及早治療濕疹及做出改變以保護嬰兒的皮膚屏障功能，似乎有可能避免孩子日後出現食物過敏。

無論是對食物過敏原的即時反應，還是伴隨發炎性腸道疾病的結節與潰瘍，抑或是富含蔬菜的飲食所帶來的容光煥發，從腸道冒出來的神祕皮膚反應可看出，這些距離遙遠的器官確實可以相互溝通，科學正慢慢找出它們彼此溝通的方式。遺憾的是，說到滋補皮膚，幾乎沒有什麼萬靈丹。但好消息是，能夠讓皮膚健康的東西，就可以促進整體健康：持久的均衡膳食是王道。皮膚是健康的預兆，它喚醒我們尊重身體的複雜與美好。

4 向光

皮膚與太陽的故事

「伊卡洛斯，切記，一定要飛在中間。要是飛得太低，濕氣會壓垮翅膀。要是飛得太高，太陽會把翅膀烤焦。你必須在兩個極端之間飛行。」

奧維德（Ovid），《變形記》（*Metamorphoses*）第八卷

在希臘薩摩斯島（Samos）的海岸卯起來晨跑雖然盡興，但也要付出代價。我打算跑到岬角的尖端，途中我坐下來喘口氣，眺望下面的海灣。黎明的曙光開始灑在伊卡里亞海（Icarian Sea）上，據傳那個飛得離太陽太近的少年就是葬身於此。沙灘上擺滿了排列整齊的躺椅——那是為成千上萬名拜日教的信徒（亦即日光浴的愛好者）所準備的長椅與跪墊——中間幾乎看不見沙子。

這種與太陽神有關的神學用語不是什麼新鮮事，人類崇拜那顆離地球最近的恆星數千年

了。它帶來生命、光明、療癒力，但也需要尊重。以肉眼直視太陽會導致失明，長時間在陽光下曝曬會曬傷皮膚，也消耗體力。現代科學讓我們對這個比地球重三十三萬倍、占太陽系質量近百分之九十九點九的天體更加敬畏。古希臘人創造出太陽神阿波羅，但更重要的是，他同時也是治療之神與瘟疫之神。我們先天就可以感覺到，太陽這個強大的雙面神對我們既有益也有害。所以，我們該尊敬它，還是畏懼它呢？

你去一個陽光明媚的小島上度假，在海灘上睡了大半個下午。回旅館後，你照鏡子，注意到鼻尖有點發紅，你已經曬傷了。為了從生理學的角度瞭解發生了什麼事，我們需要追蹤這些曬黑你的陽光粒子，亦即光子（photon）。我們跳過一顆光子從太陽的中心飛到太陽表面的旅程，因為在無數的光子之間緩慢前進的過程，估計需要十萬年。這顆微小的光子一旦脫離太陽表面，朝著地球的方向飛去，那段路程就短了很多。陽光是以時速六・七一億英里的速度運行，從太陽的表面飛到地球只要八分十七秒。如果你坐在戶外，就著自然光閱讀這本書，照亮這一頁的陽光可能是你讀前二到四頁的時候離開太陽表面的。雖然照在我們皮膚上的光子大多來自太陽，但也有一小部分是來自其他恆星。西澳大學的一個研究小組甚至算出，約十兆分之一的曬黑是由其他星系的恆星造成的。當然，你必須在那種光線下曝曬幾兆年，才會注意到它的效果。[1]

重要的是，就像擁擠的通勤把各方的人物聚在一起一樣，照在你鼻子上的陽光也是由不同的光子組成的，每個光子因波長不同而有不同的特質。人類的眼睛可以察覺可見光的波長，所以你能看到鼻尖上的輕微曬傷。然而，真正造成曬傷的光子，是高能量且看不見的紫外線。抵達地球表面的紫外線主要是由ＵＶＡ粒子構成，它們會穿過皮膚外層，破壞深層的真皮。久而久之，它會削弱皮膚的膠原蛋白與彈性蛋白的支撐層，導致皺紋、粗皮、色素斑點，這個流程稱為光老化（photoageing）。ＵＶＡ會使人曬黑，但不會曬傷。原本大家也以為它不會致癌，所以以前的日光浴床是採用紫外線照射。但後來證據顯示，紫外線會引發及加速皮膚癌的演進，也會加速老化。

然而，隨著陽光前來地球的物質中，最糟糕的東西莫過於ＵＶＢ。它有如一把雙刃劍，既傳遞了太陽帶來的痛苦，也傳遞了太陽帶來的物資。ＵＶＢ是高能量的粒子，它衝擊皮膚的表皮，把ＤＮＡ切開。對此，皮膚的立即反應是發炎，呈現方式是發紅、腫脹、起泡。除了分解ＤＮＡ以外，ＵＶＢ也會分解皮膚中的維生素Ｄ前驅物（vitamin D precursor）。前驅物是化合物的非活性形式，它以特定的方式分解時，會釋放出活性物質。因此，ＵＶＢ輻射是維生素Ｄ的重要來源之一。（最強大、最危險的ＵＶＣ會破壞皮膚，但我們應該為皮膚感謝地球，因為大氣層（由臭氧與氧氣組成）幫我們擋住了ＵＶＣ。）

既然UVB會切割DNA，它應該也會導致每個人罹癌喪命，那麼究竟是什麼東西阻擋了它的破壞？答案是不起眼的黑色素細胞（melanocyte）。這些章魚般的小細胞位於表皮的底部。它們像章魚一樣，會噴出名叫「黑色素」（melanin）的墨水。這些黑色、棕色、紅色的色素是由不同類型的複雜聚合物所組成，這種多樣性讓它們幾乎可以吸收任何波長的紫外線。這種特殊的色素就是天然的防曬霜。二〇一四年，瑞典隆德大學（Lund University）的一項研究發現它特別的運作方式。[2]紫外線照到一個黑色素分子時，黑色素會釋出一個質子，解除紫外光的能量，把它轉化為無害的熱量——這樣做只需要十兆分之一秒。大量的陽光照射會啟動黑色素細胞。在陽光下曝曬後，後續的兩三天，皮膚會被變成古銅色，那是對傷害的一種保護反應——你可以說那是有色的繭。不過，長期的膚色是由皮膚中黑色素的種類與濃度決定的，所以膚色有各種不同的深淺褐度。深色皮膚的黑色素細胞並不會比淺色皮膚多，只是黑色素細胞比較努力產生較多的保護色素。想充分瞭解黑色素的重要性，我們可以看完全缺乏黑色素的人過什麼樣的生活。罹患白化症的人是基因中缺乏黑色素，他們從小就很容易罹患各種皮膚癌，如果沒有終身防曬及細心照料肌膚，他們的壽命都不太長。

黑色素雖然是天然的防曬霜，但皮膚變黑不太能夠抵擋陽光的傷害：它的防曬係數（SPF）僅三左右，而且還會留下受損的DNA。坊間有一種迷信認為，假期前先去日光浴床

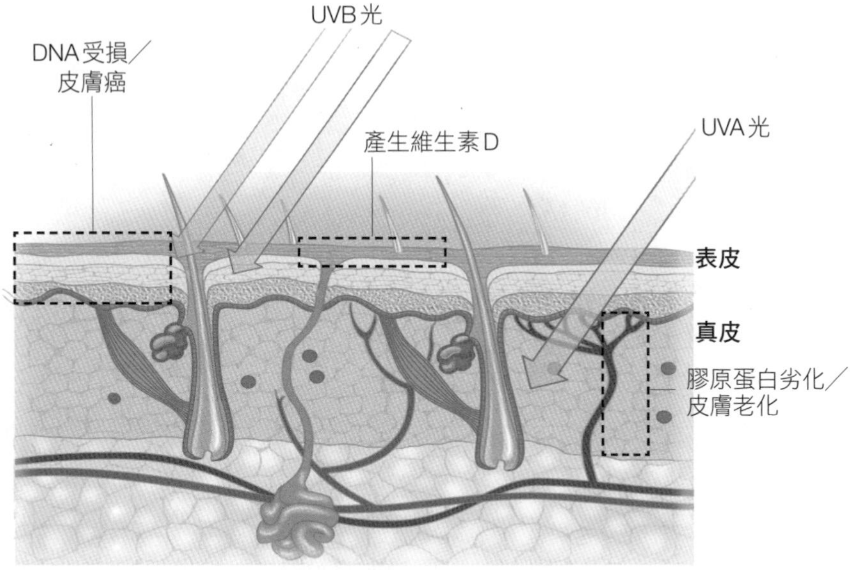

UVA光與UVB光

補曬一層，可防止日後曬傷。但那樣做對於防止陽光傷害幾乎毫無作用。日曬過度有害健康與容貌，那是造成皮膚加速老化的主因，而且比其他的原因加起來的影響還大。不過，最重要的是，它是導致一種疾病的最大風險因素，在全球許多地區造成了許多痛苦與死亡：皮膚癌。

✤ ✤ ✤

我永遠忘不了第一次見到皮膚癌的經歷。我坐在會診室的角落，觀察腫瘤科醫生看一位三十歲的愛爾蘭女病患。她名叫卡翠歐娜，罹患惡性黑色素瘤第四期。不久前，她還是每週末參加鐵人三項比賽的年輕健美教師，但數個月的化療使她顯得瘦削憔悴，看起來比以前老了幾十歲。一年前，她注意到右肩胛骨的上方皮膚有一小塊平坦的色素沉澱區，呈紅、棕、黑色。那一小塊開始擴大，儘管她及早獲得診斷並接受治療，黑色素瘤還是擴散到肺部、肝臟、骨骼。我見到她時，醫生判斷她只剩六到十二個月的生命。

「他丟下我一人，他害死我了！」那天她哭著說。卡翠歐娜斷斷續續地向腫瘤科醫生解釋導致她罹癌的原因。二十二年前的夏天，她八歲的時候，全家去西班牙的海邊度假。她解釋：「我們很少塗防曬霜，我媽希望她自己看起來美美的，我爸說曬黑才健康。總之，第一天的下午，我媽去購物，我和老爸去海灘。到了海灘後，我爸自己去酒吧，丟下我一人在海灘，大概有四五個小時吧。晚上，我們回飯店時，曬傷已經太嚴重了。我的身上不僅起了水泡，還出血，我不得不去看醫生。」她指著二十年後首度發現黑色素瘤的地方。

童年一次嚴重曬傷，就導致卡翠歐娜罹癌並進展到癌末嗎？目前的研究顯示，儘管許多童年嚴重曬傷的人不會罹患皮膚癌，但童年嚴重曬傷會使日後罹患黑色素瘤的風險提高五成。[3]另一項研究顯示，白人女性（那項研究沒有研究男性）若在青少年時期有五次以上嚴重曬傷的經驗，日後罹患黑色素瘤的風險會變成兩倍。[4]一旦DNA遭到破壞，那部分的皮膚在一生中都會變得特別脆弱。日曬造成的DNA受損，會導致DNA序列突變，那可能演變成危及生命的癌症。我們大多嚴重低估了太陽在皮膚癌中扮演的角色，尤其是那些有大量淺膚色人口的國家。

卡翠歐娜離開後，腫瘤科醫生轉過來對我說：「人類很不擅長評估風險，尤其是涉及未來健康的時候。但是，涉及到你照顧的人時，我覺得嬰兒嚴重曬傷跟虐童沒什麼兩樣。」

過去三十年間，美國人罹患皮膚癌的人數，比其他的所有癌症加起來還多。[5] 多達三分之二的澳洲人在一生中罹患皮膚癌。[6] 北美與歐洲的淺膚色人群特別容易罹患皮膚癌，因為他們渴望擁有「健康的古銅色肌膚」，再加上廉價的陽光之旅愈來愈盛行。在西方世界，過去幾十年間，罹患皮膚癌的人數激增，有如一場公衛危機。不僅死亡及受苦的人數增加，醫療成本也跟著飆升。[7] 據估計，二〇二五年，僅皮膚癌的治療，一年就要花英國國民保健署（NHS）五億英鎊。與此同時，皮膚癌的病例增加正在考驗皮膚科的承載力，各種皮膚病的候診名單都變得愈來愈長。

皮膚癌主要分三類。第一類是基底細胞癌（basal cell carcinoma，BCC），是目前最常見的。這些珍珠狀的腫瘤常出現在頭部和頸部的陽光曝曬區，很少導致死亡，但不移除的話，它們可能破壞周圍的組織，例如眼睛、耳朵。第二類是鱗狀細胞癌（squamous cell carcinomas，SCC），那可能出現硬皮與潰瘍，常出血。相較於基底細胞癌，鱗狀細胞癌不是那麼常見，但比較危險，更容易轉移（擴散到身體的其他部位）。然而，最令人擔憂的皮膚癌——也是死亡率最高的——是黑色素瘤。雖然它不像另兩種皮膚癌那麼常見，但這種致命癌症的發病率正在增加。二〇一八年，美國約有九萬筆新增的黑色素瘤確診病例，近一萬人因罹患黑色素瘤而死亡——這個數字在過去四十年間增加了十五倍。[8]據估計，二〇三五年，英國黑色素瘤的發病率將增加百分之七。[9]

黑色素瘤的早期診斷特別重要。一九七〇年代，每十名黑色素瘤的患者中，就有五人死亡，但現在這個數字已降至十分之一，這主要是因為大眾對於偵測皮膚癌及早期診斷有了更多的瞭解。二〇一七年，克里夫蘭醫學中心（Cleveland Clinic）的一項研究強調，黑色素瘤的早期發現是提高生存機率的關鍵。[10]跟皮膚類別一樣，痣的多寡也會影響罹患黑色素瘤的風險。一個人的右臂上如果有超過十一顆痣，表示他全身有超過一百顆痣，那會增加黑色素瘤的風險，因為二到四成的黑色素瘤是在現有的痣中形成的。[11]「非典型」的痣也可能在家族中遺傳，這種痣稱為「痣發育異常症候群」（dysplasic naevus syndrome）。出生時就有的痣，稱為先天性黑色素痣（congenital melanocytic naevi），它們在日後有高達一成的機率演變成黑色素瘤。對一般人來說，從一些無害的黑痣中辨識黑色素瘤的簡單方法，是注意以下的「ABCDE」特徵：

- 不對稱（**A**symmetry）
- 邊緣不規則（Irregular **B**orders）
- 顏色不均（More than one **C**olour within the patch）
- 直徑超過六公釐（A **D**iameter of more than 6mm）
- 快速變化（Its **E**volution）：痣的顏色或大小變化

我也喜歡把E解讀成「請教專家」（ask an Expert）。全科醫生與皮膚科醫生都有經驗，也受過訓練，而且他們可以使用專門檢查皮膚的皮表透光顯微鏡（dermatoscope）來評估病變，以判斷痣有沒有可能是惡性的。二〇一八年，伯明罕大學領導的一項研究支持了這個觀點，該研究考察了全球研究這個主題的研究機構，發現光靠肉眼檢查不是偵測黑色素瘤的好方法，使用皮表透光顯微鏡檢查的專家比較不會錯過病變的判讀。[12]研究也發現，大眾常用智慧型手機的應用程式來判斷可疑的痣，那很容易遺漏黑色素瘤的判讀。

皮膚上的顏色、雀斑、斑點都是在講述故事，我們應該好好關注那些故事。一種瞭解皮膚癌風險的方法，是對皮膚做不同的「膚色分類」，如費氏量表（Fitzpatrick scale）所示：

- 第一類：淡白皮膚，總是曬傷，不會曬黑。
- 第二類：白皮膚，較深色的眼睛，容易曬傷，不易曬黑。
- 第三類：深白皮膚，曬傷後變黑。
- 第四類：淺褐皮膚，輕微曬傷，容易曬黑。
- 第五類：褐色皮膚，很少曬傷，曬得較黑。
- 第六類：深褐／黑皮膚，永遠不會曬傷，只會曬黑。

費氏量表有缺陷，因為人類膚色有無數種深淺褐色，但它只把無數種色調粗略分成幾類。而且，深棕色與黑色皮膚還是會曬傷，只是機率較低，曬傷的程度也不像淺色皮膚那麼嚴重。不過，這份量表依然是不錯的風險指南，而且在促進公平的種族描繪方面，也發揮了意想不到的效果：表情符號（電子通訊中的現代象形文字）之所以有五種膚色，就是以這份量表為基礎。[14]

雖然皮膚癌是白種人中最常見的癌症，但任何膚色都無法倖免於皮膚癌。紫外線會損害任何膚色，此外，其他的風險因素也可能導致皮膚癌，例如基因、抽菸。美國的研究顯示，儘管黑人罹患惡性黑色素瘤的機率遠低於白人，但黑人罹患惡性黑色素瘤的存活率遠比白人低。為什麼會有這種不平衡的現象，原因還不太明朗，但很可能是因為美國黑人獲得的醫療較少，再加上醫學界與黑人族群都沒意識到黑人也有可能罹患皮膚癌。雷鬼歌手巴布．馬利（Bob Marley）就是黑色素瘤誤診的知名案例，據傳他腳趾上的致命黑色素瘤最初被誤診為足球造成的運動傷害。

讀到這些皮膚癌患者所承受的不平等待遇後，我決定測試一下，在英國的基礎醫療機構中，醫生診斷黑色素瘤時，對白人和黑人患者是否有差異。我從英國國民保健署尋找病患，因為NHS是免費提供醫療服務，在社會經濟方面比美國的醫療體系更公平。我與英國的兩所大學合作，設計了一項二十張照片的測試，名為「基礎醫療皮膚科測試」，並透過電子郵件把它寄給英國各地的三千位全科醫生。[15]我提供了多種不同的皮膚病病例，並附上一個下拉選單，選單中有二十種皮膚病讓那些全科醫生挑選答案。但我沒有告訴參試者，我只對其中四張照片感興趣。我把那四張照片隨機放在測試中，其中兩名患者是白皮膚上長黑色素瘤，另兩名患者是黑皮膚上長黑色素瘤。有趣的是，醫生在白皮膚上正確辨識出黑色素瘤的機率約百分之九十，但在黑皮膚上正確辨識的機率只略高於五成。這項小規模的研究有一些局限性，但它讓我們看到，醫學教育需要加強瞭解這種可能致命的皮膚病在不同膚色上的差異。

皮膚癌顯然是一個日益嚴重的問題，所以我們能做什麼來降低罹癌機率呢？首先要瞭解的是，「健康的古銅色肌膚」是一種迷思。大量證據顯示，皮膚傷害，即使是稍微曬黑，久而久之也會積少成多。古埃及人雖然崇拜太陽，但他們也知道太陽的危險，所以發明了史上最早紀錄的防曬品。他們使用的米糠與茉莉花配方，確實含有已知可修復受損皮膚的分子。幸好，近年來我們研發出更有效的防曬品。在陽光下盡情享樂或工作時，若要獲得足夠的保護，一個中等身材的成人必須在所有暴露的皮膚上抹上三十五到四十五毫升（高爾夫球的大小或六到八茶匙）的廣效防曬霜（可擋UVA和UVB），防曬係數（SPF）至少要十五（這是指皮膚曬紅的時間是沒擦防曬霜的十五倍）。在英國，研究顯示，一般民眾大多不太瞭解防曬霜的標示。SPF是只看UVB的防曬指標。另一套一到五星的系統是代表防曬霜阻擋UVA的效果。近一半的受訪民眾不知道SPF的含義，僅百分之八的人知道它只和UVB有關。[16]

其他降低皮膚癌風險的常識包括避免使用日光浴床，尋找蔭涼處，戴帽子，穿合適的衣服，以及教孩子怎麼塗抹防曬霜。

有一個國家已經證明，當防曬成為民眾的日常習慣時，確實可以有效預防皮膚癌。許多澳洲人是英國後裔，他們膚色蒼白的祖先從北歐海岸陰暗又多雨的家鄉，移居到地球另一端那個陽光普照的炎熱大陸。所以，澳洲成為「全球皮膚癌之都」一點也不令人意外。但過去三十年，澳洲也是全球唯一降低皮膚癌發病率的國家。我有一位同事在一九八〇年離開澳洲，來到英國。一九八五年，他去雪梨探親又回到英國時，他說：「澳洲沒有太大變化，不過，七〇年代，我的朋友都留長髮、打赤膊在城裡散步。現在他們剪短髮，穿T恤，戴帽子，塗上厚厚的防曬霜。海鷗席德（Sid）現在真的變成澳洲魂的一部分了。」一九八一年，席德這個卡通人物首度登上澳洲的電視螢幕，唱著容易洗腦的歌曲：「穿、抹、戴！穿衣，塗霜，戴帽！」這個「穿—抹—戴」宣傳活動可說是史上最成功的公衛活動之一，成功地提升了大眾的健康意識，長期以來一直受到全球行銷公司與醫療機構的推崇。[17]它顯示一個表達良好又簡潔的訊息可以提高大家對一個議題的認知，並把認知轉化為行動。

儘管如此，大眾對陽光傷害的瞭解與實際的防曬作法之間，仍有很大的落差（即使是澳洲亦然）。由此可見，要改變大家對健康的態度，還需要投入很大的心力。二〇一五年，英國皮膚科醫生協會（British Association of Dermatologists）的一項大型調查發現，在英國，八成的人擔心罹患皮膚癌，但有百分之七十二的人在過去一年曾曬傷。[18]同樣地，二〇一七年，一項研究調查全球二十三個國家約兩萬人的防曬行為，結果發現，儘管十分之九的人知道曬太陽與皮膚癌之間的關聯，但近半數的受訪者在度假時並未採取任何防曬措施。[19]心理學研究探索了一些防曬宣傳，研究結果顯示，訴諸虛榮心的宣傳比訴諸健康的宣傳更有效。

宣傳活動讓受訪者看皮膚癌的照片，並告訴他們「陽光傷害會影響未來健康」時，似乎不會影響他們的行為。然而，如果讓受訪者看到陽光傷害造成皺紋與雀斑的照片，並告訴他們「曬黑對未來的外表有負面影響」時，他們更有可能遵循防曬指南。

為什麼社會——尤其是西方的白人社會——喜歡曬太陽呢？一九二〇年代以前，歐美國家的人認為曬黑與底層社會需要下田耕作有關，白晰的膚色才有魅力。如今許多開發中國家仍抱持這種社會美學，尤其是非洲與亞洲地區（第九章將進一步探討）。不過，自從可可．香奈兒（Coco Chanel）無意間在法國的蔚藍海岸曬太多的太陽，並迅速在《時尚》（*Vogue*）雜誌上宣稱「一九二九年的女子應該要有古銅色肌膚」後，西方的年輕人就面臨巨大的社會壓力，急著展現「健康的古銅色」肌膚。於是，古銅色肌膚成了假日休閒與財富的象徵，不再代表苦勞。這種如何在皮膚上展現美麗與地位的文化轉變，是推動皮膚癌統計數字節節上升的驅動力。

除了社會壓力以外，陽光也讓人上癮。就像毒品一樣，陽光對身體同時有正反面效應，也容易讓人上癮。「日曬狂熱」（tanorexia）是一種真實存在的現象，曬太陽可讓皮膚合成β—腦內啡（β-endorphin）。β—腦內啡會進入血液中，產生類似鴉片的效果。鴉片、嗎啡和海洛因都屬於止痛及上癮類的物質。事實上，五分之一的海灘遊客有陽光成癮的跡象，那些跡象符合上癮與藥物濫用的症狀標準。[20]

在理想的世界裡，人們不會為了讓自己看起來更有吸引力而改變膚色。但是，對於那些想要擁有「健康古銅色肌膚」，又不想面對提早衰老、皮膚癌等紫外線副作用的人來說，最大的問題在於，這世上有沒有什麼妙方，能讓你不費功夫、不用仿曬品，就展現出自然的古銅色肌膚。有一種出乎意料的方法是可以吃出來的。膳食中加入色彩鮮豔、富含胡蘿蔔素的蔬菜（如胡蘿蔔與番茄），可以讓人的肌膚增添一些（但明顯的）金色光澤。而且，研究發現，膳食富含胡蘿蔔素的人比輕度曬黑者的膚色更有吸引力。[21]有趣的是，那些被告知「吃蔬果可讓人擁有好膚色」的參試者，比被告知「吃蔬果可減少心臟病發作機率」的參試者，更有可能維持這種健康的飲食。我們再次看到，大家似乎比較容易優先考慮現在的外貌，而不是未來可能威脅生命的後果。

不過，二〇一七年，一項劃時代的突破出現了，它可能真正讓人呈現「逼真的古銅色肌膚」。[22]一種名叫「SIK抑制劑」（SIK inhibitor）的小分子已經證明可以啟動黑色素細胞分泌黑色素，自然地增加這種保護型色素的分泌量。儘管這項發明仍需要更深入的研究，但是成功的話，它將讓人在不曬太陽下就擁有保護型的古銅色肌膚，這對第一類淡白皮膚的人來說特別有幫助。

✤ ✤ ✤

對多數人來說，皮膚需要經過大量的DNA受損及反覆暴露在太陽下，才有可能出現皮膚癌。這是因為皮膚有一種巧妙的流程，可以修復紫外線造成的DNA傷害。在「核苷酸切除修復」（nucleotide excision repair）中，一種蛋白質複合物沿著DNA鏈移動，像一絲不苟的編輯那樣，仔細檢查基因碼中的錯誤，尤其是紫外線破壞所造成的錯誤。蛋白質複合體一旦發現錯誤，就會與受損區對面的完好DNA鏈結合。接著，它會召喚剪刀狀的蛋白質，來切開受損DNA鏈的上下邊界，讓受損的那段脫落。然後，再重建正確的基因碼，並以DNA聚合酶（DNA polymerase）和DNA連接酶（DNA ligase）把它黏回DNA鏈。這些錯綜複雜的流程似乎是受到生理時鐘的掌控，主要是發生在夜裡，以減少白天紫外線造成的變異。

遺憾的是，就像醫學上的許多發現一樣，我們是從少數不幸缺乏這種機制的病患身上瞭解到這個流程的運作。二〇一六年，我造訪非洲一家皮膚科專門醫院，在那裡看到一個十歲的女孩和她六歲的弟弟。那女孩的臉上布滿了疙瘩、雀斑，以及之前手術留下的疤痕。她的左眼戴著眼罩，一個月前她因侵入性的基底細胞癌而失去左眼。她弟弟的臉上布滿了色斑，還有一些看起來很奇怪又可疑的疙瘩。他們姐弟倆都沒有那個年齡的孩子常有的淘氣模樣或活力，兩人都因為病情而顯得鬱鬱寡歡。他們罹患的疾病是著色性乾皮症（xeroderma pigmentosum），那是一種遺傳性疾病，他們的體內完全沒有上述的DNA修復機制。[23]在開發中國家，這類患者的壽命鮮少超過十幾歲。在患者的短暫生命中，皮膚癌的演變急遽加速，幾乎每次曝曬陽光都有可能馬上曬傷。[24]帶我參觀醫院的坦尚尼亞醫生稱這些孩子為「月光兒童」。在全球許多地方，社會把那些有明顯皮膚病的人趕到黑暗中；但是對著色性乾皮症的患者來說，待在黑暗中是唯一的療法。在歐洲與美國，每百萬人中約有一人罹患這種疾病，但至少那些國家還有資源可以幫助他們。在紐約州北部的日落營（Camp Sundown），他們把日夜作息顛倒過來，讓罹患著色性乾皮症的孩子在夜裡到戶外玩耍及參與活動。然而，在坦尚尼亞，我坐在那兩個罹患皮膚癌的孩子旁邊，實在無法想像在一個炎熱的開發中非洲國家，要如何閃避陽光過日子。

在美國，著色性乾皮症發病率最高的地區之一，是亞利桑那州的一個乾旱區。納瓦霍族保留地（Navajo Nation）的美國原住民罹患這種疾病的機率是其他美國人的三十三倍。納瓦霍族的許多巫醫認為，這種可怕又明顯的疾病是源自祖先的詛咒。一些遺傳學家認為，就某種意義上來說，這種說法可能有點道理。一八六〇年代，美國政府與納瓦霍族之間的緊張關係達到臨界點，引發了一系列的抗爭，最終導致美國政府持槍抵著納瓦霍族，逼他們全部從亞利桑那州的家鄉，步行前往新墨西哥州的博斯克雷東多（Bosque Redondo），整個路程長達三百多英里——這就是所謂的「納瓦霍的長途跋涉」（The Long Walk of the Navajo）。在歷經抗爭、疾病、饑荒的那幾年，納瓦霍族的育齡人口從兩萬人縮減到只剩兩千人。這種迅速縮減造成了基因瓶頸，也就是說，如今碩果僅存的二十五萬納瓦霍人，大多是那一小群近代祖先的後裔。那兩千名祖先中，身上有著色性乾皮症基因的人碰巧比例特別高。[25]納瓦霍人長途跋涉的記憶不僅界定了他們的身分，歷史留下的傷痕也不斷地提醒他們過往的苦難。我們的基因碼是詳細史料的檔案庫，把故事寫在我們的皮膚上。

不是只有基因能幫助或阻礙陽光的作用。我十四歲那年，暑假結束開學時，發現朋友詹姆斯沒來上學。過了彷彿一個世紀以後（雖然可能只過了一週），他終於回來了，卻完全變了一個人。他穿著長袖T恤，下午再也不出來踢足球了。事實上，他再也沒離開學校大樓。又過了幾週，他才透露他迴避戶外活動的原因。新學年開始的前兩天，他「被迫」在父母家做園藝工作。那天是英國罕見的炎熱夏日，他在一小片陰暗的小樹林裡清除了叢生的雜草。隨後，他走出樹林，來到陽光下，他說：「我立即開始融化。」他裸露的手臂與後頸出現令人費解的嚴重水泡與曬傷。

他去醫院接受治療後，終於找到答案。罪魁禍首是大豕草（giant hogweed），亦即峨參（cow parsley）的近親。大豕草原產於俄羅斯南部與喬治亞，但由於英國人喜歡觀賞植物，現在它變成一種入侵性的雜草，穩定地在歐洲與北美的大部分地區蔓延。它看起來無害，也不起眼，但它的汁液與太陽的紫外線結合時，會引發「植物性感光性皮膚炎」（phytophotodermatitis）：phyto（植物）、photo（光）、dermatitis（皮膚炎）。大豕草含有一種名叫「呋喃香豆素」（furanocoumarin）的分子，那種分子存在某些植物與水果中，有光毒性：也就是說，暴露在紫外線下有毒。這種分子造成的發炎很像痛苦的化學灼傷，對皮膚有嚴重的影響，例如留下持久的疤痕與變色。

畢業後，詹姆斯在西班牙馬略卡島（Mallorca）的一家酒吧工作。某天他上完早班後，睡了幾個小時，就被右手的灼痛驚醒了。他看到手上滿是腫脹的水泡，皮膚發紅又出血。他很快發現，這種二級燒傷是一種「瑪格麗特皮膚炎」（margarita dermatitis）。他在泳池邊為客人調製瑪格麗特雞尾酒時，陽光與萊姆汁也調製了一種強大的雞尾酒。萊姆中的光毒分子（檸檬裡也有這種物質）與紫外線發生反應，引發類似六年前經歷的那種反應。

✤ ✤ ✤

陽光會傷人，但也有療效。在哥本哈根著名的王國醫院（Rigshospitalet）外，矗立著一座雄偉的紀念碑。花崗岩上有三尊赤裸的銅像：一個站立的男人，兩側跪坐著兩個女人。那兩個女人的身體扭曲，向上伸展，有如向陽的花朵。這座雕塑名為《向光》（*Mod Lyset*），是一九〇九年魯道夫．泰格納（Rudolph Tegner）創作的，以紀念法羅群島裔的丹麥醫生尼爾斯．芬森（Niels Finsen）的成就，他是現代光療法之父。

那些雕像擺出古希臘人的英姿，不僅體現出陽光的療癒力，也肯定了一種大家早已遺忘的知識。白斑（vitiligo）是一種非常明顯的皮膚病，它的特色是局部皮膚的斑塊完全缺乏色素。這種疾病的確切原因還不清楚，但很可能是遺傳，以及免疫細胞破壞黑色素細胞交互作用的結果。[26]三千五百年前的古埃及醫學文獻《埃伯斯紙草文稿》（*Ebers Papyrus*）提到尼羅河流域的一種植物「雪珠花」（*Ammi Majus*）的使用。它寫道，把這種植物加入粉末中，塗抹在白斑的白色皮膚上，然後讓皮膚暴露在正午的陽光下，就可以永久地恢復色素沉澱。印度與中國也有類似的古代文獻，那些文獻證實了植物與陽光結合可以治療皮膚病的觀念。我們幾乎可以肯定，古希臘的「醫學之父」希波克拉底也受到埃及之行的影響，他也深信太陽有療癒力。古希臘、羅馬、凱爾特（Celtic）的太陽神和醫學與治療密切相關，並不令人意外。Heliotherapy（日光療法，現在常稱為光療）這個字是源自古希臘的太陽神赫利俄斯

（Helios），他的工作是每天用一輛巨大的戰車把太陽載運過天空。

我們等了近兩千年，才在二十世紀初等到丹麥的陽光先驅芬森醫生，把病人安置在哥本哈根新建的「陽光花園」裡。芬森醫生堅信陽光有療癒力，當時他正在測試陽光對尋常狼瘡（lupus vulgaris）的療效。尋常狼瘡是一種由結核桿菌（*Mycobacterium tuberculosis*）引起的皮膚感染，不僅疼痛，也會使皮膚損傷。他的好奇心驅使他去研究特定波長的光是否有獨特的療效。他發現，紫外線藉由殺死致病的細菌，治癒了許多罹患尋常狼瘡的患者。他最有名的發明是紫外線燈（Finsen lamp），那種燈把紫外線與其他的波長分開，可用來治療多種皮膚病。[27]原始的紫外線燈是一個笨重的圓柱體，底座突兀地伸出四支套筒，狀似笨重的蘇聯時代衛星，但芬森的發明開創了光療的新世界。一九〇三年，他成為第一位榮獲諾貝爾醫學獎的北歐人。

如今，最常用來治療皮膚病的波長是UVB光。UVA光也可以在「長波紫外線光化治療」（PUVA）流程中使用。在PUVA療程中，患者服用含有補骨脂素（psoralen）的藥片後，就暴露在UVA下。補骨脂素是一種從天然植物化合物中提取的分子，它可使皮膚對光更敏感，以減少UVA的劑量。光療法對治療乾癬特別有效，因為乾癬的表皮角質細胞過度增生（不是一般的三十天換一次，而是五天就換一次），才會導致這種皮膚病特有的鱗片與斑塊。在光療法中，紫外線會破壞這些細胞的DNA，以阻止它們增生。事實上，光療法造成的損害可能會影響皮膚裡的多數免疫細胞。從陽光與光療法對多種免疫細胞過度活躍的疾病（包括濕疹和皮膚T細胞淋巴癌〔cutaneous T-cell lymphomas〕）所產生的療效，即可看出這點。光療法也會使黑色素細胞產生更多的保護性黑色素，有時它也可以使白斑變黑。

✤ ✤ ✤

在控制的環境下，強大的紫外線可以治療皮膚，但令人意外的是，連簡單的可見光也在醫療保健方面留下不凡的印記。一九五六年，一個溫暖的夏日午後，在英國艾塞克斯郡（Essex）羅奇福德鎮（Rochford）一家醫院的院子裡，珍．沃德修女（Jean Ward）即將貢獻出小兒科史上最偉大的發現之一。她和芬森醫生一樣，是陽光熱愛者。她把早產兒推到醫院的院子裡，她說：「新鮮空氣與溫暖陽光對他們的助益，更勝於保溫箱內的悶熱空氣！」

在病房巡診中，一位護理師注意到一個原本因黃疸而皮膚偏黃的早產兒，幾天後皮膚就恢復健康的粉紅色，但仍有一塊奇怪又明顯的三角狀黃疸皮膚。原來，那個嬰兒曬太陽時，床單碰巧遮住那塊黃皮膚的地方。新生兒黃疸是指嬰兒的皮膚因膽紅素（紅血球分解時所釋放的色素）積聚而變黃，這種現象通常無害，幾天內就能消除，但它可能干擾睡眠與進食模式。有些未處理的病例，最後導致大腦受損。

護理師發現黃色三角形兩週後，住院醫生理查．克萊莫（Richard Cremer）注意到另一個現象：有人把一個接受換血的黃疸嬰兒的血液樣本放在窗臺上，任由陽光直接照射。他發現那份血液樣本變成綠色。研究發現，那份樣本內的膽紅素濃度比預期低很多。於是，研究小組意識到，陽光中的某種物質可能對膽紅素有直接影響。克萊莫醫生因此開始測試可見光對血液中膽紅素濃度的影響。他測試了不同的光源，包括當地的一盞路燈。最後發現，藍光會分解膽紅素分子，讓新生兒在不必換血下就完全治癒黃疸。強大的藍光會把不可溶的膽紅素轉化為可溶的膽紅素，那可以輕易排出體內。如今大家認為那是二十世紀小兒科最重要的發現之一，但是在當時，許多醫界人士不相信只要曬曬太陽就可以對某種疾病產生如此重大的影響。[28] 後來又過了十三年，佛蒙特大學傑羅德．盧西醫生（Jerold Lucey）的團隊才證實克萊莫醫生的發現，新生兒黃疸的光療法才成為標準療法。[29]

光療法的發明是意外發現徹底改變醫學的典型例子，它因此改善及拯救了無數生命。即便如此，第一次造訪新生兒病房時，還是會有一點超現實的感覺，因為所有的早產兒都沐浴在藍光中，彷彿置身在飛碟的牽引光束下。目前，瑞士有一個研究小組正為黃疸嬰兒研發一種發光的睡衣，讓嬰兒躺在母親懷裡，也可以暴露在這種短波光下。[30]

至於成人，紫外線顯然可以舒緩一些皮膚病，但可見光的效果如何呢？二〇一六年，真人實境秀的明星寇特妮·卡戴珊（Kourtney Kardashian）向Instagram上的三千六百萬名追蹤者發布了一張照片，迅速把LED光療法介紹給一般大眾。照片中的她戴著一個發出深藍光、有點可怕的白色面具。LED光療法有一群支持者，從美容師到一長串好萊塢一線明星都聲稱它可以治療任何皮膚狀況（包括粉刺、年紀大所產生的皺紋）。它根據的理論是，強大的藍光與紫光可以殺死痤瘡丙酸桿菌（*Propionibacterium acnes*，導致青春痘的原因之一），比較柔和的紅光與粉紅光可加速癒合及延緩老化。然而，目前看來，可見光療法比較像是詐騙，而不是療法。雖然高強度的藍光確實可以在實驗室裡殺死某些細菌，但沒有證據顯示它可以治療青春痘。有一項綜合研究彙整了七十一項光療法治療青春痘的研究。結果發現，目前沒有優質證據顯示藍光或紅光療法有效。[31]將來這種情況可能會改變，但目前有其他更有效、更便宜的療法。我們在報章雜誌上常看到新奇替代療法的成功故事，那些靠新奇替代療法大撈數百萬美元的公司常影響報章雜誌的報導，但那些成功故事與確鑿的證據往往不符——這是個令人不安的事實。護膚領域可說是最明顯的例子。我們對外表的不安全感，養出了一個價值數十億美元的產業。

有一種治療青春痘的方法比LED光療法更進一步，看起來更有前景。光動力療法

（photodynamic therapy，PDT）是把一種光敏劑（如胺基酮戊酸〔aminolevulinic acid〕）預先塗在皮膚上，堵塞與受損的毛孔會吸收這種化學物質。接著再導入光療法時，就會破壞痤瘡丙酸桿菌。藍光的研究也揭開了皮膚與太陽的關係，研究結果持續令人訝異。二〇一八年，阿爾伯塔大學的一組加拿大科學家發現，太陽發出的可見藍光是我們冬季體重增加的原因。32強大的UVB光會停留在表皮造成損害，UVA可深入真皮。這項研究發現，太陽的可見藍光可穿透表皮與真皮，進入皮下的脂肪細胞。藍光照射到脂肪細胞時，這些脂質會縮小，減少這些細胞儲存的脂肪量。由此可見，即使我們顧及耶誕節的卡路里攝取，還是很容易在短暫、黑暗的冬季發胖。眾所皆知，人眼對光線的感知會影響晝夜節律與身體代謝，例如早上荷爾蒙皮質醇增加會提高血糖濃度，但這有可能是因為皮膚也會影響我們的季節節律。

✤ ✤ ✤

陽光顯然既可傷人，也有療癒效果。在現代的討論中，這種雙重性質在大家對維生素D的困惑上最為明顯。雖然陽光會破壞皮膚，但我們對維生素D的大部分需求也有賴陽光提供，防曬可能導致維生素D不足。約旦是全球日照最充足的國家之一，但五分之四的當地婦女缺乏維生素D，因為伊斯蘭教的服裝遮住了許多婦女的皮膚。相較之下，僅不到五分之一的當地男性缺乏維生素D。[33]維生素D在必需營養素中是獨一無二的，因為我們對維生素D的需求大多是透過皮膚取得，而不是飲食。更令人困惑的是，維生素D的活性形式其實不是維生素，而是一種荷爾蒙。它在人體中對鈣、磷酸鹽、其他礦物質的調節，扮演重要的角色。缺乏維生素D所引起的疾病，證明了維生素D是支持骨礦化（bone mineralization）的關鍵：軟骨病（和佝僂病，亦即它的兒童形式）患者的骨頭會變軟，容易彎曲折斷，肌肉也會變弱。這種病的影響不限於骨骼與肌肉，人體幾乎每個細胞都有維生素D的受體，而且有新的證據顯示，這種激素可能影響免疫系統、防癌，甚至心理健康。雖然避免維生素D不足很重要，但這種分子也不像一些人標榜的那樣是治療各種疾病的萬靈丹。維生素D補充劑對心臟病、糖尿病、癌症療效的整體證據，目前看來很不一致。[34]

皮膚是維生素D的工廠，UVB在那裡透過兩階段的流程來製造維生素D（但UVB也是破壞DNA及致癌的光波）。首先，紫外線把皮膚中的前驅物分子（稱為「7—脫氫膽固醇」〔7-dehydrocholesterol〕）分解成前維生素D_3（previtamin D_3）。接著，熱量立刻把它進一步分解為維生素D_3。然後，這種分子會進入肝臟與腎臟，在那裡轉化為活性型維生素D，並在全身執行重要的功能。維生素D也可以透過飲食取得。富含維生素D的食物包括油性魚類與強化乳製品，但是光從飲食難以獲得足夠的維生素D。想在不曬太陽下獲得足量的每日維生素D，幾乎一定得透過保健品補充。

如果你曾經覺得，我們從雙重管道吸收這種維生素有點奇怪，寵物在這方面比我們更強。牠們也是透過皮膚與飲食來獲得陽光維生素，但方式不同。貓與狗都會把含有膽固醇的油從皮膚分泌到毛髮上。牠們曝曬陽光時，油中的膽固醇化合物會轉化為維生素D。但那種維生素D只能透過口腔進入動物體內，所以這是寵物不斷舔毛的原因之一。在一些哺乳動物身上，這種看似迂迴的維生素D取得方式，可能是因為牠們的皮膚上有厚厚的皮毛，隔絕了陽光。

世界各地有許多人維生素D不足，但是與此同時，全球皮膚癌的發生率正以前所未有的速度激增。為了在我們對維生素D的需求和太陽對皮膚的傷害之間拿捏平衡，最重要的問題是，我們應該接受多少陽光？在一年的多數時間，我們確實可以只透過皮膚取得必要的維生素D需求。這有一個好處是，維生素D不會有過量的問題，因為皮膚會移除過量的維生素D。[35]對於住在北歐與美國北部各州的人來說，四月到九月之間，每週兩三次，從上午十一點到下午三點，把前臂、手、腿暴露在太陽下十到三十分鐘（大約是皮膚變紅所需時間的一半），即可獲得足夠的維生素D。不過，這個建議有兩個重要的但書。首先，這種機制要看許多變數而定，包括緯度、雲量、空氣汙染、皮膚色素沉著、衣著、防曬霜的使用，以及記憶力與紀律。第二，即使曝曬時間很短，也可能導致DNA損傷，日積月累下來也可能導致皮膚癌。就像前面提過的「這世上沒有健康的古銅色皮膚」，日曬也沒有公認的「安全」限度。

美國皮膚科學會（American Academy of Dermatology）受到世界上許多醫療機構的支持，它建議大家「不要主動尋求陽光」。[36]由於我們也可以透過飲食及保健品獲得需要的維生素D，而且又沒有罹患皮膚癌的風險，定期服用維生素D補充劑是一種合理的作法。美國醫學研究院（The American Institute of Medicine）建議，一歲以下的嬰兒每天補充400 IU的維生素D，一歲到七十歲之間每天補充600 IU的維生素D，七十歲以上每天補充800 IU的維生素D。同時，英國科學諮詢委員會（Scientific Advisory Commission）也建議，全年從天然與強化食品以及保健品中每天攝入400 IU的維生素D。關於維生素D與陽光傷害這個難題，合理的答案可能是介於兩者之間：我們可以透過食物、保健品、有防護的陽光曝曬來獲得足夠的維生素D。我們每天應該花時間到戶外走走，以獲得快樂、休息與運動，但沒有必要主動去尋求陽光來「補充」維生素D。避免曬黑與曬傷極其重要，透過膳食來補充維生素D是安全的，也有益健康，尤其對許多缺乏維生素D的人來說更是如此。我們的皮膚就像伊卡洛斯的父親那樣，教導我們走中庸之道：不要離太陽太近，也不要離太陽太遠。

5 老化的皮膚

皺紋與長生不老之戰

「時間會療癒一切創傷。」（Time heals all wounds.）

佚名

「時間遲早會傷到腳後跟。*」（Time wounds all heels.）

陶樂希・帕克（Dorothy Parker）

我只見過南希一次，是我造訪安養院時見到的。當時她躺在房間角落一張靠窗的床上，以兩個枕頭撐起身子，前臂擱在棉毯上，只剩皮包骨，皮膚像一張布滿白斑與紫斑的薄紙。

*譯註：這句是故意拿前一句俗話開同音異字的玩笑，heal（療癒）與heel（腳後跟）同音。這句話通常是足科醫生拿來開玩笑說人難免會腳痛。此外，heel的俚語用法是指「卑鄙的人」，所以這句話也可以說「時間會讓卑鄙的人得到報應」。

臉上的皮膚也很脆弱，凹陷在臉頰上，形成一道道的皺紋。那時我才剛進醫學院沒幾週，眼看可以擺脫教科書去看「真正」的病人，我馬上把握了機會。即使當時我尚未受過任何醫療訓練，我還是可以感覺到她的狀況不太對勁。原本我尾隨著全科醫生在一旁觀摩，但醫生鼓勵我上前去檢查南希。

「伍德太太，您好。我可以聽一下您的心臟嗎？」

「好啊，當然可以。」她喃喃地說，把呆滯的目光轉向我，露出淺淺的微笑。

我傾身向前，努力聆聽南希緩慢又微弱的心跳時，被另一種感覺嚇到了：我貼近她時，可以聞到她身上散發出非常難聞的氣味。護理師與醫生決定仔細檢查她的腹部及腿上的皮膚。當她被輕輕翻過身時，我們才知道問題所在。南希背部的底下，就在尾椎的正上方，有一個很小的圓形潰瘍。那個潰瘍的邊緣紅腫，中間有個洞似乎穿透組織好幾層，彷彿有人在她的後背上打了一個大洞似的。少量的膿液從那個開口滲出，在她的床單上留下一塊濕漉漉、黏糊糊的汙漬。連續幾天在床上以同一姿勢躺臥所造成的壓力，阻塞了為尾椎上方的皮膚輸送血液的血管。少了氧氣與養分的供應，那纖薄脆弱的皮膚開始壞死。當她從床上坐起來，並從床上轉到輪椅、再轉回床上時，潰瘍邊緣的皮膚遭到撕裂，導致傷口擴大。

幾週後，我再次與那位醫生交談時，得知南希已經過世了。

我覺得潰瘍是導致她過世的因素，醫生聽我這麼一說，回應道：「加速她死亡的不是潰瘍。你的**完形**（gestalt）——亦即把觀感與潛意識連在一起的直覺——告訴你，她快死了，但早在我們看到潰瘍之前，線索就已經出現在她的皮膚上了。你有看到她手臂上那些斑駁如紫色大理石花紋的型態嗎？那是死亡的前兆，那表示她的血液循環正在崩解。雖然那不是精確的科學，但那種徵兆通常出現在死亡前一週。」

皮膚隨著我們一起老化，訴說著我們的故事，無論那故事是好是壞。在英國，十分之七的老人有皮膚病，從疥瘡搔癢、靜脈濕疹，到危及生命的皮膚癌都有。醫學院的學生常覺得南希這種不起眼的褥瘡平淡無奇，但多達三成的安養院患者有這種問題。這類潰瘍很難治療，造成無盡的痛楚，感染甚至可能導致死亡。光是英國，每年治療褥瘡的住院費、無數繃帶與抗生素療法的費用就超過四十億英鎊。[1]報導也指出，年老患者往往羞於談論自己的皮膚症狀，所以這個平淡無奇的醫學領域長期以來一直遭到忽視。

我們聽到「抗老」這個詞時，通常不會想到治療關節炎、癡呆或聽力喪失的新方法，而是想到皮膚。外表是個體存在的關鍵，甚至比死亡的風險還重要。誠如第四章所示，告訴大眾「塗防曬霜可減緩老化」，比說「塗防曬霜可預防危及生命的皮膚癌」，更有可能讓人乖乖地塗抹防曬霜。在阿道斯．赫胥黎（Aldous Huxley）一九三一年出版的小說《美麗新世界》（*Brave New World*）中，世界國（World State）的公民以人為的方式永保青春，沒有人在三十歲以後明顯變老。[2]琳達來自未開化的西方，她抵達世界國時，嚇壞了世界國的人：

> 「在一個個年輕緊實的肉體與一張張五官端正的面孔之間，琳達的身材臃腫下垂，有如詭異的中年怪物。她走進房間時，賣弄風情地笑著。然而，在大家眼裡，那笑容盡顯滄桑，黯淡無光。」

如今，大家對抗老的癡迷，以及日新月異的抗老招數（從乳霜到整容手術），顯示赫胥黎的反烏托邦預言至少已經部分實現了。儘管現代醫學讓我們把「老年」的定義不斷往後推延，但在西方社會，大家日益抱著恐懼看待晚歲暮年（傳統上，我們把人生的後半場與德高望重聯想在一起，在某些文化中仍是如此）。然而，撫平皺紋的同時，我們是否也抹去了老年生活的正面意義？

在追求年輕的潮流及價值四千億美元的美妝業推動下，數百萬人的皮膚上紛紛展開一場追求青春永駐的明顯奮戰。電視上每天播放著完美無瑕的肌膚，社群媒體上更進一步強調，在這個不確定的世界裡，我們可以透過控制自己的外表來控制命運。直言「這個抗老文化不健康、我們應該接納自己的皺紋」很容易，但事情沒那麼簡單。皮膚代表著我們，改變我們看待皮膚的方式，本質上就是改變我們自身的一部分。我們的社會崇尚青春，所以大家想盡可能地保持皮膚的年輕健康，難以明白年老的正面意義。對那些在乎衰老的人來說，目前確實有一些科學驗證可行的方法，可以延緩皮膚衰老的跡象。你可以從本章探討的抗老科學中汲取全部或部分的資訊。

除非你現在才十幾歲，否則你應該會注意到皮膚有一些無可避免的皺痕。很多人採取積極的措施去對抗那些皺痕的形成，但我們對皮膚的老化究竟有多少瞭解呢？

老化是隨著時間流逝而產生的形式，勢不可擋，一般稱為「內在老化」（intrinsic ageing）或「自然老化／年歲老化」（chronological ageing）。隨著年齡的增長，皮膚會出現一些變化：表皮需要比一般三、四十天更長的時間才會替換皮膚細胞，連接表皮與真皮的那一層會開始變平，皮膚也會變薄。不過，最重要的變化是發生在真皮的深處。這時，形同「建築工人」的纖維母細胞開始考慮退役，逐漸放慢生產膠原蛋白（賦予皮膚力量與飽滿度的蛋白質）、彈性蛋白（伸展後使皮膚恢復原形的蛋白質）、醣胺聚醣（吸水及潤滑皮膚的分子）的速度。一個特別發人深省的統計數據顯示，從二十歲出頭開始，皮膚的膠原蛋白每年流失約百分之一；四十歲以後，流失的速度會加快。就像乾旱地區過度開採的油田一樣，汗腺與脂腺會開始乾涸。到了晚年，皮膚上的血管壁開始變薄，容易擦傷。皮下脂肪的逐漸流失加劇了皮膚形狀的崩解及臉部的凹陷。整體來說，皮膚開始失去厚度、飽滿度、彈性與水分。

內在老化的速度因性別、種族，甚至家庭而異。皮膚內有各種動情素受體（oestrogen receptor），幫忙誘導膠原蛋白與玻尿酸的產生，以留住皮膚中的水分。因此，進入更年期後，性荷爾蒙的分泌減少，對女性的加速老化形成了沉重的壓力。說到膚色，俗話說「黑皮不裂」（black don't crack）是有道理的。[3]黑皮膚通常有較多的脂質與保護性的黑色素，所以平均而言，黑皮膚的老化最不明顯，白皮膚的老化最明顯。此外，個人的基因組成也會影響老化的方式——可能有很多方式是我們還不知道的。即便是同一人身上的皮膚，不同部位的皮膚老化也有差異：皮膚較薄的部分（比如眼瞼）最先老化。到了某個時點，內在老化的最後敵人「重力」一定會贏得下垂大戰。目前，研究仍持續發現內在老化的新機制，以期找出延緩老化的方法。二〇一八年，加州大學聖地牙哥分校的一項研究發現，真皮中的一些纖維母細胞可以轉化為脂肪細胞，幫皮膚恢復年輕飽滿。[4]隨著年齡的增長，纖維母細胞轉化為脂肪細胞的能力逐漸減弱。阻止這種轉化的蛋白質是乙型轉化生長因子（transforming growth factor beta，TGFβ）。這種蛋白質也會阻止纖維母細胞產生抗菌分子。這可以解釋為什麼老人比較容易出現皮膚感染。如果能找到一種抑制TGFβ的療法，那既可以美容，也能殺菌。

在探討如何處理年紀增長在臉上形成的裂紋之前，先瞭解皺紋的命名法有些幫助。深紋（或皺紋）通常一開始是「動態」的，久而久之就變成「靜態」的：青少年微笑時，「動態」的線條會短暫出現在眼睛的外圍，然後迅速消失。但久而久之，那些動態的線條會變成靜態的魚尾紋。與此同時，細紋通常與皮膚的不規則增厚及水分的流失有關——這些與所謂的「外在」因素有關。所有的器官都會經歷無可避免的自然老化，但皮膚受到雙重的打擊：它包覆在體外，暴露在環境中。若要避免外層產生皺紋，我們需要瞭解加速老化的環境因子。

為了探索皮膚在白天遭到的多種物理傷害，接下來我們以文字來描述皺紋經歷的一天。你一早起床，梳洗，更衣，然後吃早餐。你離家時，就會遇到導致皮膚老化的最大原因：太陽。

我清楚記得，我還是菜鳥醫科生時，在診所裡看到一對母女。會診開始幾分鐘後，我問那位滿臉皺紋、皮膚粗糙、充滿斑點的女士：「所以，史蒂芬妮是妳的獨生女嗎？」當下她們困惑地沉默了幾秒，但困惑很快就轉為尷尬。我突然意識到，那個四十出頭的女兒，看起來比她六十歲的母親老了許多。後來我得知，那個女兒使用日光浴床近三十年，一有機會就去西班牙海岸度假。她的母親並未積極防曬，但至少她不會主動去曬太陽。我看過那些看起來比實際年齡大的病人，通常都在陽光下待了很長的時間，例如園丁、工人、士兵。他們要不是經常曬太陽，就是經常使用日光浴床，或是度假時盡量待在沙灘上。一九七〇年代與八〇年代使用助曬油的日光浴愛好者，現在的皮膚紋路通常最深。

ＵＶＢ是導致曬傷及皮膚癌的主因。不過，說到皮膚老化，我們需要注意ＵＶＢ那個遭到低估的夥伴ＵＶＡ。ＵＶＡ比較弱，但它可以更深入皮膚，抵達真皮的細胞外基質（extracellular matrix）中最重要的支援結構。ＵＶＡ會引發發炎途徑，導致基質金屬蛋白酶（matrix metalloproteinase）的釋放，從而損害真皮。[5]那不僅會破壞皮膚膠原蛋白的供應，還會減緩纖維母細胞合成膠原蛋白的速度。此外，ＵＶＡ也會擴張及分解真皮層的血管，導致鼻子與臉頰上出現可見的小「蛛網紋」。其他重要的破壞包括維生素Ａ酸受體（retinoic acid receptor）的破壞，導致皮膚缺乏維生素Ａ。ＵＶＡ之所以在這個光老化的過程中扮演關鍵角色，是因為即使我們沒有曬傷，甚至沒有明顯曬黑，ＵＶＡ也會對皮膚造成老化損害。

ＵＶＡ可以穿透玻璃，但ＵＶＢ無法穿透，所以你不太可能隔著窗戶曬傷，但你只要暴露在陽光下，皮膚就會持續老化。開車橫越美國中西部的老卡車司機往往一面臉頰布滿皺紋，另一面臉頰看起來年輕了二十歲。日曬損傷與內在老化不同，它會使皮膚不均勻地增厚，導致皮膚細胞過度增生與變異，最後變成各種常見的癌前皮膚病變（稱為光化性角化症

〔actinic keratosis〕，或稱日光性角化症〔solar keratosis〕）與皮膚癌（許多皮膚癌與日曬直接相關）。陽光損傷所造成的粗皮、皺紋、厚皮是纖維化的結果，「光老化」本質上是一種極其緩慢的癒合反應，皺紋其實是加速老化的疤痕。

此外，老斑或肝斑是皮膚老化的先兆。這些深棕色的斑點往往是手部暴露年齡的原因。不過，「老斑」這個名稱容易讓人產生誤解，因為斑點與日曬直接相關，與年齡無關。經常暴露在紫外線下的皮膚區域（亦即臉部與手部），裡面的黑色素細胞會產生過多的黑色素，導致皮膚上的色斑永久存在。

陽光無疑是導致皮膚老化的最大因素，它可能比其他因素（包括時間）加起來所造成的老化還多。所以，保持年輕皮膚的關鍵是防曬，而最有效的抗老霜就是防曬霜。

你出門上班，曬了太陽後，抵達上班地點，打開電腦。接著，你一整天都離那個人造光源三十公分。現在有些人認為，陽光及電腦和智慧型手機的LED螢幕所發出的HEV（高能量可見）藍光會加速皺紋的形成。如今我們已經無法擺脫這些裝置了，它們會讓臉部老化嗎？目前的防曬霜只能阻擋紫外線，無法阻擋那些使皮膚鬆弛的螢幕光。皮膚科醫生仍在爭論要不要做HEV的防護，但目前尚無定論。[6]有一點證據顯示，HEV會增加吞噬膠原蛋白的基質金屬蛋白酶，但這不表示電腦會使皮膚長出明顯的魚尾紋，更不可能導致癌症。

到了午休時間，你下樓去餐廳用餐。那裡幾乎沒有自然光，你一定可以避免產生皺紋了吧？別講得那麼肯定。膳食中的糖會與蛋白質結合，形成糖化終產物（advanced glycation end products，簡稱AGE），AGE會附在膠原蛋白上，使它變得脆弱。有證據顯示，AGE沉積會導致皮膚僵硬、失去彈性、色素沉澱增多。[7]在某些與血糖有關的疾病中（例如糖尿病），AGE的沉積特別嚴重。我們不知道糖對皮膚的老化有多大的影響，但有許多其他的理由值得我們限制膳食中的糖分攝取。西方人對低脂食物相當癡迷，卻對精製的碳水化合物視而不見，這種膳食習慣其實與皮膚的需求相反。我們需要均衡的飲食，搭配充足的蛋白質攝取，以幫助皮膚與頭髮的生長。蔬果，尤其是五顏六色的蔬果，一再證明對皮膚的健康有益，無論是直接對抗「氧化壓力」（oxidative stress，即累積名叫自由基〔free radical〕的破壞組織分子）或改變那些間接影響皮膚健康的迂迴路線（例如增強免疫系統）。你即使用最貴的抗老霜，而且每週看一次皮膚科醫生，但你只要飲食糟糕，那就一定會顯現在皮膚上。

午休用餐結束後，你回到辦公桌。精神壓力也會影響皮膚的外觀（參見第七章），或許你正考慮待會兒去抽根菸，休息一下。抽菸跟陽光傷害一樣，也是加速皮膚老化的強大驅力。只要抽菸幾年，皮膚就會提早出現皺紋，膚色也會轉趨暗沉與蠟黃。[8]當雙胞胎的生活方式相似，但其中一人抽菸，另一人不抽菸時，兩人的照片即可明顯看出抽菸造成的傷害。

香菸的煙霧中有四千種化學物質，其中有一些物質會增加基質金屬蛋白酶，那會破壞膠原蛋白與彈性蛋白。尼古丁會導致皮膚的血管變窄，減少血管內的氧氣與養分供應。即使戒菸的其他健康效益不明顯，或對你來說無關緊要，但戒菸無疑會讓你看起來更健康、更年輕，而且戒菸永不嫌遲。

至於抽菸時反覆地撇嘴是怎麼回事？小時候，每當我生氣或鬧脾氣時（而且我還滿常耍脾氣的），祖母總是說：「別擺一張苦瓜臉，要是風向變了，你會永遠變成苦瓜臉！」我做了一些初步的實驗，發現事實不然，但幾十年下來，我們的臉部動作確實會逐漸固定。那麼，為了美容效果，我們應該減少或停止那些臉部動作嗎？時尚雜誌上有很多文章建議一些方法，幫我們減少喜怒哀樂時的臉部表情。但是，為了減緩皺紋出現而壓抑情緒，以及壓抑皮膚表達情緒的複雜方式，真的值得嗎？這帶出了皮膚老化的根本問題：你活著的時候，不活在當下，那你維持外觀的年輕有什麼意義呢？想要保持皮膚的青春美麗，這種動機是可以理解的，但如果你為此積極地壓抑情緒，你可能有點做過頭了。如果我們都能像歌手吉米・巴菲特（Jimmy Buffet）那樣詩意地看待皺紋就好了，他曾經唱道：「有微笑的地方，才有皺紋。[9]」

你辛苦工作了一天，終於下班了。你衝出辦公室，來到大街上。現在正好是交通的尖峰時段，汽車排放的廢氣飄浮在空中，像半透明的薄霧。我們的皮膚就像肺臟一樣，尚未適應煙霧與毒素的環境。如今還沒有大量的證據顯示「城市皮膚」（city skin）確實存在，但一些科學資料顯示，空氣汙染中的一些化合物（比如二氧化氮〔NO_2〕）確實會導致皺紋。[10]現在我們知道，這些毒素會進入皮膚，產生自由基，引起發炎的連鎖反應。這種汙染物無處不在，例如，二〇一七年的第一週，倫敦牛津街的二氧化氮濃度已突破全年的上限。

你到家了，吃完飯，洗完澡，準備就寢。這時應該不會有東西讓你長皺紋了吧？錯了！身體的壓力會在皮膚上留下痕跡，而且隨著年齡的增長，這種影響會更加明顯。皮膚科醫生黛博拉．潔里曼（Debra Jaliman）認為，反覆把臉部靠在枕頭上會睡出「睡痕」。我問過一些美容師與皮膚科醫生，他們也聲稱他們可以分辨客戶睡覺時，是以哪一邊臉頰靠在枕頭上。那些痕跡是暫時的，但如果一天的大部分時間都能看到那些紋路（別人能看到），那可能就是永久的。如果你真的擔心睡痕，最好的解決方法是平躺在U形枕頭上，或使用專門用來減少睡痕的枕頭。許多人認為使用絲綢枕巾最好。

「美容覺」這個概念的背後也有科學根據。二〇一〇年，瑞典有一項研究證明，充分休息的人看起來比睡眠不足的人健康，而且更有吸引力。[13]這個團隊後來發現，睡眠不足的人在他人眼中，皮膚有明顯的變化：他們的「眼圈變黑了，皮膚比較蒼白，皺紋／細紋比較多。[14]」二〇一五年，一項研究分析長期睡眠不足者的皮膚，結果發現他們的皮膚屏障功能減弱，內在老化的跡象增加。[15]睡眠不足會損害免疫系統、新陳代謝與心理健康，那些受損都會加速皮膚的老化。

✤ ✤ ✤

說到減少皺紋的增加，一個明智的方法是從「外在」的環境因素著手，亦即陽光、抽菸、飲食、睡眠等等，其中最重要的是陽光。但是，日常生活中我們可以做些什麼來減緩，甚至逆轉皺紋增加嗎？

說到抗老霜，商店、超市、電視上那些鋪天蓋地的廣告讓人眼花撩亂，每一種產品都宣稱可以「撫平」皺紋、「提升」肌膚的緊緻度，而含糊不清的「回春」效果更是廠商最愛標榜的功效。此外，似乎每三個月，就有另一個名人發現逆齡的祕密，從低溫室到金·卡戴珊（Kim Kardashian）的「吸血鬼美容術」（vampire facial），可說是五花八門。所謂的「吸血鬼美容術」，是抽出自己的血液，然後利用離心機把紅血球與血漿分離，接著把血漿塗抹在用微型針頭預先打孔的皮膚上。一時興起的美容術不是什麼新鮮事，例如古羅馬人在鱷魚糞中洗澡；十五世紀的連環殺手伊莉莎白·巴托里（Elizabeth Bathory）據傳以處女受害者的鮮血沐浴，以恢復青春。我個人最喜歡的例子，是十九世紀奧地利伊麗莎白皇后的選擇：她喜歡塗抹西萊斯特霜（Crème céleste），那是由鯨蠟（取自抹香鯨的頭部）、杏仁油、玫瑰水混合而成的東西。此外，她睡覺時會把生的小牛肉片敷在臉上，再添加些許的碎草莓，並用一個定製的皮革面罩把它們固定在臉上。

我們覺得這些古怪的美容術很好笑或令人畏懼，但我們跟古人一樣，容易相信一些奇門怪招，而且某種程度上，我們已經被美容業洗腦，覺得愈貴或愈誇張的方法愈好或愈有效。然而，事實並非如此，一些研究顯示，便宜保濕霜與昂貴「抗老霜」的效果一樣。[16] 頂級的抗老霜也是利用人類心理的盲點。你走進一家百貨公司，看著專門擺放各種抗皺霜的陳列櫃。兩罐由不同公司生產的產品擺在一起。一罐看起來平淡無奇，但價格合理；另一罐看起來時髦高檔，彷彿實驗室新推出的產品，但價格高出五倍。我們很容易被表象所惑，去買超出預算範圍的昂貴產品，因為它打中了我們內心的不安全感。頂級的保養品塑造出一種更高層次的美麗假象，讓人相信只有那個產品能達到那個境界，藉此壓低我們的自尊。我們因此覺得目前的皮膚與想要的膚況之間有落差，而且有必要去彌補那個落差。那種產品使我們自我感覺不好，藉此驅動我們去購買。現代保養品業的創始人之一查爾斯・雷夫森*（Charles Revson）曾說：「我們在工廠裡生產保養品，在店裡販售希望。」他說的一點也不假。

於是，你拿起那罐時髦高檔的瓶子，但包裝上宣稱的效果是真的嗎？在食品業中，如果你想宣稱某種成分有益健康，那需要有科學佐證，但那種規定（至少在英國）並不適用於護膚品。英國的廣告標準局（Advertising Standards Agency）可以質疑明顯誤導的說法，但狡猾的化妝品公司即使不講真話也沒有關係。那款乳霜的包裝上宣稱，「經臨床證明可減少皺紋」。那可能是真的，但所謂的「臨床」變化，可能只有用顯微鏡才看得見，肉眼看不見。但它說已經「做過皮膚測試」了？理論上，那可能只在一個參試者的皮膚上試了幾天，也許那個參試者是行銷總監的老爸，他根本對那個產品不感興趣。如果那個產品標榜有很多「活性成分」，那些成分可能是在生物體外（亦即實驗室）做測試，廠商從來沒觀察過那些成分在人體皮膚上的效果。

真正青春永駐的萬靈丹依然遙不可尋。雖然有些產品真的含有一些可延緩老化的成分（例如防曬霜與A酸），有些產品可以讓顧客感到滿意又有自信（那確實值得），但你花錢或尋求真相時，抱持一點合理的懷疑才不會吃虧。

不過，相較於埃及豔后克麗奧佩脫拉（Cleopatra）所使用的回春法，如今那些抗老霜的

＊譯註：露華濃（Revlon）的創辦人。

昂貴價格就顯得微不足道了。克麗奧佩脫拉有一個養驢場，裡面養了七百頭驢，每天為她提供沐浴的驢奶。雖然這種美容法聽起來跟伊麗莎白皇后的牛肉面膜一樣好笑，但克麗奧佩脫拉或許矇對了什麼。驢奶含有果酸（AHA），如今果酸中的甘醇酸（glycolic acid）仍是護膚霜的熱門成分。這些酸可以去角質，促進表皮細胞的更新，但它們能否滲透及緊緻真皮層就很難說了。說到去角質（亦即去除最外層的死皮細胞），皮膚科醫生普遍認為每週去角質一、兩次，輕輕地搓洗皮膚就夠了。皮膚為了創造有效的屏障，以抵擋外界的刺激物與傳染源，需要大費周章，我們不該輕易去除角質。

克麗奧佩脫拉的養驢場顯示，有些分子可能真的有抗老效果。其中最有科學依據的成分是A酸（retinoic acid）——事實上，許多皮膚科醫生認為，這是唯一有抗老證據的成分。A酸是維生素A的分解產物，對皮膚與身體健康很重要，它源自於β—胡蘿蔔素（胡蘿蔔之類色彩鮮豔的蔬菜中都有這種營養素）。A酸屬於維生素A酸類，那是一些與維生素A相關的化合物。一九六〇年，艾柏特・克里格曼（Albert Kligman）發現，一種名叫「第一代A酸」（tretinoin）的衍生物（他把它命名為Retin A）在治療中度與重度的青春痘時非常有效。[17]約十年後，他發現第一代A酸還有另一個更有利可圖的潛力：它可以促進膠原蛋白的合成，增厚真皮，去除外表皮的角質，明顯地撫平皺紋。不過，克利格曼發現第一代A酸的方式不太理想，他的作法促成了如今跟「同意」有關的法醫法律。從一九五〇年代到一九七〇年代，他在費城霍姆斯堡監獄（Holmesburg Prison）的囚犯身上做了一系列美容皮膚的實驗。他第一次進入監獄時說：「我眼前只看到好幾英畝的皮膚……彷彿農民第一次看到一大片沃土。」[18]他在監獄裡做的第一次實驗，是治療監獄裡爆發的香港腳。他濫用大家對他的信任，再加上囚犯本身的脆弱性，使他逐漸讓囚犯接觸各種皮膚感染*。他甚至逾越專業，在囚犯的身上測試精神藥物。

維生素A酸會使皮膚的外層變薄約三分之一，這表示它會稍稍降低皮膚的天然防曬係數，使它更容易曬傷，因此一般建議在就寢時使用（亦即夜間皮膚開始修復之前）。不過，有一種維生素A酸類也引起很大的爭議。許多防曬霜中含有A酯（Retinyl palmitate），因此製造商聲稱他們的產品也有抗老特質。遺憾的是，A酯不僅撫平皺紋的效果最差，而且還與皮膚癌有關。美國國家毒物計畫（National Toxicology Program）的一些研究發現，塗上A酯的小鼠，罹患皮膚癌的機率比對照組高。[19]二〇一〇年，美國的非營利組織「環境工作組織」（Environmental Working Group）建議消費者避免使用含有這個成分的防曬霜。[20]科學家與皮

*譯註：他與藥廠及政府機構合作，讓囚犯接觸多種毒素與病原體。

膚科醫生對這些研究的結果做了激烈的爭論。由於一些相關人員在化妝品公司有經濟利益，導致這些爭論更難得出結論。我們可以肯定的是，防曬霜絕對不會致癌，但白天最好避免使用含有A酯的產品。皮膚科醫生兼視黃醇專家萊斯里・鮑曼（Leslie Baumann）認為，無論A酯會不會致癌，總有比它更好的視黃醇可用：「我認為還沒有足夠的證據可以證明它會導致皮膚癌。但是話又說回來，你能給我一個用它的理由嗎？[21]」

除了防曬霜之外，維生素A酸可說是唯一有充分的證據可佐證其效果的抗老霜。但這種東西不能用太多，豌豆大小的用量就足以覆蓋臉部的皮膚。而且，就像跑步前應該先學會走路一樣，使用維生素A酸時，應該循序漸進，在幾天內慢慢增加到建議用量。使用過量的維生素A酸，皺紋不會減少，只會導致皮膚灼熱、刺痛、發紅。

抗老霜有成千上萬種製劑與配方，但它們可以大致分成幾類。許多人對抗氧化劑讚不絕口，有一些（儘管有限的）科學證據顯示，這些東西可以稍稍減少皮膚老化。證據最多的包括菸鹼醯胺（nicotinamide）、維生素C、維生素E、硒（selenium）、輔酶Q10（coenzyme Q10）。主要的問題在於，許多維生素不穩定，效果短，而且還不確定它們對皮膚的滲透度。比較新的製劑可能正在解決這些問題，但目前還沒有強而有力的科學證據可以佐證維生素的抗老效用。另一個有趣且迅速發展的領域是合成蛋白質，包括棕櫚醯基五胜肽（palmitoyl pentapeptide），那本質上是附帶脂肪酸的蛋白質。一些研究顯示，它可以穿透表皮，刺激膠原蛋白的產生。[22]它很難分離出任何神奇的分子，但是結合抗氧化劑、肽（peptide）、其他化學物質的乳霜已經證明有一些減少皺紋的效果。曼徹斯特大學的克里斯・葛里菲斯（Chris Griffiths）領導了一項臨床試驗。結果顯示，相較於安慰劑，七成使用混合精華液（No7 Protect & Perfect Beauty Serum）的參與者一年後皺紋明顯減少了。[23]但無論化妝品巨擘或雜誌怎麼宣稱，目前還沒有萬靈丹可以讓時光倒流。再加上環境因素與無法控制的基因碼，皮膚老化的真相比我們願意知道的複雜許多。

一八九五年，傳奇細菌學家羅伯・柯霍（Robert Koch）的學生艾米爾・範・爾緬鑑博士（Emile van Ermengem）奉命去比利時的一場葬禮上調查一個可怕的場景。[24]彷彿喪禮前的守靈還不夠悲慘似的，晚餐進行到一半，約三十名賓客開始無法做出任何臉部表情。接著，他們的眼皮開始下垂，一些人失去視力，另一些人無法吞嚥食物，開始哽噎，躺在地板上嘔吐。有三人停止呼吸，最終死亡，他們的胸肌完全失去力量。爾緬鑑博士仔細調查這場災難後發現，罪魁禍首是潛伏在某種可疑火腿裡的細菌，後來那種細菌被命名為肉毒桿菌

（*Clostridium Botulum*）。它會產生一種神經毒素，使身體癱瘓。超過某個量時，甚至可能致命。

那場致命的葬禮結束一百年後，加拿大的醫生夫妻楷珍・卡拉瑟斯（Jean Carruthers，眼科醫生）和阿里斯泰爾・卡拉瑟斯（Alistair Carruthers，皮膚科醫生）發現，因眼瞼抽搐（眼瞼痙攣）而接受小劑量肉毒桿菌毒素（botulism toxin）治療的患者，反而為治療的副作用感到高興：他們似乎不會變老。[25]他們的抬頭紋彷彿撫平了。如今距離那次近乎偶然的發現，已過了二十年，注射肉毒桿菌毒素已經變成全球最常見的美容手術。肉毒桿菌毒素會麻痺臉部肌肉，注射後，臉部動作所產生的皺紋與抬頭紋就不見了。這個方法基本上和十六世紀歐洲女性所採用的策略一樣：她們把鉛與醋混合而成的白色糊狀物塗在臉上（最經典的圖像是伊莉莎白一世），任何臉部動作都會破壞妝容，所以她們毫無表情動作。隨著肉毒桿菌毒素愈來愈受歡迎，它也變成了笑柄。所謂的「機器人肉毒桿菌」（robotox）演員與新聞主播很容易辨識，因為他們連一點臉部表情都做不出來。不過，隨著時間推移，比乳霜更具侵入性的治療變得愈來愈安全，減緩老化跡象的效果也愈來愈好。沿襲克麗奧佩脫拉的驢乳沐浴傳統，化學性的去角質（使用換膚配方）與機械性的去角質（微晶磨皮）對有些人有效。皮膚填充物（dermal filler）通常是由真皮的基本分子膠原蛋白或玻尿酸所組成，作用正如其名：填補細紋與皺紋，平撫老化的皮膚，但效果只能撐一陣子。其他的療法是使用雷射與電磁波來雕塑及恢復皮膚的活力。「電波拉皮」（radio frequency skin tightening）是透過加熱真皮與皮下組織，讓癒合的流程來重塑皮下的支撐結構，藉此刺激真皮中的膠原蛋白與彈性蛋白的成長。有人也用這項技術來分解皮膚上的脂肪突起（我們稱之為橘皮組織），為美容醫學開闢了另一個新興領域。

許多乳霜似乎對某些人有奇效，但是對另一些人毫無效果。過去與現在的名人之所以能避免皺紋增生，可能是靠減少日曬及個人基因的共同效果。或許「她可能天生麗質」*（Maybe she's born with it）確實有點道理。重點是，如果某種乳霜（尤其是盈利組織販售的）聽起來好到令人難以置信，它很可能就是吹噓的。

人類與衰老對抗已久，皮膚是最終的戰場。不過，在現代技術的加持下，有朝一日我們可能「贏」得這場戰爭。二〇一六年，哈佛大學與麻省理工學院的科學家以一種新技術，設計出一種合成、可穿戴的「第二層皮膚」，那可以明顯、自然地去除皺紋與斑點。[26]在對抗皺紋的戰爭中，我們花在抗老療程上的金錢，甚至讓美國軍方相形見絀。但是，如果我們贏了

* 譯註：彩妝品媚比琳（Maybelline）的廣告詞：Maybe she's born with it, Maybe it's Maybelline.（她可能是天生麗質，也可能是用了媚比琳。）

那場抗老戰爭，像赫胥黎的世界國公民那樣生活，即使內臟已經開始衰老，但看起來永遠只有三十歲，難道那真的只需要付出金錢的代價嗎？抱持赫胥黎那套反烏托邦觀點的人，學會憎恨年歲的增長，假裝自己將長生不老。皺紋應該被「治癒」嗎？還是我們應該討論如何看待年齡？在一個喜歡假裝衰老與死亡不存在的世界裡，皮膚促使我們直接面對死亡。

6 第一感
觸覺的機制與神奇

「看，她托腮的模樣多迷人。啊，我願化身為那隻手上的手套，如此一來，即可撫其臉頰了！」

莎士比亞，《羅密歐與茱麗葉》

如果你有幸參觀梵蒂岡的西斯汀教堂（Sistine Chapel），一定會舉目仰望。壯觀的天花板中央是米開朗基羅的《創造亞當》（*The Creation of Adam*），那肯定是世上最受人注目的視覺藝術品之一。它描繪了上帝在一群天使的簇擁下，向躺在地球邊緣的亞當伸出食指，亞當也伸出柔弱但樂於接納的手。乍看之下，他們的手指似乎接觸了。但仔細一看，會看到這幅畫之所以如此著名的關鍵：亞當的手與上帝的萬能接觸之間仍留著微小的間隙。那間隙營造出了令人激動的緊張與期待感。

當皮膚的故事從生理層面走向心理與社交層面時，必然會經過「觸覺」這座橋梁。這座橋梁透過受體、神經、大腦組織，把外部世界與我們的思想，甚至我們的存在連在一起。觸覺是第一個發展出來的感官，肯定也是最被低估、可能也是最特別的感官。沒有毛髮的皮膚主要是分布在手指、手掌、腳底上，那些地方布滿了四組「機械性受體」（mechanoreceptor），它們都會對壓力與皮膚變形產生反應。它們就像機器那樣，偵測外在世界的移動，並透過個別的神經把電訊傳給大腦，讓身體做出對應的反應。這四種受體各有其功能與優缺點。[1]他們一起運作時，近乎奇蹟的美妙事情就發生了。為了讓大家充分瞭解與驚嘆觸覺的複雜性，我們先從剖析一種日常奇蹟開始：走進你自己的家。

你把手伸進口袋，摸索早上離家時放在那裡的鑰匙。你迅速摸到薄荷糖的包裝紙、筆、零錢，最後才摸到那把形狀獨特的家門鑰匙。你在看不見鑰匙的情況下，如何判斷你摸到了鑰匙？皮膚上那些偵測鑰匙凹凸形狀的受體叫默克細胞（Merkel cell）。這些不起眼的微小圓盤是以德國解剖學家弗利德里希·默克（Friedrich Merkel）的名字命名的，他稱這種細胞為Tastzellen（觸覺細胞）。默克細胞位於表皮的基底層，比其他三種機械性受體更接近皮膚表面，而且指尖上這種細胞特別多。它們能偵測到低頻的無限小振動，而且只要極小的施壓就能啟動，可偵測到一微米（0.001公釐）的位移。[2]當細胞拉伸時，鈉會從細胞外液進入細胞中，引發一種名叫「動作電位」（action potential）的電脈衝，使訊號沿著神經傳導。這不僅發生在千分之一公釐的位移，也發生在千分之一秒內。一般認為默克細胞「調適緩慢」，這表示只要皮膚表面有壓力位移，它就會持續對大腦發送脈衝。這讓默克細胞持續把觸摸的詳細資訊（關於物件的形狀與邊緣等等）傳給大腦。

現在你已經摸到鑰匙的邊緣，你需要用恰當的力道從兩邊抓住它。你不希望它從指間滑落，但你也不希望把它掐得太緊（你拿著婆婆的昂貴瓷盤時，這種審慎細膩的觸摸可能更重要）。這種力道的平衡拿捏是靠名叫「梅斯納小體」（Meissner corpuscle）或稱「觸覺小體」（tactile corpuscle）的受體做到的。這種受體的位置比默克細胞稍微深一點，呈球狀，由蜷曲、包覆的神經末稍所組成。這些神經末稍可以偵測到震動，與默克細胞不同的是，它們「調適迅速」，只記錄皮膚凹陷的發生與恢復。這是我們穿衣時可以感受到衣服，但穿上衣服後，一整天幾乎都不會注意到衣服存在的原因。梅斯納小體最特別的是，每次我們錯失什麼時，它們都會馬上幫我們校正。你握著鑰匙時，它其實在一秒內滑動千分之一公釐好幾次。梅斯納小體可以察覺這種差異，並透過一系列的快速反射使皮膚繃緊，以免東西掉下來。這一切都是在潛意識中運作。

你設法靠默克細胞找到鑰匙，也靠迅速調適的梅斯納小體抓住了鑰匙，但接下來面臨的挑戰是把鑰匙插進門鎖中，這就要提到菲利波．帕齊尼（Filippo Pacini）了。一八三一年，這位十九歲的義大利醫科生在解剖一隻人手時，特別注意到細節。他發現皮膚裡有一些長一公釐的突起。我在佛羅倫斯大學的解剖館中，看過這些美麗的皮膚受體模型，它們叫做「帕齊尼小體」（Pacinian corpuscle）。這些多層結構位於真皮層的深處，狀似洋蔥。我們感覺到皮膚上有微弱的壓力時，那幾層會擠壓在一起，使小體變形，並向大腦發送訊息。帕齊尼小體偵測壓力與振動的範圍很長，所以這些狀似洋蔥的微小結構可在手指的任何地方找到振動。事實上，它們可以察覺手指上任何物體的振動，這對人類的觸覺非常重要。當我們拿著工具時，可以「感覺」到工具運作那端的動作，彷彿那是我們皮膚的延伸，無論是外科醫生的手術刀，或是你正插入鎖頭的鑰匙。

現在鑰匙已經插入門鎖後方，你需要在拇指與食指之間轉動它，才能開鎖進入你家。這是靠第四種機械性受體達成的：魯菲尼末稍（Ruffini ending）。它狀似紡錘，與皮膚的表面平行，比較不注意皮膚受壓，而是偵測水平拉伸。雖然這種受體的數量遠比另三種機械性受體少，我們也比較不瞭解大腦如何理解魯菲尼末稍的訊號，但它可能是負責辨識皮膚的伸展，並對手的角度與關節位置的變化做出反應，讓你在轉動門鎖中的鑰匙時，知道你的手正往哪裡移動。[3]

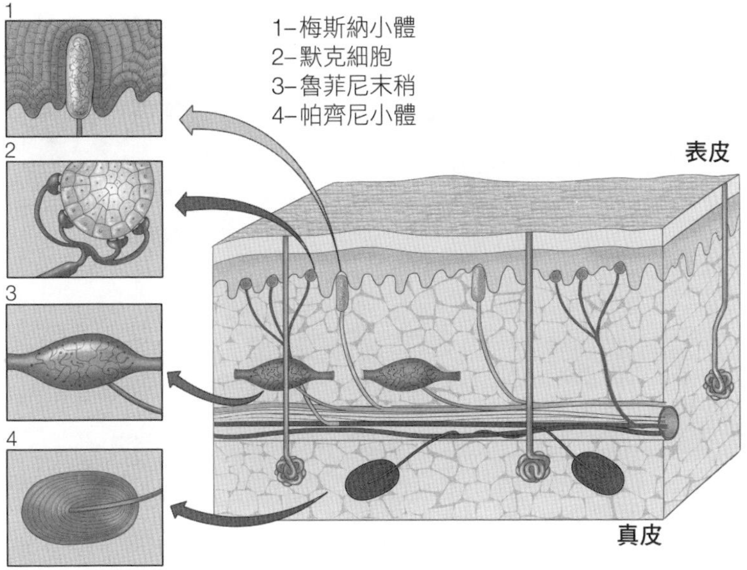

機械性受體

這些皮膚上鮮為人知的機械性受體，是以十九世紀兩位德國人與兩位義大利人的名字命名的。它們創造了操控物體的小小奇蹟。我們能如此靈活地操作工具，彷彿那些工具是我們皮膚的延伸，是我們異於動物與機器人的關鍵。

這「四大神奇」機械性受體的特別反應使我們產生觸覺，但它們無法解釋大腦怎麼知道我們哪裡被觸摸了。外部世界的現實實境，與大腦感知這個現實的畫面，是兩種截然不同的東西。早期的探險家與製圖師試圖理解這個世界，並以一種大家能瞭解的方式畫出來。同樣地，大腦是透過兩張地圖來瞭解觸覺世界：皮膚本身及腦中的「體感小人」

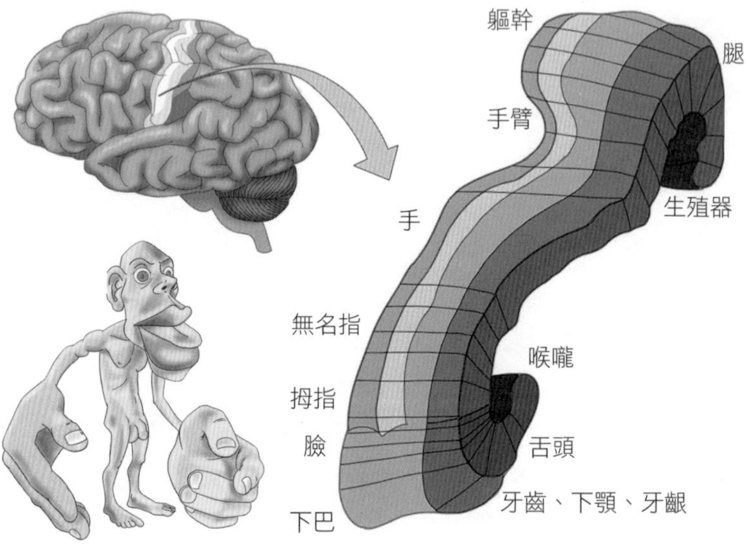

體感小人　　大腦的皮膚對應圖

（sensory homunculus）。

一九五〇年代，加拿大傑出的神經外科醫生懷爾德．潘菲爾德（Wilder Penfield）忙於治療罹患頑固型癲癇症（intractable epilepsy）的患者。[4] 許多癲癇患者在發作前常有預感：一種癲癇即將發作的感覺。他認為，如果能移開一塊頭骨，在病人完全清醒下，以電極觸碰病人的大腦區域，激起那種發作的預感，他就可以找到導致癲癇發作的大腦區域。雖然這個實驗的成效有限，他卻偶然發現了更特別的東西。他在手術中刺激大腦表面的不同部位時，病人不同部位的皮膚會產生感覺。於是，潘菲爾德費心地記錄大腦的哪個區域對應皮膚哪個區域的感覺。有趣的是，大腦的皮膚感覺圖似乎很混亂，大腦的使用量與皮膚覆蓋的身體表面區域沒有關係。例如，食指指尖的皮膚中，感覺受體的密度很高。指尖皮膚在大腦「皮膚圖」上占用的比例，應該比背部皮膚占用的比例大。為了表達這個觀點，潘菲爾德創造出一個人體模型。在這個模型中，身體的部位會隨著它們在大腦中占據的空間而縮小或擴大——他因此得出了「體感小人」：一個身材瘦長、失衡、「奇形怪狀的生物」（潘菲爾德的說法）；機械性受體密度高的身體部位（手、腳、唇）放大了，機械性受體少的身體部位（例如軀幹、手臂）縮小了。從此以後，大腦的身體對應圖就稱為體感小人。

特定區域中，神經末稍的集中程度會影響感覺的準確性。這可以解釋一個眾所熟知的事實：女性的觸覺通常比男性靈敏。就像在較少的通寧水中加入等量的琴酒，可以調出較濃的開胃酒一樣，較小的手指上有同樣數量的機械性受體，也會使手指變成更靈敏的工具。由於觸摸的準確性與手指和手的大小成反比，個子愈小的人，觸覺愈靈敏。觸覺不僅可以區分性別與大小，也可以區分年齡。隨著年齡增長，皮膚中的受體開始流失，受體密度會慢慢降低。這可以稍微解釋為什麼老年人比較不擅長做精密的手工活。大家普遍認為，其他感官功能的慢慢喪失——亦即視力與平衡力的喪失——是老人摔倒的原因，但手腳皮膚上的受體數量減少也是原因。不過，觸覺不單只是取決於一個人有多少受體，也要看你如何使用那些受體而定。研究已經證明，盲人的鑑別性觸覺（discriminative sensory touch）比常人更好，他們可以用極高的靈敏度與速度來解讀點字。[5]這證明了大腦的「可塑性」，也就是說，大腦會重新連接線路以彌補某種感覺的喪失，由皮膚來彌補視力的缺憾。有一個特別的例子可以充分顯示大腦改變線路的能力：一位三十六歲的教授右腦中風，[6]左半邊的身體幾乎失去了所有的觸覺，並出現「偏側空間忽視」（hemispacial neglect）的現象。也就是說，她再也看不到左視野內的東西。她常撞到左邊的物件，包括門口、路人等等。幸好，這些症狀在十八個月後就戲劇性地改善了，但她開始從皮膚聽到聲音。有些聲音，尤其是某個電臺主持人的聲音，總是讓她的左手皮膚產生強烈的刺痛感。腦部掃描顯示，她大腦中的神經連接發生了解剖學上的重組。在中風後的康復過程中，腦內的聽覺與感覺區域之間形成了神經連接。這種奇怪的現象稱為「聲音—觸感聯覺」（sound-touch synaesthesia）——字面意思是「聯合的感覺」。

機械性受體與神經連接創造出類似電腦的介面，但那不是讓我們產生觸覺的唯一方式。你有沒有想過，為什麼指尖泡澡時會變皺？對孩童來說，那可能是難以理解的科學奧祕，彷彿某種滲透作用把少量的水從皮膚中抽出。但你想想，這種皺折只出現在手掌、指尖、腳等沒有毛髮的皮膚上。一九三〇年代的外科醫生也注意到，通往手指的神經切斷時，那種起皺的反應就消失了。如今看來，皮膚在水中起皺，似乎是在為某種不尋常的觸摸挑戰預作準備：抓濕的東西。二〇一一年，神經生物學家馬克．常逸梓（Mark Changizi）發現，手指上的起皺型態狀似一個排水網路，它們的作用確實就像輪胎的胎面。[7]這項研究發現，皮膚的動態表面形成一個臨時的山脈，有分水嶺分散新的河流。一年後，新堡大學的一個研究小組要求參試者把手浸泡在溫水中三十分鐘，接著進行一個移動濕彈珠的任務。[8]把手泡在水中而導致手指起皺的參試者，比沒有泡水的參試者更快拿起彈珠及移動彈珠。但是換成乾的彈珠時，起皺的手指不會撿得比較快。不過，最近的研究結果與這個移動彈珠的實驗結果相互矛盾。[9]常逸梓認為，這種「觸摸調適」功能可能不是為了讓我們操控精密物件而設計的，而是赤腳在濕地上行走，或爬上潮濕的樹或石頭時，為了讓我們移動及支撐體重而設計的。如果我們想知道這是不是真的，接下來的實驗需要做稍長一點的風險評估。

鑑別性觸覺（以令人難以置信的敏感度來偵測周圍環境的能力）看起來近乎奇跡，但身體這種最多樣化的感覺其實有更多的層面。我們對機械性觸摸（mechanical touch）的偵察與傳輸，理解已久。在沒有毛髮的皮膚上，機械性受體的密度最高，它們透過 A－β 神經纖維（A-beta nerve fibre）與大腦相連。A－β 神經纖維以賽車全速行駛的速度（約時速一百六十英里）傳遞訊號。不過，如今科學家才剛開始瞭解，人類還有另一種觸摸系統。除了用於機械性觸摸的受體與電路以外，我們還有另一套用於情感觸摸（emotional touch）的受體與電路，那可能感覺有點玄。[10] 那些神經名叫「C觸覺纖維」（C-tactile fibre），位於有毛髮的皮膚中，對輕微的觸摸很敏感。它們傳遞訊息到大腦的速度慢很多：約時速兩英里。[11] 它們的傳訊不是要告訴我們，什麼東西觸摸我們，而是傳遞觸摸的情感訊號。在攝氏三十二度的理想溫度下，以每秒二到十公分的速度撫摸皮膚，是觸發這種觸覺的最理想狀態。所以，如果你想要完美的皮膚撫摸，就從這些參數著手。[12] 這種較慢的訊號是由大腦中攸關情緒的區域負責處理，例如邊緣系統（limbic system）。[13] 最近的研究也顯示，這種情感觸摸系統所帶來的愉悅感受，改善了我們的身體歸屬感。[14] 這點已經在「塑膠手」幻覺中獲得了證實（如果你有一隻栩栩如生的塑膠手，那也可以在派對上變出令人印象深刻的把戲）。參試者把右手放在前面的桌子上，把左手藏在看不見的地方，把一隻塑膠手放在桌上。接著，隱藏的左手及桌上那隻替代左手的塑膠手同時受到撫摸。當參試者受到緩慢輕盈的情感觸摸時，更有可能覺得那隻塑膠手是自己的手。[15] 情感觸摸強化了我們的自我意識。

但是，為什麼愛人的手輕輕摸過你的前臂，與醫生體檢時或在擁擠的火車上與陌生人輕輕接觸（觸發完全相同的受體）的感覺如此不同呢？別人觸摸我們的皮膚時，也觸摸了我們的大腦，因為這兩個器官不斷地對話，以確定什麼東西正在觸摸我們，以及我們該如何反應

（「誰正在摸我？我被摸了！這是友善的觸碰嗎？」）。在視覺與聽覺的輔助下，大腦會開始塑造情境，以判斷那個觸摸我們的東西是敵是友。對愛撫的預期會暫時改變皮膚的成分，使它獲得快感；相對的，對疼痛的預期會使皮膚的實體不適感變得更糟。觸碰發生時，關於觸碰的壓力、速度、溫度的無數資訊會傳送到大腦，以增添大腦塑造的情境，幫我們解讀。期待、幻想、現實在皮膚的表面上交織，我們的生活就是在這個舞臺上上演。

我們無法給自己搔癢，即使模仿朋友搔動我們的動作，也不會覺得癢。這種奇怪的現象讓我們洞悉了皮膚與大腦之間玩著一種預測與期望的遊戲。我們有特殊的能力可以區分自己的動作及「他人」的動作所引起的相同感覺，無論是友好的觸碰或是潛在的威脅。這是小腦促成的，小腦位於大腦的底部，負責維持平衡及監控我們的動作。倫敦大學學院的莎拉—傑恩．布萊克摩教授（Sarah-Jayne Blakemore）與團隊發現，我們移動手指與四肢時，小腦會產生這些動作的相同心理圖像，並向大腦的感覺區傳送一個「影子訊號」，以減弱皮膚上的對應感覺。[16]這可以幫我們的皮膚持續關注其他更重要的觸碰，例如潛在掠食性生物的觸碰。

接著，布萊克摩不禁思考，我們是否可以用一個「搔癢機器人」來欺騙大腦。那個搔癢機器人是由一塊旋轉的泡棉組成的，利用可調節的計時器來旋轉泡棉以觸碰皮膚。觸碰的間隔時間愈長，感覺愈癢，因為那個機器人似乎打破了大腦對觸覺的預測與皮膚實際感覺之間的關係。我遇到唯一可以自己搔癢的人，是罹患嚴重思覺失調症（舊稱精神分裂症）的病人。那可能是因為他的大腦沒有意識到他的手指動作是他自己做的。

我們無法自己搔癢，這個現象顯示大腦可以對我們無法控制的身體感覺施加一種潛意識的力量。我們可能因此推論感官皮膚是服從大腦的；身體受制於大腦的思想。為了證明事實並非如此，你可以試試底下幾個簡單的幻覺。首先，把左手泡在一盆冰水中，把右手泡在熱水中（不是滾燙的熱水）。兩分鐘後，把兩隻手拿出來，泡入第三盆溫水中（溫度與室溫差不多）。雙手剛泡入第三盆水時，我們對現實的觀感會暫時出現混亂——一隻手認為第三盆水是冷的，另一隻手認為是熱的——這種感覺令人不安。同樣地，如果你同時以一隻手摸過光滑的塑膠表面，另一隻手摸過粗糙的地毯，接著再把兩隻手放在牆上，一隻手會告訴你那面牆是粗糙的，另一隻手會告訴你那面牆是光滑的。即使兩隻手感受到相同的溫度或相同的表面，但每隻手傳給大腦的訊息不一樣。這顯示大腦對每隻手傳來的訊息照單全收。大腦會自我調整以因應皮膚的需要。

觸覺極其敏感，它是有情感的，會影響我們的思考與自我意識。但觸覺也難以形容。在這趟皮膚之旅中，我們飽覽了各種皮膚功能：從察覺看到感覺，從生理現象看到神祕現象，最後不免會看到感官皮膚最引人注目的力量：歡愉與痛苦。

一般人被問及性接觸時，最常見的回應是「觸碰時，感覺像電光交流，火光四射」。他們使用魔法與超自然的字眼，說那比任何人類的感覺更難定義。不過，這種難以言喻的感覺為無數的詩歌提供了靈感，激發了各種人類文化的音樂與藝術，也引發了無數戰爭。我們之所以覺得那種感覺很玄妙，是因為我們在皮膚上感受到心念，皮膚成了心理（慾望與期望）與身體感覺交會的地方。在期待愉悅的肌膚接觸中，我們的鑑別性觸覺與情感觸覺不僅同時啟動了，最大的性器官（整個皮膚）也改變了性質。流向皮膚的血液改變了皮膚表面的溫度，汗水分泌增加，伴隨著皮膚上的毛髮豎起——這些都進一步增強了我們對觸摸的敏感度，大腦正在為皮膚做準備。觸碰時，反應迅速的機械性受體，反應較慢的情感神經纖維，以及極其敏感的游離神經末梢（嘴唇、乳頭、生殖器上都有密集的神經末梢）全都被啟動了。

游離神經末梢（free nerve ending）是負責偵測許多愉悅與痛苦刺激的受體，它不是附著在特殊的細胞上（前面提到四種機械性受體就是附著在特殊細胞上）。說到它們的分布，整個人體就像一個獨特的指紋：有些人的某些區域非常敏感，他們可以從那些區域獲得極大的快感；但其他人可能對同樣的區域沒什麼感覺。為什麼會有這種差異，至今原因不明，我們可能要花很長的時間才會發現「性皮膚」的祕密。這些神經受到刺激時，會釋出一種令人陶醉的荷爾蒙混合物——從腦內啡（快樂荷爾蒙）到催產素（oxytocin，擁抱荷爾蒙）等等。

這種從皮膚到大腦的對話，透過觸摸，從一個人傳給伴侶。我們所感知的伴侶反應，會透過皮膚來加強身體的感覺。誠如大衛・林登（David Linden）在著作《觸感引擎：手如何連接我們的心和腦》（*Touch: The Science of Hand, Heart and Mind*）提到的：性觸摸不單只是「心靈的交融，更是肌膚的交融」。[17]我們的皮膚勾勒出「我們」與外界的關係，而你情我願的愉快性接觸是對「他人」的終極接納。表面上，我們很容易認為皮膚在接觸中所扮演的角色只是神經末梢的終點，但性接觸顯示這是大錯特錯的想法。

✤ ✤ ✤

沒有痛苦的生活不是很美好嗎？你可以問一下阿姆傑德（Amjad）這個看似簡單的問題，因為這位巴基斯坦裔的英國男子有一種罕見的遺傳病，那種病在少數家庭中代代相傳，名叫「先天性痛覺不敏感」（congenital insensitivity to pain）。[18]阿姆傑德可以告訴你，他有一些祖先在巴基斯坦很有名，他們在街頭表演各種危險動作謀生，例如把縫紉針與劍插入流血的皮膚中，一派輕鬆地走在熱燙的煤炭上。儘管他們把這些表演標榜成「精神凌駕實體」的演出，其實他們完全感覺不到一絲痛苦。這些街頭藝人大多活不到成年，這也是這種遺傳病如此罕見的原因之一。阿姆傑德與其他同病相憐的病人，形容這種沒有疼痛的生活是「人間地獄」與「魔鬼的詛咒」，因為他們被迫一輩子都要小心提防周邊的東西，不斷地檢查身體，以免踩到玻璃或燙傷了手。他們必須學習以視覺參考來取代疼痛的保護作用。疼痛雖然令人不快，卻是組織受傷的重要警訊，我們的生活不能沒有疼痛這種感覺。有些人是因為生病才導致皮膚對疼痛不敏感。例如，我遇過一個痲瘋病患者，他的指尖沒有感覺，無法注意到傷害持續使他的身體變形。他告訴我：「我寧可承受一切感覺，也不願感受羞愧的痛苦。」從任何意義上來說，痛苦都是生活中不可或缺的要件。

以前大家認為，疼痛是皮膚中的機械性受體過度啟動造成的，但現在我們知道皮膚有一種特殊的疼痛受體，稱為痛覺受體（nociceptor）。這個奇怪的字是源自拉丁文的「nocere」，意思是傷害。先天性痛覺不敏感的人仍有其他的感覺，包括察覺細微的觸摸與振動。那是因為那種疾病是SCN9A基因突變引起的。SCN9A基因是一種特殊鈉通道（sodium channel，一種負責啟動及傳遞神經訊號的蛋白質）的基因碼，主要是存在痛覺神經中。多數痛覺受體是皮膚的游離神經末梢，看起來像植物的根。每個末梢都是神經的一部分，那些神經會連至脊髓，在脊髓與另一條連至大腦的神經相連（形成突觸）。

痛覺受體有三種：機械痛覺、溫度痛覺、化學痛覺。機械痛覺受體是負責偵測皮膚受到過度擠壓或割傷。就像歡愉一樣，我們也有兩種疼痛系統，我是吃足了苦頭才發現這點。某天，我走在威爾斯海岸的鵝卵石海灘上，我弟緊跟在我身後，他設法踩住我一隻夾腳拖的根部，導致我一時失足，右腳的大腳趾直接撞上石頭。一股強烈的痛覺立刻竄上腦門，使我馬上把腳抽回來。第一波疼痛是由快速的A－β神經纖維傳輸的，它告知皮膚已經變形了。接著，隔不到一秒，一陣劇痛襲來，使我痛苦地大叫。這種疼痛資訊與情感觸摸系統相似，是由較慢的觸覺纖維傳輸的。我們從另一種罕見疾病「痛覺失認」（pain asymbolia）可以看出這兩個系統合作無間的重要。這種病人可以感覺到疼痛（例如腳趾撞到石頭），但沒有任何不愉快的感覺。他們只是感覺到一種奇怪、近乎滑稽的震動感。第一個「感覺－辨別」（sensory-discriminative）通路完好無損（偵測到施加在腳趾上的壓力），但他們缺少「動機－有效」（motivational-effective）通路或「疼痛因數」（ouch factor）通路。

溫度痛覺受體是負責偵測令人痛苦的冷熱溫度，其中最引人注意是TRPV1。這種受體是偵測攝氏四十三度以上的溫度，但辣椒素也可以觸發這種受體。辣椒素是辣椒中的一種活性成分。我們吃辣椒或辣椒觸及皮膚時，會產生灼熱感，因為對灼熱感有反應的受體被觸發了。同樣地，皮膚上主要的「冷」受體TRPM8在攝氏二十度或更低的溫度時會被啟動，但薄荷中的薄荷醇（menthol）也可以啟動它。把溫度計插入含有薄荷醇的牙膏、乳霜或乳液中，溫度計的讀數是室溫，但把這些東西塗抹在皮膚上，則會產生一種明顯的涼感。

皮膚偵測到的疼痛，不見得是外部觸發的反應。以前還是學生的時候，考季的前一週，我窩在教科書與披薩盒的中間埋首苦讀。好不容易出來洗個澡、照鏡子時，我發現背部右側肩胛骨下方的一小塊皮膚上，突然冒出小腫塊與囊泡（直徑不到一公分的水泡）。那是帶狀皰疹，但那究竟是壓力、飲食改變，或是別的因素引起的，我可能永遠也不會知道。雖然那有點癢，但出於醫科生的好奇心，我看到水痘帶狀疱疹病毒（varicella zoster virus）終於又出現了，還是很興奮。自從我三歲長水痘以後，它們就一直沉睡在皮膚的神經裡。

想瞭解神經如何在皮膚上分布，帶狀皰疹是不錯的視覺範例。一條從脊椎出來的神經負責支應皮膚區域，那塊區域稱為「皮節」（dermatome）。我們從頭到腳共有三十個皮節，只有帶狀皰疹能顯現出這些皮膚區域的無形邊界。水痘通常會影響大面積的皮膚，在水痘爆發後，病原體「水痘帶狀疱疹病毒」會退回那條由脊椎出來的神經根部，它可能在那裡休眠數年。這種病毒基於一些尚不清楚的原因（但很可能與免疫系統變弱有關），會從脊椎沿著神經，向上傳播到皮膚，導致水泡只出現在身體一側的某塊皮膚上。帶狀皰疹的起泡與發紅，並不會造成太大的困擾。但是，在明顯的症狀消失約一週後，我罹患一種名為「帶狀皰疹後神經痛」（post-herpetic neuralgia）的併發症。在考季的最後幾天及考季結束後，灼熱的疼痛感一直折磨著我背部的那塊區域。一碰到那個區域就痛得要命，所以睡眠變得非常困難——

這也加劇了白天試圖忘記疼痛的痛苦。這是「神經性」疼痛的一個例子，經常發生在皮膚上。神經性疼痛與偵測疼痛刺激的痛覺受體截然不同。神經性疼痛是傳送疼痛訊號給大腦的神經末梢受損所引起的。

但是傷害感受（nociception）——對傷害的察覺——並不等同於疼痛。疼痛是一種現象，是由神經脈衝、情緒、心智狀態在腦海中繪出的一幅圖。疼痛這個多面向的主題非常複雜，但可以濃縮成一個簡短（可能過於簡化）的類比。如果我們的意識是一座城堡（那裡記錄了身體與情感上的痛苦感受），我們會有好幾個加強設防的大門來控制進入城堡的痛苦傳訊者。這些位於皮膚的大門通常在達到刺激的閾值後會打開，無論是機械痛覺、溫度痛覺，還是化學痛覺。建造這些大門的磚塊，以及它們抵禦不同刺激的強度，因性別、基因、文化而異。求學時期，遇到無可避免的操場打鬥時，大家一定會避開鄧肯（Duncan），他是一個大塊頭的紅髮蘇格蘭人。他除了比其他人高出三十公分以外，還聲稱他的驚人力量是源自於「蘇格蘭人感覺不到疼痛」。此外，他出拳的力道確實很強。有趣的是，最近的研究顯示，紅髮人確實比較擅長抵抗某些類型的疼痛，包括電擊的疼痛，但他們對熱痛比較敏感。[19]這很可能是因為產生紅髮色素的第一型黑色素皮質素受體（melanocortin-1 receptor）基因突變，但目前大家對這種基因突變的影響所知甚少。

以下我們繼續使用城堡那個比喻。某種程度上，我們可以自己打開或關閉那些大門。「非疼痛」的受體（例如那些偵測振動的受體）受到實體刺激時，其實可以減輕疼痛。這也是我們搓揉剛撞到的膝蓋可以舒緩疼痛的原因，那樣做至少有暫時舒緩的效果。許多情況下，掌控這些大門的不是身體，而是大腦。身為醫生，我覺得從病人身上抽血及為病人打針，就像刷牙一樣稀鬆平常。然而，我自己去看醫生時，我對針頭的恐懼從童年至今從未減弱。從踏入診間開始，預期就啟動了；在候診室等候時，情緒會愈來愈緊張。連聽到「請萊曼醫生到第三診間」這種中性的說法，也會讓我心跳加速，心亂如麻。這種過度思考與情緒的結合，使打針這種小事感覺像被騎士拿著長矛刺穿身體一樣。為什麼我到現在仍畏懼打針，那又是另一回事了。也許我擔心為我打針的醫生或護理師恰好是我在醫學院認識那些打針技巧拙劣的朋友。

「史上最英式的對話」則正好相反。在一八一五年的滑鐵盧戰役中，英國貴族兼軍官阿克斯布里奇勳爵（Lord Uxbridge）與威靈頓公爵（Duke of Wellington）並肩作戰。阿克斯布里奇勳爵才剛率領一隊騎兵對法軍發動攻擊，炮彈就從頭頂呼嘯而過，擊中他兩邊的士兵及八匹馬。他筋疲力竭，被腎上腺素沖昏了頭，全神貫注在眼前的任務上。過了一會兒，他才注意到一顆法國炮彈炸斷了他的右腿。他的反應以英國腔來表達最為貼切：「天哪，我有一條腿不見了。」威靈頓回應：「天啊，沒錯！[20]」在伯明罕一家世界一流的軍事醫院裡，我與士兵多次交談。他們指出，在激烈的戰鬥中，即使嚴重受傷也可能感覺不到疼痛。古羅馬哲學家盧克萊修（Lucretius）曾寫道，當「散發著濫殺氣息的鐮刀戰車突然砍掉士兵的四肢」時，「內心的急切」使「他感覺不到痛苦」，「立刻重新投入戰鬥與屠殺」。[21]

✤ ✤ ✤

你有沒有想過，為什麼你的手指實際感到灼痛之前的幾秒鐘，你會把手從灼熱的盤子上抽離？身體在你思考之前，就先做出反應了，皮膚的反應有如光速那麼快。皮膚上的受體偵測到盤子的熱量，從你的手指發出神經脈衝（nerve impulse），透過一個感覺神經元（sensory neuron）把神經脈衝傳到手臂與脊髓。在脊髓內，神經脈衝透過一個微小的轉接神經元（relay neuron），傳給運動神經元（motor neuron）。接著，運動神經元的神經脈衝傳到肌肉，並啟動肌肉，把你的手抽離險境。這些都不是在大腦中發生的，是真正無意識的。約一秒鐘後，當來自慢痛神經（C觸覺纖維）的神經脈衝抵達大腦時，身體才會認出疼痛。

快樂的感覺往往很短暫，但痛苦的感覺往往揮之不去，這是一種奇妙的現象。痛苦會在皮膚上留下印記，有時甚至持續一輩子。皮膚受到傷害後，會改變一段時間，讓我們知道不要再傷害它了。我們曬傷時，即使是無意間摸到皮膚，也會感覺像刺痛的耳光；洗個溫水澡，彷彿把灼熱的岩漿淋在身上一樣刺痛。這種通常無害的感覺會帶來一種疼痛感，稱為觸感痛（allodynia）。最初的損傷（無論是曬傷還是裂傷）會導致多種分子發炎，包括名叫細胞激素（cytokine）的蛋白質及名叫前列腺素（prostaglandin）的脂質。它們降低了疼痛受體的閾值，使皮膚上的神經末梢在一段時間內特別敏感。前面提過，這是一種跨神經的雙向對話。神經末梢也會對疼痛做出反應，釋出發炎分子，進一步降低皮膚的疼痛閾值。整個皮膚都會對疼痛做出反應，以促使我們保護受損的組織，記取教訓。

但這無法解釋，為什麼身體損傷的痕跡完全消失後，皮膚的慢性疼痛仍會持續數月，甚至數年。皮膚神經末梢所受到的刺激與傷害，可能對神經的另一端——亦即位於脊髓的那端——產生長期的影響。神經連結之間的通訊變化，以及新連結的成長，都可能在脊椎中形成永久的「疼痛記憶」。所以，即使受損的皮膚已經完全修復了，這些神經細胞也會持續向大腦傳遞疼痛訊息。新的研究顯示，疼痛與神經損傷會在神經系統中產生「表觀遺傳」（epigenetic）變化，也就是說，神經系統的細胞組成從此以後永遠變了，留下最初疼痛的痕跡。[22]有趣的是，突觸溝通的變化，其實很像大腦中新記憶形成的方式。所以，經歷痛苦後，我們除了會產生認知記憶與情感記憶以外，還會產生疼痛記憶。

我去印度一家偏遠地區的醫院時，在那裡遇到一位病人，他的大腦持續保留著皮膚疼痛的感覺，即使那片皮膚早就不存在了。十年前，阿曼開著一輛色彩鮮豔的卡車，從印度東北部的平原出發，開往喜馬拉雅山上布滿叢林的山麓地帶（靠近緬甸邊境的某處），車程約十個小時。即使天氣好的時候，陡峭蜿蜒的山路也是泥濘小路，那是一段令人眩暈的可怕旅程。阿曼試圖在季風強烈吹拂下開車上山。車子爬到半山腰時，上方的山腰突然崩塌下來，土石流落在他的橘色卡車上，把整輛車衝下山坡。幸好，那輛卡車在幾公尺下方的懸崖上，撞上一大叢茂密的樹木，否則他肯定會摔死。不過，阿曼的右臂承受了著地的全部力量，前臂與手肘完全壓碎了。經過長時間的搶救，當地醫生決定在醫院進行肩部以下的截肢手術。我和阿曼談話時，他斷斷續續地因疼痛而露出痛苦的表情。他說，每天有好幾次，他都會感覺到整隻右臂還在身上，同時感覺到已經消失的手指好像被開水燙到似的。超過半數的截肢患者有類似的「幻肢疼痛」（phantom limb pain）。長期以來，我一直認為這種奇怪的現象是殘肢的受損神經末梢傳送異常的疼痛訊號給大腦所致。然而，相關的文獻指出，即使對殘肢做進一步的截肢以移除剩餘的神經末梢，疼痛也不會停止。事實上，那樣做反而會導致情況惡化。有趣的是，外科醫生發現，對截肢附近的部位做局部麻醉及全身麻醉時，幻肢疼痛的發生率便顯著下降。這表示，在截肢的過程中，身體形成「疼痛記憶」的方式，與大腦形成記憶的方式相似。對阿曼來說，這種記憶是以「看不見的皮膚出現灼痛感」的形式呈現。

✤ ✤ ✤

不過，很多人說，皮膚上有一種感覺比疼痛還難受。在《聖經》中，當撒旦必須挑選一種體罰方式來折磨敬畏上帝的約伯，使他變成無神論者時，他選擇了單純的癢。在但丁的《神曲：地獄篇》（*Inferno*）中，陷在第八層地獄裡的罪人承受著「無法抒解的強烈搔癢」。癢可以是最溫和的撫摸，也可以是最惡毒的折磨。某次造訪北非利比亞的沙漠時，一位二戰史學家告訴我，當地蒼蠅的小腳可使人奇癢無比，導致許多士兵陷入法國人所說的「沙漠瘋狂」（le cafard）。那些蒼蠅所帶來的搔癢不僅無法預測，無法抒解，也無法終止，甚至導致一名英國士兵試圖以左輪手槍射殺蒼蠅。

但發癢不見得都是討厭的外來者造成的。搔癢有時是來自**皮膚內部**。我以前看過一位病人，她為了抒解搔癢的感覺，抓破了腳踝皮膚，差點因感染而失去右腳。很多疾病可能導致內部搔癢，包括缺鐵、貧血、肝病。一種最奇怪的搔癢稱為水源性搔癢（acquagenic pruritus）：皮膚與水接觸後產生的一種神祕又強烈的搔癢。

這種令人抓狂的感覺有很多種成因。最廣為人知的或許是組織胺，那是發炎時皮膚的肥大細胞所釋出的分子，會引起過敏性皮疹或是類似蚊子叮咬的搔癢。搔癢之所以如此強烈，是因為它的緊迫性。從「癢」這個字在語言與文化中的運用——例如「想打一架」（itch for a fight）、「七年之癢」（seven-year itch）——可以看出，這種皮膚特有的感覺是身體在展現一種無法抑制的衝動。而搔癢的反應是抓癢，那種反應與極度歡愉有關，同時伴隨著罪惡感與內疚感。法國哲學家蒙田說過：「抓癢是自然界最美好的慾望發洩之一，雖然唾手可得，但悔恨亦緊隨其後。[23]」

傳統上把搔癢視為一種微弱的疼痛，原因很簡單：兩者都令人不適，並立即產生保護性的反應（疼痛使人把手抽離灼熱的盤子，搔癢則讓我們趕走有毒的蠍子或帶病的蒼蠅）；兩者都是由認知與情緒來調節。然而，一九八七年，德國科學家漢沃克（H. Handwerker）發現，這兩種感覺之間有一種奇怪的差異，因此推翻了傳統的觀點。[24]如果搔癢是「微弱的疼痛」，不斷增加「癢度」應該會變成真正的疼痛。然而，他的團隊在參試者的皮膚中注入更多劑量的組織胺後，參試者只覺得愈來愈癢，但沒有疼痛感。如今我們知道搔癢是一個與疼痛完全分離的系統，訊息是透過完全不同的途徑傳到大腦。一根搔癢神經纖維可以偵測到大面積皮膚的感覺（好幾平方公分，不像疼痛神經纖維只能偵測到幾平方公釐），而且神經脈衝慢很多，這是搔癢會逐漸減弱的原因。

最近一項研究也發現，一種叫做「腦利鈉肽」的分子（brain natriuretic peptide）會把搔癢的感覺從皮膚傳到大腦，不會觸發任何痛覺，那可能是為了幫新的止癢療法先奠定基礎。[25]疼痛與癢之間還有一種特別有趣的差異：對多數人來說，想到手在熱爐上燙傷或觀看暴力的好萊塢戰爭電影時，並不會引起痛覺；但光是提到蝨子，就讓人開始發癢。[26]一位德國教授講課時，第一張投影上有蟲子與人抓癢的圖片，第二張投影片顯示嬰兒的嫩皮照。一臺隱藏的攝影機顯示，學生看到第一張投影片時不自覺抓癢的情況比第二張多。[27]你讀到這裡，皮膚可能正在發癢也說不定。

我們看到昆蟲的照片或看到別人搔癢或抓癢時，也會想要抓自己的皮膚。目前我們還不知道這是什麼原因造成的。有一種理論認為，這種反應是為了清除皮膚上的寄生蟲，因為寄生蟲可能在一個社群內四處遊蕩。以前大家認為，這種社群的感染性搔癢是因為我們對群體的其他成員有同理心，所以感同身受，覺得很癢，開始抓了起來，進而減少自己被寄生蟲感染的機會——但事實上，這可能是一種比較衝動的反應，而不是同理心使然。二〇一七年，聖路易斯華盛頓大學醫學院的陳州豐醫生（Zhou-Feng Chen）發現，把一隻小鼠放進一個籠子裡，跟另一隻長期抓癢的小鼠在一起，牠也可能開始抓癢。[28]社群的感染性搔癢可能是先天的大腦設計，小鼠看到夥伴抓癢時，牠的大腦會立即釋放一種分子（稱為「胃泌素釋放勝肽」〔gastrin-releasing peptide〕），使牠也開始抓癢。阻斷這個分子後，小鼠就不會看到夥伴抓癢也跟著抓癢了。但是牠們接觸到誘發搔癢的刺激時（例如組織胺），還是會抓癢。這些不同的搔癢機制可為其他的社群性散播行為（例如打哈欠）提供一點線索。

疼痛與搔癢的世界很複雜，由此可見，皮膚與大腦是透過數百萬條獨立通路來溝通：從受體開始，沿著神經，進入大腦的各種未知區域。情感、記憶、認知把這些訊息的傳播推向不同的方向。不過，皮膚與大腦之間的距離不僅是實體的，也是哲理的。我們覺得我們是直接看到及感受到這個世界，但事實上，大腦構建的世界圖像大多是錯覺。我們都曾經歷過幻覺搔癢，那種感覺很真實，卻是大腦虛構出來的。在阿曼與他的幻膚例子中，他的大腦對那個早就不存在的肢體仍留著印記。在其他的感官中，我們也可以看到為什麼我們需要錯覺來因應現實。我們看到某人拍手時，會同時看到那個動作及聽到那個聲音。不過，大腦正在處理這兩種以不同速度傳輸的不同資訊，所以大腦看到的世界其實是約半秒前發生的事。這是因為抵達大腦視覺區域的纖維中，只有百分之二十來自眼睛，其餘都是來自大腦的記憶區。我們所想的現實，是我們利用感官在腦海中構建的世界形象。我們收到的訊息很有限，大腦會在無意間填補那些訊號的空白。皮膚的訊號接收有如一道橋，銜接起「外部世界的實體現實」與「我們的現實觀感」之間的落差（有時那條橋很長）。皮膚確實是大腦的延伸。

觸覺是一種非比尋常的感覺，它讓皮膚成為一種靈敏的儀器，可以偵察及保護我們的生命旅程。但皮膚與皮膚接觸時，會有一種看似神祕、近乎神奇的力量轉移。一九六〇年代，西尼．朱拉德博士（Sidney Jourard）展開多數學者夢寐以求的研究。這位加拿大的心理學家周遊世界（到一些很流行的地方），去觀察各地的人。他坐在咖啡館的角落，計算當地人一小時內互相觸碰的次數。結果發現，波多黎各以每小時一百八十次高居榜首，巴黎以一百一十次居次，但我的家鄉倫敦竟然一個小時內毫無人際觸碰，完全符合英國人一向保守、討厭觸碰的刻板印象。[29]儘管我們很少想到握手或拍背的效果，但研究顯示，日常的觸碰對我們的社交判斷有深遠的影響。

想像一下，你坐在巴黎一家虛構咖啡館的角落，像朱拉德博士那樣，留意周邊稍縱即逝的觸摸。你看到的一切觸摸效果，都在心理學研究中獲得了證實。[30]你左邊那桌坐著一對戀人，他們正在討論要不要預訂一個昂貴的假期方案。當時，男人的手指正停在手機螢幕的「支付」鍵上方，女人伸出手，握住男人的另一隻手，讓他感到放心。於是，他按下按鈕，預訂了假期，他們牽著手一起離開咖啡館。女人的觸摸可促使男人承擔更多的風險，但有趣的是，反之則不然。[31]牽手也是社交上的「連結訊號」，表示雙方之間有獨特的連結。在你的右手邊，一位女服務員正和一位顧客興致勃勃地交談，她把帳單放在桌上時，順手摸了一下他的上臂。這種潛意識的短暫社交接觸可能讓顧客多給一些小費，最多可多付兩成。在餐廳的另一角，離窗戶很遠的地方，一位神情緊張的年輕廚師正在接受主廚的面試，主廚的面前捧著一個沉重的寫字夾板。實驗顯示，拿著沉重的寫字夾板或資料夾的面試官，比拿著輕巧夾板或資料夾的面試官，更有可能錄取面試者。[32]這顯示，我們的觸覺對實體重量的感知，會影響我們對他人的智力或實力的看法。觸摸的扎實感會轉移到你對他人的評價上。

咖啡館的門邊有一張小桌子，一位業務員與客戶面對面坐在那裡。雖然這是他們第一次見面，客戶手中溫熱的咖啡讓她開始對業務員產生好感，她坐的軟墊子也讓她更有可能同意那筆交易。他們起身準備離開時，簡短地握了手。業務員也觸碰了客戶的前臂，讓他感到放心。他們各自帶著微笑離開——透過熟練、不經意的觸摸，業務員確保了下次再見面的機會。這時，一個男人走進咖啡館，他的大學老友很快地上前，給他一個熱情的擁抱。那擁抱釋放出一種強大的「幸福分子」組合，包括催產素與腦內啡，加強與確認了兩者之間的關係。在吧檯後方，穿著圍裙的咖啡師與服務生忙碌地處理客人的訂單，沒時間說話。他們偶爾會拍拍彼此的背，或打趣地互推手肘以互相鼓勵——這些都有助於團隊凝聚感情，改善工作環境。一些研究以籃球隊為研究對象，結果顯示，在球場上有較多身體接觸的球隊（無論是擊掌或碰拳），比那些接觸較少的球隊更有可能贏球。[33]如果研究可以探索網球的雙打搭檔相互碰拳是否也有類似的效果，那應該很有趣。

加州大學柏克萊分校的一項研究，以一堵薄牆分隔兩位陌生人。[34]一位參試者把手臂伸過牆上的一個洞，另一位參試者必須以僅僅一秒鐘的接觸來傳達一種情感。驚人的是，接受觸碰的參試者大多可以從短暫的觸碰中區分同情、感激、關愛、憤怒、恐懼、厭惡等感覺。

觸摸不僅僅是交流，也有療癒效果。在一二〇〇年代初期，神聖羅馬帝國的皇帝腓特烈二世（Frederick II）做了一個實驗。那個實驗在今天肯定無法獲得倫理上的認可。他著手探索人類的原始語言，他的實驗設計是在嬰兒出生後，隨即把母子分離，把嬰兒放在一個特殊的環境中，並禁止護理師兼研究人員在嬰兒面前說話，也禁止觸摸嬰兒。中世紀的義大利編年史家沙林賓尼·迪·亞當（Salimbene di Adam）率先記錄了這個故事，他寫道，腓特烈二世從未聽到那些嬰兒說出任何話，因為「嬰兒在毫無觸碰下無法生存」。[35]他們雖有進食，但還不會講話就夭折了。這種怪誕的實驗在歷史上不斷地上演。如今，仍有數千位羅馬尼亞人承受這種觸摸剝奪的創傷。二十世紀的下半葉，尼古拉·希奧塞古（Nicolae Ceausescu）為了增加羅馬尼亞的人口，在人手嚴重不足的羅馬尼亞孤兒院中養大一群孩子，這些孩子罹患身體與心理疾病（從糖尿病到思覺失調症等等）的比率，比該國的其他人民高出許多。[36]儘管其他因素也對這些人有影響（例如缺乏語言交流），但身體接觸顯然對身心的健康發展是必要的。那是一種充滿愛與同情的語言，對人類的發展非常重要。[37]

發人深省的是，我們對於「接觸」在人類發展與生存中所扮演的角色，大多是從這種照護危機中學到的。一九七八年，哥倫比亞波哥大母嬰研究院（Instituto Materno Infantil）的新生兒加護病房，因人手不足及缺少保溫箱而經營困難。最令人擔憂的是，那裡的嬰兒死亡率高達七成。愛德格・雷伊・薩納布里亞醫生（Edgar Rey Sanabria）決定嘗試一種特殊的方法。他要求母親把早產嬰兒緊貼在胸前，兩人肌膚直接接觸以取暖（等於取代了保溫箱），並鼓勵母親哺餵母乳。結果，嬰兒的死亡率出乎意料地降至百分之十。[38]顯然，對嬰兒來說，與母親的肌膚接觸有驚人的療癒效果。往後的數十年，這種「袋鼠式護理」（kangaroo care）在全球日益流行。愈來愈多的研究證實，母親或照顧者的皮膚有驚人的力量。[39]二〇一六年一項綜合研究發現，袋鼠式護理不僅改善了生命徵象（例如心跳和呼吸頻率），也有助於睡眠及體重增加。[40]另一項研究發現，在開發中國家，採用袋鼠式護理的嬰兒在出生一個月內死亡的機率降低了百分之五十一。[41]肌膚接觸的效用也是雙向的：那樣做對父母的心理也有助益（父親也可以從他與寶寶的肌膚接觸中受惠），可減少焦慮，增強育兒的信心。

觸摸的療癒效果不限於早產兒。我記得就讀醫學院的時候，曾旁觀一位家醫科醫生問診。她說「愛可以穿越皮膚」，並主張適時握住病人的手或友善地輕拍病人的後背，讓病人感到放心。當時，我對這種作法的效果感到懷疑。然而，不久之後，我讀到一項研究。該研究發現，患者進入磁振造影器（MRI），並被告知他們將接受電擊時，若有伴侶牽著他們的手，他們承受的壓力會顯著下降。[42]在另一項研究中，研究人員教參試者如何以充滿感情的方式觸摸對方，長時間實驗下來，他們感受到的壓力比對照組小，血壓也比對照組低。[43]研究持續證明，皮膚接觸與身體擁抱會刺激神經，釋放腦內啡與催產素，並啟動大腦中的獎勵與同情區域。如此衍生的短期快樂可能無法治癒感染或預防癌症，但確實可以減輕壓力及改善心理健康——兩者皆可增強免疫系統。不過，效益不是只有短期的化學變化。慈愛的撫摸就像動物梳理毛髮一樣，可以給後代帶來持久的「表觀遺傳」變化。那些關懷印記會伴隨孩子一生，可改善健康，減輕壓力。在老年人身上，研究也發現，觸摸阿茲海默症的患者可以幫患者與他人建立更好的情感連結，減輕這種疾病的症狀。

我十幾歲的時候，為了參加英國的鐵人三項團隊，花了很長的時間盯著游泳池底部的黑線，跑過泥濘的田野，騎單車在雨中奔馳。那也表示我接受了數百小時的運動按摩。按摩肌肉的效益似乎顯而易見，但我從來沒想過，皮膚與皮膚的接觸是否也對健康有正面影響。邁阿密大學蒂芙尼・菲爾德教授（Tiffany Field）的團隊發現，按摩對健康有很多好處。[44]造訪老年患者時，順便幫他們按摩，對他們的認知與情感功能的改善，遠遠超過單純的造訪。融入感情的按摩比沒有感情的按摩更有效益；即使是沒有感情的人力按摩，也比按摩椅做同樣的動作更有效益。按摩也證明對許多自閉症患者有很大的安撫作用，以前大家一直誤以為自閉症患者討厭任何形式的人體接觸。

幾千年前大家就知道，手的撫摸有療癒效果，但我們才剛開始瞭解它實際上是怎麼運作的。觸摸有一種強大的情感特質，在生理與認知上讓我們感覺被愛與放鬆，進而減輕壓力。這種大腦與身體對話的緩和，是以多種實體形式展現的，例如血壓降低、免疫力提升。觸摸的療癒力確實會影響我們的大腦與心靈，隨著研究的進展，人類觸摸的力量肯定會帶來更多的驚喜。

✤ ✤ ✤

皮膚的感覺能力也促成文明的發展，以及人類駕馭大自然。Technology這個字源自古希臘文的techne和logia，可以粗略地翻譯成「手藝研究」。我們可以利用手指來創造及掌控資訊，進而創造社會——從操控工具到雕刻象形文字，從一分鐘打字輸入一百字到操作智慧型手機的觸控螢幕。以前的「電阻式」觸控螢幕在你按下螢幕時，螢幕會偵測到玻璃的彎曲，並向手機的電算中心發送電訊。最近推出的「電容式」觸控螢幕，則是利用皮膚比較不為人知的特質。在電容式觸控螢幕玻璃的正下方，有一個狀似紐約市街道平面圖的東西。從上往下是極細的導電金屬線，名叫「驅動線」（driving line），提供恆定的電流。從左往右是偵測電流的「感測線」（sensing line）。手指觸碰到螢幕時，就會吸引電流，產生電壓降（voltage drop）。螢幕上縱橫交錯的電線所產生的靜電場會被扭曲，並把詳盡的資訊傳到手機的電算中心，例如位置、功率等等，以及（滑動時）觸摸的方向。[45]我們的指尖無法像宙斯那樣產

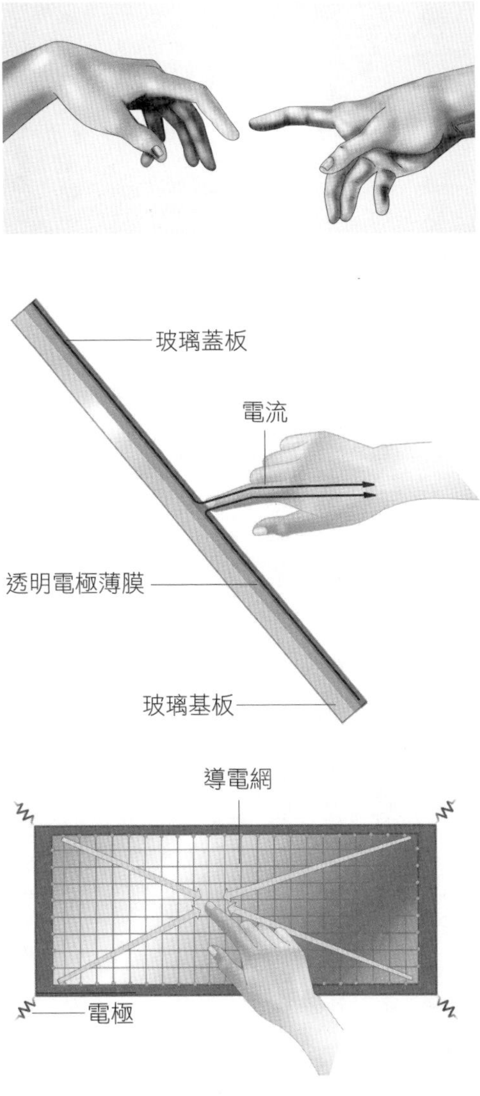

觸控螢幕

生閃電，但人類的皮膚是一種導電材質。無法導電的物質無論施加多大的壓力，都無法觸發導電的觸控螢幕。這是戴上手套就無法操作觸控螢幕的原因。下次你用手機瀏覽社群媒體時，會驚嘆皮膚也是電子產品的一部分。

相反地，皮膚上極其敏感的結構也可以與技術結合以接收資訊。十九世紀初，一位傑出的法國人發現了這點。路易士．布萊爾（Louis Braille）的父親是巴黎東部最好的馬鞍匠。布萊爾從小就只想繼承父親的事業。他常在皮革車間裡走動，模仿父親熟練的製作技巧。布萊爾三歲時，某天早晨，他的父親走出車間去和一位顧客聊了幾分鐘。布萊爾拿起一把鋒利的縫紉錐，試圖在一塊皮革上打一個洞。錐子從他的手中滑落，戳傷了他的左眼。後來感染擴散到右眼，導致他在五歲時永久失明。當時多數的盲人只能出去乞討謀生，但布萊爾很幸運，父母為他製作了一根木製手杖，並鼓勵他靠摸索來生活。十歲時，他進入巴黎一所專為盲人設立的學校就學，那所學校是由「盲人教育之父」瓦朗坦．阿維（Valentin Haüy）創立的。當時可供盲人閱讀的書籍很少，既有的盲人書是使用阿維那套笨重的系統製作的：把浮雕的鉛塊塑造成字母，壓印在超大的書頁上。布萊爾的思考速度比閱讀阿維那套系統的速度還快，那種速度落差令他難以忍受。後來，布萊爾在偶然間發現了查理斯．巴畢爾（Charles Barbier）的發明。巴畢爾是法國的陸軍上尉，他發明了「夜寫」（night writing），那是一種由十二個點所組成的祕密軍事密碼。夜寫雖然是阿維系統的改良版，但依然麻煩，而且難以理解。布萊爾的天才之處，在於他把那套代碼簡化為兩列的六個凸點，只要用單指觸摸就能辨識字母。[46]有了這套基本又巧妙的技術，布萊爾發明了一套系統，使成千上萬的視障人士能夠透過觸摸來閱讀。

關於我們如何透過觸摸來接收資訊，這方面的現代進展是出現在觸覺技術（haptic technology）上。那是透過振動與移動，把資訊傳給使用者。我還記得小時候玩電動玩具時，當賽車偏離賽道或被敵人炮火擊中，電玩控制器會震動，發出嗡嗡聲。後來科技突飛猛進，如今「觸摸溝通」是虛擬實境（VR）的最新領域。戴上VR頭套，很容易模仿視覺與聽覺的刺激，但少了觸覺就不可能完全沉浸其中。賓州大學的凱薩琳．庫琴貝克（Katherine Kuchenbecker）指出：「缺少觸摸使人無法暫停懷疑VR。[47]」她的團隊幫忙開發出一種數位套管控制器，那種控制器可以透過不同頻率的震動，再現觸摸多種物體的感覺。[48]它還可以偵測手指在空間中的位置，並計算出一種波力（稱為「動態觸覺波」）。當手指改變方向時，這種波力會讓人覺得虛擬的物體變得不一樣。把振動與移動以及其他視覺與聽覺的感官輸入混合在一起，會讓大腦誤以為我們是握著實體的東西，但實際上我們只是握著空氣。這項技術的應用範圍很廣，例如，上網買衣服之前可以先感覺衣服的面料；實習外科醫生還不能對真正的病人動手術時，可以先用這種技術來「感覺」設備對人體器官的牽拉效果。

在把機器人變得更像真人方面，已經有很大的進展。現在，機器人可以製造汽車，進行極其精確的手術。他們可以對話，甚至發展出自己的語言。機器人下棋時，想得比我們還多；它們在診斷疾病方面，也比醫生厲害。一部機器人寫的小說甚至入圍了日本文學獎的候選名單。有很多研究探索機器人如何模仿人類的觸摸，大家特別希望將來可以開發出逼真的義肢。最近，我很喜歡請教一位在機器人研究中心任職的朋友，問他機器人技術的未來以及那種技術將如何改變世界。在問了「機器人會取代我的工作嗎？」和「機器人會接管世界嗎？」這類常見的問題後（我確定他以前從未被問過這兩題），我問道：我們能不能製造出表面複製人皮的機器人，進而模擬人類觸覺的複雜性。他的回答很有道理：「問題是，說到觸摸，我們只把皮膚視為神經末梢的終端。要機器人拿起一組鑰匙已經夠難了，要它們去感覺那又是另一回事了。」有朝一日，我們也許可以為機器人開發出一種仿生皮膚，完全模仿「四大神奇」機械性受體的能力（從滑動偵測到力道控制）。[49,50]事實上，二〇一七年研發出一種可拉伸的機器人皮膚，那可以偵測到剪應力與振動的粗略變化。[51]但是，透過皮膚傳達、傳輸、接收情感的能力，以及如何以無數複雜的方式把實體與社交結合起來，在目前仍超出工程學的極限。也許觸覺正是讓皮膚成為最重要人體器官的關鍵。

觸摸技術與機器人觸摸的最新發展充滿了諷刺。我們的社會正面臨「失去接觸」的危機。我們比較習慣以手指跟手機螢幕互動，而不是給別人一個安慰的擁抱或拍拍後背的安撫。這種最古老的感覺是神祕的，有時甚至難以形容。我們不該忘記觸摸有促進情感交流、社交關係、健康與生存的功效。觸覺使皮膚同時具有生理性、情感性、超然性。在西斯汀教堂的天花板上畫出那個神妙接觸圖的義大利藝術家知道這個道理，誠如他所說的：「觸摸可賦予生命。」

7
心理皮膚
心理與皮膚如何相互形塑

「你會想盡辦法隱藏，無止盡地自我反省。」

約翰．厄普代克（John Updike），《自我意識》（*Self-Consciousness*），〈與我的皮膚奮戰〉（At War With My Skin）這一章是寫他與乾癬在身體、心理、社交上的奮戰

馬賽小屋*（Squat Maasai）坐落在村莊的邊緣，那個村莊位於一大片草原上，與塞倫蓋蒂**（Serengeti）接壤。我盤腿坐在地上，面向著招待我們的主人雷米（Remi）。雷米邀請我與當地的醫生艾柏特（Albert）來這裡，跟我們分享他對馬賽草藥的廣博知識。我們討論了熱帶草原植物對人類與牛的藥用價值（對當地人來說，牛比人更重要）。

我們談了一會兒後，雷米把一個十四歲的男孩叫進小屋裡。村裡的人與那個男孩的家人

都認為他得了一種「不治之症」。男孩的前額與雙頰上出現塊狀的紫色皮疹並起水泡，但身體的其他部分都不受影響。每次他睜開眼睛，眼皮周圍的水泡就使他痛苦不堪。那個症狀是幾個月前爆發的，並持續惡化。艾柏特要我診斷那是什麼病，我對男孩臉上那些奇怪的疹子與水泡也困惑不解。我向艾柏特瞥了一眼，他看起來也很困惑。我們問了幾個問題後，得知那個男孩很快就要變成「磨忍」（moran，亦即戰士）了。成為戰士需要經過考驗，包括去離家很遠的地方徒步旅行數個月。以往成為戰士的傳統考驗，是拿長矛刺殺獅子，如今的考驗顯然好不到哪裡去。隨著男孩講述他的情況，我們逐漸明白，他用某種大草原植物的葉子偷偷地擦臉，當地人普遍知道那種植物的化學物質會引起陽光過敏並起水泡。他刻意模仿——其實是創造——一種皮膚病，以便待在家裡，迴避那個成人儀式。這種因患者想要模仿皮膚病而刻意傷害皮膚的疾病，稱為「人為皮膚炎」（dermatitis artefacta）。那是一種心理問題的生理展現。人為皮膚炎除了假裝生病以外，也可能伴隨許多心理問題出現。例如，遭到虐待或創傷後想要引起關注、孟喬森症候群***（Munchausen syndrome）的就醫渴望。[1] 艾柏特戲

*譯註：馬賽人（Maasai）是東部非洲的遊牧民族，主要活動範圍在肯亞的南部及坦尚尼亞的北部。

**譯註：非洲坦尚尼亞西北部至肯亞西南部的地區。

***譯註：透過描述或幻想疾病症狀，假裝自己有病，甚至主動傷殘自己或他人，以博取同情的心理疾病。

稱那個男孩罹患「週一症候群」，因為不想上學的孩子常有那種現象。皮膚病，尤其是肉眼看得見的皮膚病，不僅是生理上的，也是心理上的。

皮膚就像大陸的海角，那裡可以看到心理與身體交會的模糊邊界。心理皮膚學（psycho-dermatology）是比較新的領域，這門學問就是在這條模糊的邊界上遊走，介於可見與不可見之間。[2]有趣的是，大腦與皮膚在胚胎中是由同一層細胞（外胚層〔ectoderm〕）發育出來的，它們似乎在我們的一生中多次重逢。皮膚與心理之間的動態關係曾是一個充滿神祕、令人懷疑的領域，如今則持續獲得科學的證實。

皮膚與心理的互動極其普遍，但顯然被忽視了。它們可以分為三種，但需要注意的是，它們不是完全獨立的：

1. **心理影響皮膚**：心理狀態影響皮膚的生理狀態，例如心理壓力導致乾癬惡化。
2. **皮膚影響心理**：明顯的皮膚病可能對情緒與心理產生影響，例如青春痘常伴隨憂鬱。
3. **表現在皮膚上的精神病**：例如強迫性的抓皮（皮膚搔抓症〔dermatillomania〕）、那個馬賽男孩的人為皮膚炎。這些疾病比第一種與第二種情況罕見，通常更不尋常，但後果可能不堪設想。

想像一下，你也坐在那群開心的村內長老旁邊。如今，那個男孩長水泡的祕密終於揭曉了，大家都鬆了一口氣。漫長的回城之路正等著我們，於是，我們向村民道別，向汽車走去。我們駛出圍牆時，你把外面的景觀盡收眼底。太陽開始沒入地平線，塞倫蓋蒂沐浴在金色的餘暉中，平頂的相思樹投射出淡淡的長影。你覺得非得拍下最後一張照片不可，所以你離開團隊，去找完美的拍照點。五分鐘後，你獨自站在滿布沙塵的山丘上，透過相機的鏡頭凝視著風景。

這時，前景中出現某個東西，引起了你的注意。

在不到五十米遠處，一叢雜草依稀掩蓋著後面那頭結實強健的母獅，牠正注視著你。你的存在頓時鮮明了起來。你嚇呆了，馬上回神，並注意到胸膛怦怦跳，肺部也在擴張。你敏銳地注意到身上每塊肌肉的存在，它們為快速、激烈的行動做好了準備。當下唯一重要的是，你究竟要逃跑，還是奮戰。你的膀胱與腸子準備排空；心臟跳動得更快更猛，以便把氧氣輸送到肌肉，讓肌肉為奮戰做好準備。血液從臉部流走，取而代之的是大量的汗水。你的毛髮豎起，進入備戰狀態，每個毛囊似乎都在模仿整個身體正在發生的事情。

這就是壓力的樣子與感覺。當然，壓力非常重要。這種「戰或逃」的反應，是某種神經

（統稱為「交感神經系統」）無意識地觸發所引起的。它使我們暫時變成超人。上千年來，那一直是人類生存的關鍵。統計資料顯示，你可能不曾和獅子生死對峙，但你可能還記得你去重要的工作面試或公開演講前的幾分鐘，也曾出現類似的狀況。皮膚之所以重要，不止是因為這些反應是發生在幾秒或幾分鐘內（排汗可降低體溫以利奮戰；臉部的血液流失是為了把血液送往肌肉），也因為皮膚在後續的幾小時或幾天依然有變化。在出現「戰或逃」的反應後，接下來的那段期間，皮膚的整個免疫組成也變了。這種心理壓力會導致皮膚發炎好幾天，那可能是為了讓皮膚做好準備，以對抗獅子咬傷所造成的感染。[3]但是這種「戰或逃」的反應肯定不是心理壓力影響皮膚的唯一方式。

在承受壓力時期，大腦中名叫「下視丘」的小區域會分泌「促皮質素釋放激素」（corticotropin-releasing hormone，簡稱CRH）。ＣＲＨ會刺激腦下垂體（pituitary gland，也位於顱骨內）分泌「促腎上腺皮質激素」（adrenocorticotropic hormone，簡稱ACTH）。ＡＣＴＨ傳送到腎臟上方的腎上腺，促使它分泌皮質醇（cortisol）。皮質醇與ＣＲＨ對皮膚發炎有強大的作用，但令人困惑的是，它們在某些情況下可以增加發炎，也可以減少發炎。皮質醇可以增強免疫力與增加發炎，但是高濃度的皮質醇又可以抑制發炎。抑制濕疹發炎的類固醇藥膏就是常見的例子。這些乳霜含有高濃度的皮質醇，目的是減少身體的自然免疫反應。心理壓力刺激皮膚的另一種管道，通常稱為神經源性發炎（neurogenic inflammation，由神經系統引起的發炎）。皮膚的神經末梢含有許多發炎物質，其中最著名的是「P物質」（substance P）。[4]神經末梢在壓力下釋放這些物質，導致混亂。腎上腺素、CRH等荷爾蒙，以及P物質等神經傳導物質分子，會導致「肥大細胞」（相當於皮膚上的地雷）釋放強大的發炎分子。這些分子增加了皮膚血管的直徑與通透性，讓人體免疫系統的細胞盡快到達現場，但它們也刺激了神經末梢，導致搔癢及發炎物質的進一步釋放。於是，我們便陷入每況愈下的發炎漩渦。

心理壓力甚至會改變皮膚免疫系統的特質。「輔助T細胞」（T helper cell）是皮膚中的關鍵免疫細胞，可分成許多亞型，每種亞型都有不同的「個性」。人類通常有健康平衡的第一型輔助T細胞（T helper 1，簡稱T_H1）與第二型輔助T細胞（T helper 2，簡稱T_H2）。第一型通常是負責對抗細胞內的病毒與細菌，第二型是負責攻擊細胞外的細菌與寄生蟲。心理壓力會使這種平衡往T_H2環境發展，導致濕疹中常見的紅色搔癢發炎症狀。[5]研究顯示，即使是不斷響起的手機所帶來的溫和壓力，也可能完全改變皮膚的免疫性質。在承受急性（短期）的心理壓力下，免疫反應會增強，不僅皮膚中的免疫細胞（例如肥大細胞）被啟動了，其他的免疫「士兵」也會從身體的其他部位，透過血液被徵召到皮膚來。發炎是為了幫皮膚做好準備，以因應母獅咬傷所造成的感染，此外，它也有一種「輔助」作用。那表示壓力會刺激免疫系統，使它更能夠辨識從皮膚傷口進入體內的新外來微生物。二〇一七年的一項研究發現，皮膚中的幹細胞其實可以「記住」發炎，使同部位的傷口更快癒合及消散。[6]這種短期的發炎是為了保護我們，但是對已經有皮膚病的人來說，那是造成討厭的乾癬或青春痘爆發的原因。

慢性（長期）壓力可能持續幾天到幾個月不等，有些可能更久——那是一種截然不同的怪獸。長期壓力會增加發炎，也會降低免疫反應，兩者都是不好的。本質上，它會導致皮膚失衡與疾病惡化。以濕疹為例，長期壓力使「Th1—Th2」的平衡偏向Th2，導致病情惡化。慢性壓力也會加速皮膚與附屬器官的老化。在歐巴馬八年的總統任期中，他的頭髮照片一路排下來，幾乎可以做成一套灰色系的色票。總統這個職位的壓力也明顯地展現在他臉上的細紋與皺紋上，那些紋路出現的速度比自然老化的速度還快。荷蘭攝影師克雷爾・費利西（Claire Felicie）在短短一年內目睹了這個流程。她拍攝荷蘭海軍到阿富汗部署前、部署期間、返國後的照片。在那些令人震撼的照片中，可以看到壓力產生微妙但顯著的老化效應。[7]

乾癬與壓力的關係最為密切。針對歐美人士所做的調查顯示，情緒壓力是引發乾癬的首因。[8]二〇〇八年金融危機爆發後，乾癬與濕疹的就醫紀錄創下新高峰，一點也不令人意外。[9]對很多人來說，乾癬是一種惡性循環，有時會失控。癬斑導致身體不適與社交焦慮，這些身心壓力又會導致病情惡化，而且常擴散到更顯而易見的皮膚區域，導致更大的壓力、社交排斥、憂鬱與焦慮。

此外，一些有力的證據也顯示，長期壓力會消耗及阻礙皮膚免疫細胞的守衛功能，這稱為「免疫抑制」（immunosuppression）。你可能曾經因為壓力太大，導致嘴邊長出唇皰疹，或皮膚出現帶狀皰疹。那兩種症狀分別是單純皰疹病毒（herpes simplex）、水痘帶狀疱疹病毒（varicella zoster）引起的，它們都屬於皰疹家族。這些病原體的獨特之處在於，它們有「潛伏期」。這表示它們一旦感染了人類宿主，就會靜靜地與宿主共處，一輩子都偎依在神經末梢上，等候重新啟動的時機。至於它們為什麼會重新出現呢？一個理論主張，長期壓力抑制了皮膚的免疫系統，那可能給那些潛伏的病毒突破皮膚防衛的良機，出來戰鬥。[10]雖然大量的軼事不算資料，但第六章提到我在大考前突然爆發帶狀皰疹並非巧合。有些皮膚科醫生可能會說，那是隨機出現的，或是我改變飲食習慣（把披薩當主餐）造成的。但是，我們知道心理壓力對皮膚有一定的影響，所以心理造成的身體疾病並不足為奇。

如果以上的資訊帶給你很大的心理壓力，請放心，因為這些資訊也令許多投身這個領域的科學家感到困惑。如果有人（或想向你兜售東西的企業）試圖明確地解釋大腦與皮膚之間的關係，請抱持懷疑的態度。大腦與皮膚不是二元化的運作機器，它們是複雜、動態、波動的環境。我們唯一能確定的是，心理壓力絕對會影響皮膚，它會使既有的皮膚病惡化（例如濕疹、乾癬、青春痘、脫髮、搔癢症），也會讓一些微生物有機可趁，攻入人體。所以，皮膚在某個時點也可能感受到生活的壓力與緊繃。

當然，就醫治療皮膚病的生理層面非常重要，但皮膚突然出現問題時，也可能是一種心理狀態的警訊，它提醒我們：壓力太大了，或你累積了太多的情緒與心理壓力。我們的生活中充斥著業績目標、以軟體修飾過的模特兒照片，以及社群媒體上不斷出現的「完美」生活形象。那可能讓人覺得自己永遠陷在拼命追趕的遊戲中，處處不如人。無論是在職場還是在家裡，好像你都必須隨時努力改善自己。由於壓力及其症狀因人而異，所以有多種治療形式。有些人可能只要減少工作量，一週中騰出時間休息與冥想，尋求認知行為療法（或其他對個人有效的放鬆方法），或找醫生聊聊就行了。一項研究追蹤接受光照治療的乾癬患者，那些同時也接受認知療法（如冥想）的患者，消除乾癬所需的光照治療少了四成。[11] 意象（通常與催眠結合）也有效果。一位乾癢的濕疹患者告訴我，在發病期間，她會想像自己在一個潮濕、細雨綿綿的英國下午，被一輛路過的汽車濺了一身水。那幅圖像所產生的濕潤、降溫效果，慢慢地減弱了濕疹的乾癢，因此加速了療程。心理壓力可能透過各種管道，造成身體的疾病。雖然乳霜與藥物可有效地滅火，但真正的治療需要從問題的根源著手。減少長期壓力是維持舒適與快樂的好方法，還可以擁有健康的皮膚。從心理去療癒皮膚是有可能的，在某些情況下，也是必要的。

對許多人來說，壓力對皮膚的影響是緩慢且微妙的。不過，有一種幾乎普遍存在的人類體驗，是讓內心深處的思維瞬間浮現在人體表面上：臉紅。我們都知道那種情況，例如，你在會議中提出一個問題，但問了以後才意識到答案早就顯而易見，而且已經討論過了。你覺得尷尬極了，臉部開始感到刺痛、潮濕、發燙。你覺得現場所有的目光都集中在你身上。這時，如果旁邊有人雞婆地說：「你臉都紅了！」你的臉又會紅得更厲害。

我們發現某個情況很尷尬時，身體會釋出腎上腺素（一種引發「戰或逃」反應的化學物質）。那會擴張血管，使血液流向臉部、耳朵、頸部。臉紅（blush）通常是局限在這些區域，那與「潮紅」（flush）不同。潮紅會影響其他的皮膚區域（例如軀幹、手、腳），通常是由藥物、酒精或疾病造成的。臉紅可能也涉及許多其他的分子與受體，但令人驚訝的是，我們對臉紅背後的科學所知甚少。部分原因在於它很難衡量，各種膚色的人都會臉紅，但在淺膚色的人身上比較明顯。一位黑人朋友說：「我的姐妹與母親從一英里外就可以看出我臉紅了，但不認識我的人很難看出來。如果森林裡沒有人，一棵樹倒了，它有發出聲音嗎？*」這充分顯示，臉紅的關鍵在於別人有沒有發現。即使你不喜歡別人的關注，別人看出你臉紅了也很重要：因為皮膚正在交流。

關於臉紅的一大謎團是：為什麼人類先天有這種能力？科學家、心理學家、社會學家都覺得臉紅很有意思。在《人類與動物的情感表達》（*The Expression of the Emotions in Man and Animals*）中，達爾文寫道：

「臉紅是所有的表情中最奇特、最有人性的一種……我們可以透過搔癢來引人發笑，可以透過攻擊讓人飆淚或皺眉，也可以因為害怕疼痛而顫抖，但任何實體作法（亦即對身體做任何動作）都無法讓人臉紅，那需要從心理著手。臉紅不僅是不由自主的，而且你愈想壓抑它，反而愈容易臉紅。」

達爾文認為臉紅是人類獨有的，那是一種在社會環境中因尷尬與自知之明，而不自覺引起的生理反應。我們獨處時，若是感到尷尬或羞愧，不會臉紅。臉紅似乎是因為我們在意別人對我們的看法而產生的。研究已經證實，光是有人告訴你「你臉紅了」，就會讓你臉紅。[12]我們覺得別人好像能看透我們的皮膚，看穿我們的內心。然而，我們不自覺地臉紅時，有時雖然很想馬上消失，無地自容，但心理學家認為，臉紅其實有正面的社交目的。我們臉紅時，是對他人發出一種訊號，說我們意識到自己打破了社會規範，那是我們對個人失態的一種道歉。也許我們在大家面前短暫地鬧笑話，有助於團隊的長期凝聚力。有趣的是，一個人在犯下社交錯誤後臉紅，大家對他的看法比那些不會臉紅的人好。[13]

如果你和許多人一樣，有臉紅畏懼症（erythrophobia）——亦即害怕臉紅——請放心，臉紅其實有正面的意涵。而且，臉紅通常不像你想的那麼明顯，大家很快就忘了。研究顯示，那些害怕臉紅的人往往高估了臉紅的代價。[14]但是，如果你真的臉紅了，有一些簡單的小技巧可以減少臉紅。首先是放鬆臉部，微笑是最好的方法。研究證實，微笑不僅可以減少臉紅，而且幾乎可以抒緩任何社交情境。另一種技巧是刻意把你的注意力從臉紅轉開。深呼吸，集中精力把空氣吸入肺部，然後輕輕地吐氣。這說起來比做起來容易，但效果很好。有些人發現，從心理把熱度從臉上移開很有效，你可以對自己說「冷靜下來」：想像你把一桶

*譯註：沒人聽見的聲音也算是聲音嗎？這是一個經典的哲學問題。

冰水淋在身上，或是專注地把臉上的熱度轉移到緊握的拳頭上。保濕（補充水分）也很重要，那可以減少臉紅的頻率與明顯度，還有額外的好處：誠如第三章所言，保濕對皮膚與身體的健康都有助益。

尷尬不是使皮膚變紅的唯一情緒狀態。我的第一位數學老師史特林先生（Stirling）是個很沒有耐心的人。我一直很好奇，為什麼一個那麼討厭孩子的人會想要當老師，而且以他發脾氣的頻率來看，我也很好奇他是怎麼設法保住那個飯碗的。他一進教室，最初五分鐘是背對著大家，開始在白板上寫一題很難的數學題。接著，他一言不發，把肥胖的身軀轉過來面向全班同學。然後，他以顫抖的手臂舉著麥克筆，玩起一種奇怪的「釘上驢尾巴」（pin the tail on the donkey）遊戲。*他的搜尋目光會隨機地停在班上某個同學的身上。這次他直接指向我。

「你！上來解這題！」

我盯著那一堆艱澀的符號與數字看了許久，根本不知道怎麼解題。我支支吾吾了一會兒，但感覺好像過了好幾個月。我可以感覺到紅色的刺痛感從脖子往上爬，全班共二十雙眼睛盯著我看，我開始臉紅了。但那種感覺與史特林先生相比，根本不算什麼。當他因憤怒與不耐煩而顫抖時，他的光頭開始閃著汗水，太陽穴上的青筋似乎開始膨脹，接著鬧門就爆開了。他的臉突然漲得通紅，像個即將破裂流膿的膿腫。

「你不解題的話，我就把你趕出去！」

有些人的臉會因為憤怒而「滿臉通紅」。他們生氣的時候，供給頭部與頸部的頸動脈會擴張，迅速增加流向臉部的血液。那可能是一種安全閥，以因應氣急敗壞時血壓飆升的危險狀態。另一個原因是，在「戰或逃」的反應中，漲紅的臉（本質上是一種危險的顏色）可能是一種警告訊號。也就是說，皮膚在大叫：「避開！」避開史特林先生確實是個好主意。

✤ ✤ ✤

心理也會以汗水的形式，出奇不意地出現在皮膚上。在緊張、不舒服、尷尬的時候，我們會冒「冷汗」。而且，冒汗就像臉紅一樣，我們一想到冒汗，反而會使情況惡化，冒出更多的汗。「戰或逃」反應會啟動交感神經系統，而交感神經系統的激發會啟動皮膚中的汗腺。

不過，有時出汗太多（多汗症〔hyperhidrosis〕）不是心理因素。有些快速的解決辦法可以打破流汗的惡性循環，以及伴隨流汗而來，甚至導致流汗加劇的擔憂。這包括穿著可隱藏

＊譯註：遊戲的參與者必須蒙上雙眼轉圈，感到暈眩後，就開始找掛在牆上一隻紙驢子，為它釘上尾巴。

汗水（即白色或黑色）的寬鬆衣服，避免含咖啡因飲料之類的刺激物，每天使用止汗劑，而不止是除臭劑。如果一般的止汗劑無效，那就改用鋁化合物含量較高的止汗劑，因為鋁化合物會擋住汗腺。這些產品通常是採用滾珠形式，在夜間使用。常見的副作用是皮膚過敏，那通常是為了止汗所付出的小小代價。

二〇〇〇年代初期，有謠言指出，止汗劑中添加的防腐劑會增加罹患乳癌的風險。[15]這個迷思可以追溯到一些垃圾郵件。綜合一些證據來看，止汗劑（含鋁或不含鋁）與乳癌之間沒有因果關係。[16]鋁的短期毒性效應很難衡量，因為我們很難評估有多少鋁能穿過皮膚的屏障。然而，科學界普遍認為，使用建議的劑量時，沒有安全上的疑慮。強力止汗劑或吸汗墊的好處是，即使它們只能讓出汗量稍微減少，那也可以讓使用者比較少想起出汗的煩惱，那就能進一步改善情況。

就像壓力造成的皮膚發炎一樣，如果臉紅與出汗已經造成生活上的問題了，就醫尋求協助沒什麼好丟臉的。心理療法與放鬆技巧已經證明可以減少焦慮，而焦慮往往是那些不適經驗的根源。在極端的情況下，當其他的療法都失敗時，有專門的外科手術已經證明可以有效地解決這兩種狀況，但絕大多數的情況其實可以採用比較保守的介入方式。如果問題是隱藏在皮膚的屏障後方，而且皮膚似乎不聽從大腦的指示，那麼最簡單、最有效的對策之一就是找人談談，無論是找專業醫師或是朋友都可以。

✤ ✤ ✤

某種程度上來說，臉紅與出汗是在皮膚表面展現出未說出口的想法，所以人類試圖利用這些功能也許一點也不奇怪。人類很早就知道，皮膚有不斷變化的電活動——從皮膚的傳導力可讓人類與智慧型手機的觸控螢幕互動，即可證明這點。一八七八年，瑞士科學家赫曼（Hermann）與呂赫辛格（Luchsinger）發現，掌心的電力活動變化最強。這點使他們發現，含有水與電解質的汗水是增加電訊的最大因素。[17]不久，科學家就注意到，皮膚的「膚電活動」（electrodermal activity）中，那些不起眼的微小變化，可能與潛意識的激發（arousal）情緒狀態直接相關。據傳，知名的瑞士精神分析學家卡爾・榮格（Carl Jung）看到內心深處的想法透過皮膚滲透出來時，曾經驚呼：「啊哈！這是窺探無意識世界的鏡子！[18]」

科學家發現汗水會洩露我們的祕密後，這項發現迅速促成了一種爭議性設備的開發。那種設備後來影響了全球數千人的人生：測謊儀（polygraph）。一九三〇年代，里奧納多・基勒（Leonarde Keeler，他的名字是以博學家李奧納多・達文西〔Leonardo da Vinci〕的名字命名的）把膚電活動併入衡量血壓與心率的新興機器中，試圖偵測出欺騙的行為。[19]一九三五年，美國法庭首次採用基勒測謊儀的結果作為證據。當測謊儀左右威斯康辛州某個陪審團的決定時，基勒宣稱：「在法庭上，測謊儀的結果和指紋證明一樣可靠。[20]」如果測謊儀可以達到百分之百的準確度，那可以說是正義與科學的勝利，但事實並非如此。測謊儀是衡量激發，但無法區分情緒（究竟是內疚還是憤怒）。濕度、溫度、藥物等許多因素都可以改變膚電活動，從而改變偵測結果。想騙過測謊儀是有可能的，而那些有反社會人格的人格障礙者（通常稱為「精神變態者」）在審訊過程中不會出現任何情緒激發。雖然如今美國與多數歐洲國家已經禁止把測謊儀的結果當成法庭證據，過去以這種爭議性機器取代陪審團的作法，已經造成可怕的後果。二〇〇六年，當DNA證據終於證明傑佛瑞．德斯科維奇（Jeffrey Deskovic）強姦及謀殺一名十五歲女孩的罪名是誤判時，他在入獄十六年後獲判無罪。他的定罪幾乎完全是因為測謊儀失靈，接著被強迫認罪所造成的。[21]

比較正面的消息是，現代的研究發現，測量膚電活動其實可以對抗壓力。Pip是一種小型的手持裝置，每秒追蹤膚電活動八次，並把資訊傳到智慧型手機或電腦螢幕上，資訊比較精確，可以讓你知道自己目前的壓力狀態。它也結合了電玩的得分機制，以提供正面強化的效果。當你減少膚電活動時，就可以得分。這類裝置可以有效幫人降低壓力。這種「生物回饋」（biofeedback）療法可以讓人平靜下來，舒緩身體，有可能改善從心臟病到偏頭痛等多種身體疾病的症狀與進展。

膚電活動也被用來研究另一種顯著又神祕的皮膚現象：震顫（frisson）。聽到一段令人振奮的古典音樂，或喚起特別回憶的流行歌曲時，你可能會感到一股溫暖、愉悅的撼動，從脊椎的皮膚往上竄升，使你的脖子、臉、手臂都起了雞皮疙瘩。如果你有這種感覺，你就屬於三分之二可體會到震顫（或稱審美顫抖）的人。當心理完全掌控皮膚時，電影中動人的場景或特別美麗的圖畫都可以觸發這種強大的感動。不過，音樂最容易讓人產生震顫。[22]我本來以為「情緒化」的人比較容易在聽音樂時產生震顫，但研究顯示，觸發震顫的原因是對音樂的認知投入。如果一個作曲家想刺激聽眾的皮膚，曲子一定要生動。音樂科學家的研究讓我們知道，當我們的預期遭到突破，以出乎意料的正面方式呈現時，就會讓人產生震顫。衛斯理大學（Wesleyan University）的神經科學研究員賽琪・盧伊（Psyche Loui）也是小提琴家與鋼琴家，她對這些感覺深感興趣。她檢視相關證據時發現，旋律與音調的變化，以及一種迅速轉化的視覺不和諧，顛覆了我們的預期。[23]我們發育時，大腦會針對歌曲的創作，建構出一些規則，尤其是與文化的音樂規範有關的規則。所以，一首曲子太貼近那套規則時，便顯得乏味，但一首曲子偏離規則太多時，會變成不和諧的雜音。我們聽到活潑的旋律時，大腦會受到刺激，皮膚也會感受到。[24]

我第一次意識到震顫宛如一場「預期及顛覆期待」的遊戲，是二〇〇九年和家人一起觀看電視的時候。在才藝選秀節目《英國達人秀》（*Britain's Got Talent*）的海選中，主持人介紹蘇珊．波爾（Susan Boyle）登場。在不到一分鐘的採訪後，觀眾知道這位四十六歲的蘇格蘭未婚婦女沒有工作，獨自與貓咪生活，從來沒有人吻過她。蘇珊上臺時，現場觀眾發出嘲諷聲，又叫又鬧。她呈現出來的形象，與女歌手應有的形象完全相反，所以大家對她的第一印象不太好。音樂響起時，她緩緩地唱起《悲慘世界》（*Les Miserables*）中的曲子〈I Dreamed a Dream〉，全場震驚到鴉雀無聲，最後爆出如雷的掌聲。我們全家人聽到全身起雞皮疙瘩。

不過，震顫不止與驚訝有關。我們已經習慣了這種感覺，有些人說，他們聽到喜歡、有意義的歌曲時，總是會在特定的音節起雞皮疙瘩。在這種令人振奮的聆聽體驗中，皮膚感受的快感是從大腦開始的：音樂觸發了類鴉片（opioid）與多巴胺（大腦獎勵通路中的關鍵分子）的釋放，把它們釋放到性愛、食物、娛樂用藥也會啟動的通道中。給人服用納洛酮（naloxone）後，他們就感覺不到震顫了。納洛酮是一種類鴉片阻斷劑，是用來逆轉海洛因過量的效果。類鴉片與多巴胺等化學物質會讓人對這種皮膚感覺上癮，它們帶來的快樂感受可以解釋為什麼與友人一起聆聽美妙的音樂可以增進感情、增強同理心與利他心態。

✤ ✤ ✤

心理會影響皮膚，但皮膚也會直接影響心理。皮膚有如一本書，是人體唯一暴露於外部世界的部分，無論是好是壞，它也構成了我們給人的第一印象。我們可能覺得皮膚定義了我們，也局限了我們。想到別人如何看待我們的皮膚，那會在短期與長期影響我們的心理。美妝業的產值高達數十億美元，那個產業的存在就是「皮膚對身分識別很重要」的證明。但最深刻體會這點的人，往往是有明顯皮膚病的人。在美國小說家厄普代克的回憶錄《自我意識》中，他用整整一章來描述他與乾癬在生理、心理、社交層面的搏鬥。皮膚科是少數需要為患者開發「生活品質指標」（Life Quality Index）的醫學專業之一，[25]這是有原因的。那份問卷調查了伴隨著皮膚病所產生的情感、社交、性愛和身體負擔。

最近發現，美國與英國有多達五分之一的青春痘患者曾考慮自殺。這個皮膚病影響心理的例子令人吃驚，卻常遭到忽視。[26]尋常性痤瘡（acne vulgaris）很常見，在兒童期到成人期的過渡期間，它常隨著荷爾蒙的變化而爆發。那時剛好也是開始上大學或展開職涯的階段，是友誼、愛情、第一印象的形成階段。不管有沒有遭到霸凌，如果不認真看待這種皮膚狀況，它可能對自信、社交發展、心理健康產生嚴重的影響。[27]壓力也會使青春痘惡化，把患者拖入惡性循環，使青春痘暴增，進一步增加憂鬱與焦慮。史丹佛大學的研究發現，考前的準備階段，大學生更容易冒痘。[28]在情緒與精神壓力下，皮質醇與睪固酮的濃度增加，刺激皮膚的皮脂分泌，加速青春痘的出現。雪上加霜的是，想要擠痘或抓臉的衝動可能壓抑不住，因此造成永久性的痘疤，把絕望的漩渦帶進了患者的餘生。我記得以前看過一位二十六歲的患者，她的皮膚淨白了近十年，但在婚禮前幾週，臉上突然長出丘疹與膿皰。這些皮膚症狀令她羞於見人，最後迫使她中止婚禮，等皮膚療癒後再舉行。在很多方面，青春痘比較偏向心理疾病，而不是生理疾病。一般常把青春痘的粉刺與衛生習慣不佳聯想在一起，因此在青年時期容易引來霸凌，那可能阻礙青年的社交與心理發展。即使沒有留下痘疤，他們在青年時期因社交發展受阻而留下的情感與心理創傷也會持續一輩子。一般常認為青春痘是一種常見、輕微的狀況，無關緊要。但社會與醫學界需要更認真地看待這個問題，因為我們常看到這種狀況改變了人們的生活。

某個悶熱的夏日下午，我去伯明罕的一家皮膚科診所實習，那家診所位於族裔多元的區域。我聆聽一位愛爾蘭老婦人描述她的病歷。她說，她曾因為酒糟而想要自殺，因為酒糟讓她的臉變得「紅腫又醜陋」，她以前曾是模特兒。下一個病人是一位年輕的巴基斯坦裔婦女，她罹患白斑症，左臉出現不對稱的白斑。她也罹患嚴重的臨床憂鬱症，並深信她的外表將導致她一輩子嫁不出去。我搜尋醫學文獻後發現，研究顯示，近半數罹患這兩種皮膚病的患者有憂鬱症。[29,30]我有一位當外科醫生的朋友常看不起皮膚科，他說皮膚科不是處理危及生命的病症。但我認為，多數的皮膚病，尤其是肉眼看得見的皮膚病，都有可能毀滅生命。

✤ ✤ ✤

心理展現在皮膚上最明顯的例子，可以在精神病的患者身上看到。我第一次接觸到精神病與皮膚的關聯，是某次與一位退休的牛津皮膚科醫生談話時，她告訴我一個故事。她說她剛當實習醫生時，遇到一位病人，名叫傑克。傑克是個骨瘦如柴的年輕人，穿著鬆鬆垮垮、濺滿顏料的灰色連身工作服，他是當天的第一個病人。

傑克走進看診室時，醫生對他說：「請坐，哪裡有問題嗎？」

「嗯，你看，我身上有蟲。牠們讓我覺得很癢，不對，牠們是在我的皮膚下面爬行。以前我是做園藝的，所以皮膚下面可能潛入了某種蟲子，在那裡繁殖。整隻手臂都是，還有這裡……」傑克指著胸部與腹部的幾個區域。「我累死了，睡不著，無法集中精神工作。我是在一個漂亮的花園工作，某種奇怪的昆蟲潛入我的皮膚並在裡面產卵。你現在就能看到牠們！皮膚下面爬著黑色的小蟲子。」

皮膚科醫生仔細地端詳傑克所指的皮膚，但他的皮膚看起來光滑無瑕，完全看不到異物。醫生還來不及追問更多的問題，傑克就把手伸進工作服的寬鬆口袋，在裡面摸索東西。接著，他掏出一個小玻璃罐，裡面似乎裝滿了乳酪。他砰地一聲把那罐東西扔在醫生的桌子上，彷彿打牌時亮出同花大順那樣。

「醫生！這可以證明！我把這個拿給第一個醫生看，但他不聽我的！」

醫生仔細一看，發現容器裡裝滿了略帶綠色的棕色乳酪狀薄片。

「那是我的皮膚！你把它帶去檢驗室，他們會證明我被感染了，我希望大家別再無視我了！」

困惑的實習醫生檢查了傑克的皮膚，只看到搔癢造成的抓痕，其他什麼也沒看到。她向他保證，她會把樣本拿去檢驗室。檢驗結果出爐時，完全沒有感染的跡象。那些皮屑存放已久，有點怪味，但其他方面都很正常。她很快得知，傑克罹患一種精神疾病，名叫「寄生蟲妄想症」（delusional parasitosis）。這種患者即使面對大量的反證，依然確信他的皮膚上有小蟲寄生。他覺得皮膚底下有東西爬行的感覺，亦即所謂的「蟻走感」（formication）。許多病人深信自己的身上有蟲，他們會帶著裝了皮屑的容器來求診，以證明蟲子的存在。這種行為稱為「火柴盒現象」（matchbox sign）。

在傑克的病例中，寄生蟲妄想症是一種純粹由精神病引起的獨立疾病，但這也可能出現在糖尿病與癌症患者的身上，也可能由藥物與娛樂用藥（尤其是古柯鹼）誘發。這種疾病有一個比較正確的專業術語：妄想性侵擾（delusional infestation），因為如今這種昆蟲爬行的感覺已經被科技界的東西所取代：愈來愈多的案例顯示，有些人相信奈米管、微纖維，甚至追蹤裝置潛在他們的皮膚下面。

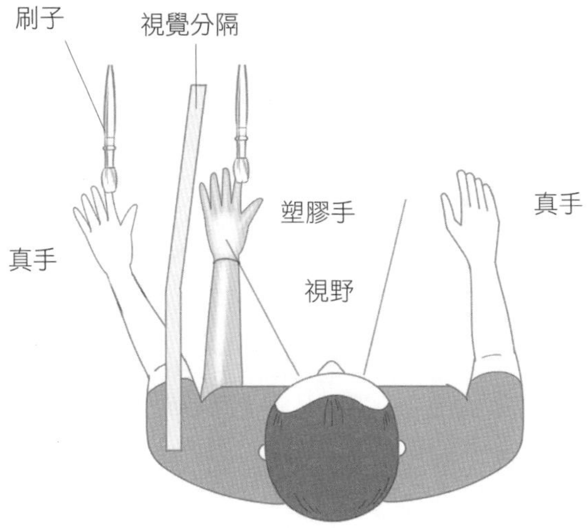

塑膠手幻覺

在妄想性侵擾的研究中，研究人員使用的一種方法是第六章介紹過的塑膠手錯覺。[31]桌上放著兩隻手，參試者把左手藏在螢幕後面，一隻逼真的塑膠手放在隱藏的左手附近，但可以完全看見。接著，研究人員開始撫摸塑膠手的食指，同時撫摸參試者隱藏那隻左手的食指。約一分鐘後，約三分之二參試者的大腦會誤以為那隻假手是自己的。這在視覺與觸覺「由下而上」

的感知以及大腦「由上而下」的認知（知道塑膠手不屬於自己）之間營造出一種矛盾之爭。有妄想性侵擾的患者對這種測試的反應很靈敏，他們很容易相信那隻被撫摸的塑膠手是自己的。這顯示，這些人從「由下而上」的感官輸入組合中，辨識與詮釋「現實」的能力可能有誤。同樣地，「由上而下」的認知功能也可能改變了，例如這些病人在談話中提到昆蟲時，搔癢會明顯惡化。從乍看像皮膚病的現象，我們洞悉了人類大腦的特殊運作。由於妄想性侵擾是一種精神病，它需要由精神科醫生或心理皮膚科醫生小心地治療。

✤ ✤ ✤

這些罕見又奇特的精神病雖然令人驚訝，但那種看似無害的疾病可能破壞性最強。一般人很容易忽視強迫症（obsessive-compulsive disorder）。例如，有人可能會說：「麥克有嚴重的強迫症！他一定要先確定辦公室的所有火災逃生通道都沒有堵住，才肯開始上班！」但是，對那些診斷出罹患嚴重或持續強迫症的患者來說，這種疾病宛如一扇窗，讓人洞悉人類病況中最微妙、最複雜、最黑暗的角落。

強迫意念（obsession）是一種侵入性的想法，即使你試圖壓抑它，它依然揮之不去。強迫行為（compulsion）是一個人覺得非做不可的儀式。強迫行為通常是以破壞性的方式展現出來，而且大多是展現在皮膚上。事實上，你在皮膚科診所中看到臨床強迫症患者的機率，是在街上遇到這種患者的十倍。[32]強迫症往往給人的感覺是沒完沒了：強迫意念（比如覺得手很髒）會引起痛苦，而強迫行為（洗手）會暫時緩解那種痛苦，那種過程有時一天內會重複幾百次。

有些強迫症的皮膚展現方式，是以古希臘語命名，例如「拔癖」（tillomania），或「咬癖」（phagia）。強迫性的拉扯頭髮，稱為拔毛癖（trichotillomania）；強迫性的咬指甲，稱為咬指甲癖（onychophagia）。食皮癖（dermatophagia）是指吃下或咀嚼皮膚，這比咬指甲少見很多，但是在罹患強迫症、衝動控制障礙、自閉症的患者中，這種疾病的發病率顯著上升。最常被咀嚼的部位是指甲周圍、指節、嘴唇內側。這種心理疾病所造成的損害，可能導致社交孤僻，也損毀身體。咬傷皮膚會破壞外部屏障，使身體容易受到感染。強迫性的吃指甲或頭髮，會對胃腸道造成較大的風險。強迫性吃頭髮可能產生一種極端的後果，名叫「長髮公主症候群」（Rapunzel syndrome）。那是指胃裡的毛球尾端延伸到腸子裡，可能導致致命的腸梗阻（bowel obstruction）。二〇一七年，一名十六歲的英國女孩死於長髮公主症候群，原因是受感染的頭髮團刺穿了她的胃。

醫科生與醫生很容易完全忽視拔毛癖，但希波克拉底對它的最早描述，促使他建議醫生定期注意患者有沒有拔毛的行為。他遇到一個極度悲痛的女人，名叫薩索斯（Thasos），他說她「摸索、抓搔、拉扯自己的頭髮」。一般以為拉扯頭髮是一種極端情緒壓力的反應，但事實正好相反，多數展現出這種行為的患者是在日常活動中慢慢地拔出毛髮。

身體畸形恐懼症（body dysmorphic disorder，簡稱ＢＤＤ）也是一種強迫症。[33]別人看來只是皮膚上的一顆小痘痘，但是患者照鏡子時，會覺得那裡簡直是維蘇威火山（Mount Vesuvius）。這種病與虛榮心不同，虛榮心是希望自己看起來更美，ＢＤＤ患者則是執意達到一種明顯的標準。雖然這種疾病可能涉及外貌的任一部分，但百分之七十三的BDD患者與皮膚有關。相較於其他的強迫症，ＢＤＤ患者陷入憂鬱、社交逃避、自殺的比率也比較高。管理強迫症的方法很多，包括分散注意力的技巧與治療。那些技巧與療法的目的都是為了讓患者慢慢地接觸那些觸發因素，讓他們逐漸對那些因素不再敏感。不過，強迫意念和強迫行為本質上很難阻止，某些有嚴重強迫症的患者是精神科領域中最難治療的病患。

無論是家醫科的日常看診，還是在專業精神科的診所中，皮膚往往是一種最複雜、最難突破的醫學戰場：有許多無法解釋的生理症狀。我見過一個男性患者，他抱怨雙腿的皮膚有刺痛及麻木感，伴隨著上半身的皮膚發癢。這種雙腿症狀可能是脊椎受損或脊椎疾病的徵兆。經過連串的掃描及進一步診斷後，我開始瞭解他的生活狀況。他做了三份薪水很低的工作，照顧癌末的妻子，並撫養兩個孩子。壓力帶給他極度的焦慮，心理痛苦轉變成皮膚上的生理症狀。這種心理展現在身體上的現象，稱為體化症（somatization）。在他的文化中，精神病的極端汙名化，再加上那些要求他必須「像個男子漢」的壓力，可能加劇了病情。透過心理治療，他皮膚上的生理症狀得到了完全的緩解。他是接受一種認知行為療法，設法找到他的壓力與心理問題的根源，最終解決了他的生理症狀。皮膚就像一個身體的舞臺，我們的認知、行為、情緒、感知等神祕的演員持續在那個舞臺上表演。

二〇一三年，加州一群皮膚科醫生發表了一份不尋常的病例報告。[34]五十一歲的病患珍妮絲因右邊肌肉無力、失憶、無法恰當地表達而去醫院掛急診。如果這時你要下注打賭她怎麼了，你可能會猜她中風了。醫生檢查她的身體時，注意到她的青春痘，臉上也有幾個癒合的疤痕。急診室的醫生通常不會先注意到那些，但他們注意到珍妮絲的前額髮際線上有個痂，上面蓋著小紗布。醫生試探性地拉開紗布時，你可以想像一下他們看到答案揭曉時有多驚訝。原來珍妮絲反覆地使用縫衣針，刺自己額頭上的皮膚，刺出了一個四乘以二公分大的潰瘍。儘管她知道那是在自殘，但想要刺額頭的強迫性衝動還是難以抵擋。珍妮絲連續刺了好幾個月，慢慢地鑽穿皮膚、結締組織與肌肉，最後在頭骨上鑽出了一個小洞。如此造成的大腦損傷，是導致那些神經系統症狀的原因。

這是從皮膚看到大腦最具體的例子。珍妮絲用那塊紗布隱藏了連接這兩個器官的實體通道。對很多人來說，這種通道是肉眼看不見的，但感覺很真實，可能演變成憂鬱、社會孤立、壓力的迴圈。心理與皮膚緊密地交織在一起，所以心理健康與身體健康密切相關，缺一不可。

8 社交皮膚
身上標記的意義

「Taia o moko, hei hoa matenga mou.」(在身上做記號，死後才有伴。)

毛利俗諺

從靠近紐西蘭北島尖端的羅素（Russell）小港海灘上，可以看到海岬。一八四〇年，毛利酋長與英國代表在那裡簽了「懷唐伊條約」（Treaty of Waitangi），宣布英國對紐西蘭的統治權。[1]但此後，這兩個相異的文明開始互相摩擦。沉靜的羅素村坐落在靜謐的柯洛拉瑞卡灣（Kororāreka Bay，意思是「企鵝的甜蜜*」），如今的寧靜掩蓋了那段暴力的歷史。由於紐西蘭是歐洲的第一個殖民地，羅素以海盜、走私客、妓女著稱，因此有「太平洋地獄」的

*譯註：傳說一位毛利酋長在戰爭中負傷，要求族人送上企鵝湯，喝完後他讚稱「Ka reka te korora!」，英文翻譯是「How sweet is the penguin!」

稱號。一八四〇年代中期，羅素變成第一次毛利戰爭（First Maori War）的前線，那是發生在英國殖民者與在地原住民之間的戰爭。一支曾高掛著英國國旗的旗杆，依然矗立在附近的山丘上。事實上，那是豎立在那裡的第五支旗杆了，因為條約簽訂後的那幾年，毛利戰士不斷地砍除旗杆，那時村莊持續遭到洗劫。

約莫兩百年前，我的老祖先有一個五歲大的兒子，他在羅素淺灘上與一位毛利男孩玩耍。儘管當時殖民者與原住民的文化戰爭正盛，兩個孩子天真地發展出真摯的友誼。某天，兩個男孩戲水及相互扔沙時，海水突然波濤洶湧了起來，把毛利男孩捲入大海。我那位年幼的親戚瘋也似地衝向大海，試圖去救他。他們兩人都不會游泳，結果都淹死了，後來一起葬在紐西蘭最古老的聖公會基督教堂裡。我造訪羅素時，發現當地的學校以兩位男童的名字為某個游泳獎命名。我覺得很感動，因為我也熱愛在開放海域游泳。

我們都很喜歡瞭解自己的家族史，因為那可能告訴我們一些關於自己的事情。如今大家對線上族譜網站的興趣呈倍數成長，許多名人在BBC的電視節目《你以為你是誰？》（*Who Do You Think You Are?*）中發現家族的過往，DNA檢測愈來愈容易取得——從這些現象就可以看出大家對家族史的興趣。我的家族源自歐洲，所以幾個世紀以來，我們的家族故事大多是寫在紙上（雖然常有奇怪的文法及名字拼寫不一致的問題）。然而，毛利人的家族史卻是寫在他們的皮膚上。

你到你家附近的刺青工作室刺青並非毫無痛苦，但你可以想想那些做過傳統毛利紋身的人。過去，毛利人的紋身不是用針把墨水注入皮膚，而是以uhi（一種用信天翁骨頭做成的鑿子）切開皮膚，接著把真菌和灰製成的顏料放入傷口，讓傷口慢慢癒合。刺青的臉部通常會因此大幅腫脹，必須以漏斗餵食幾天。在他們的一生中，男人會逐漸以刺青蓋住整張臉，女人則常在嘴唇與下巴的周圍紋上代表性的刺青。一七六九年，當《奮進號》（*Endeavour*）載著身上毫無刺青的歐洲船員來到紐西蘭，第一次與當地人接觸時，船長詹姆斯・庫克（James Cook）很快就意識到塔莫克紋身（Tā moko）那複雜又精緻的線條結合了美感、意義與個人特徵。

> 那些記號一般是呈螺旋狀，構圖精緻，甚至很優雅。紋路的一邊與另一邊互相對應。身上的印記就像古老雕花飾物上的葉子，或金銀絲飾品上的蜷曲紋路。但那些紋路實在太華麗了，乍看之下，上百個紋路好像一樣，但仔細觀察會發現任兩種紋路各不相同。[2]

由於沒有書或紙，毛利人大多把他們的故事寫在皮膚上。在羅托魯瓦（Rotorua），我和一位毛利首領討論每一行紋路的意思。過去幾十年，他一直積極參與塔莫克紋身的復興。他笑著對我說：「如果你懂得我們的語言，你可以像讀一本書那樣解讀我。」他的微笑使皮膚上複雜的輪紋栩栩如生，那些輪紋緊貼著他的嘴唇與臉頰的輪廓。「一般來說，如果你的地位高到可以在臉上留下塔莫克紋身，你的階級會標示在額頭與眼睛周圍，你的出生地位是標示在下巴，你獲得的土地與財富是標示在下頜。你們英國人討厭那種標示，因為那樣就知道某人是新貴或土財主了！鼻子上端會顯示你的學歷，這樣你就有獨一無二的招牌。」他指著自己上唇與鼻子之間的圖案。「不完整的圖案是一種恥辱的象徵，那表示你沒有勇氣忍住切割的痛苦。」

毛利人的紋身就像把家譜、履歷、銀行存款寫在臉上。那種紋身有如精采的故事，結合了美麗與勇氣、功能與形式。塔莫克紋身可以修飾臉部與顴骨，吸引他人注意眼睛與嘴唇。它的目的是要讓人望而生畏，但同時也散發吸引力。由於每個紋面都像指紋一樣獨特，因此毛利酋長與英國人簽約時，會把他的塔莫克紋身畫在合約上以代替簽名。

既然塔莫克紋身代表一個人的人生與家族的故事，紋身充滿神聖性就不足為奇了。毛利戰士死後，他紋面的頭顱（mokomokai）會先經過煙燻，再放在陽光下曬乾以保存圖案。所以，毛利人的儲藏室裡保留了祖先的皮膚。即使在戰爭中，獲勝的部落也習慣把敵人的頭顱還給各自的家族。在簽訂和平協議時，他們常交換紋面的頭顱。十九世紀英國人開始殖民紐西蘭後，不僅導致塔莫克紋身的消亡（因基督教反對紋身），也使紋面的頭顱變得非常稀缺。歐洲的收藏家很快就迷上這些頭顱的收藏，甚至貪得無厭地到處收購。一八二〇年代，市場需求高漲，一些毛利人甚至自相殘殺以便交易獲利。

這段可怕的歷史遺跡流傳至今，並對我曾就讀的兩所大學產生了影響。伯明罕大學的醫學院是英格蘭最古老、規模最大的醫學院之一。十八世紀與十九世紀的富裕校友與捐贈者，捐贈了數千件從大英帝國各地取得的歷史文物與解剖珍品給學校。二〇一三年，威靈頓的紐西蘭國立博物館（Museum of New Zealand Te Papa Tongarewa）派出一個代表團，到伯明罕領回一些紋面的毛利人頭。毛利人仍把那些人頭視為聖物。我的兩位老師喬納森・雷納茲教授（Jonathan Reinarz）與君・瓊斯醫生（June Jones）幫忙在大學籌辦了一場儀式，以記錄歸還文物的起始，隨後紐西蘭那邊也舉辦了一場葬禮。二〇一七年，牛津大學的皮特里弗斯博物館（Pitt

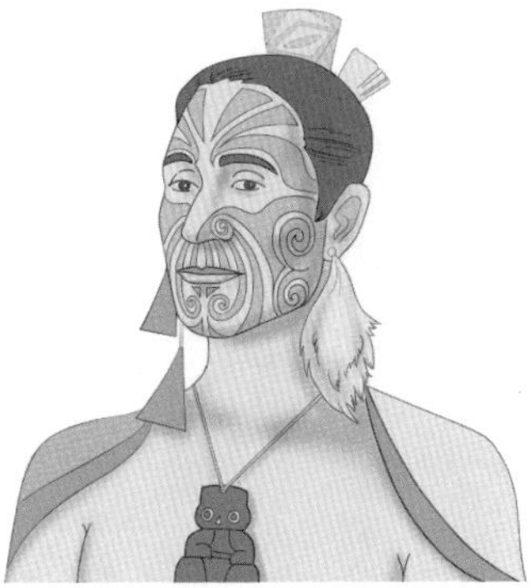

毛利人的紋身

Rivers Museum）也舉行了類似的儀式，該博物館收藏的帝國時代部落飾品中，也有紋面的頭顱。[3]如今，毛利人紋身的神聖性也適用在活人身上，所以許多紐西蘭人看到非毛利人把這種神聖的印記挪用到自己的皮膚上並展現在鎂光燈下時，憤怒不已。例如，歌手蕾哈娜（Rihanna）、拳擊手邁克・泰森（Mike Tyson）。

無論你走到世界的哪個角落，追溯多久以前的歷史紀錄，都會發現人類很早就開始紋身了。事實上，人類這種在自己的身體上創造永久標記以便與他人交流的能力是獨一無二的。為了創造這種永久的印記，我們是利用皮膚那美麗但鮮為人知的複雜結構，有時那種結構在身體與社交上是密不可分的。

✤ ✤ ✤

想像一下，你翻這一頁時，紙張的細邊割到你的手指，深深劃入你的皮膚，傷口開始滲血。儘管只是紙張劃傷，感覺卻出奇地疼痛，你可能覺得那種痛很難說出口。你想過身體是如何因應這種攻擊的嗎？皮膚受傷時，會立刻採取行動，開始展開由四個樂章所組成的交響曲。身體的首要之務是止血（haemostasis）。紙張割到真皮層的小血管時，皮膚上的局部疼痛受體會使這些血管抽動及收縮，以減少血液流向新的皮膚裂縫。幾分鐘內，緊急服務——

血小板——就啟動了。這些圓盤狀的細胞遠比紅血球或白血球小，通常在血液中不顯眼地漂移。不過，它們到達受傷部位時，會黏住真皮的膠原蛋白及受損的血管內層，並開始啟動。啟動後，血小板會迅速變成不規則狀，以便盡可能地緊密互連，形成腫塊。接著，它們會釋出分子混合物，同時促成局部血管的進一步收縮，也吸引更多的血小板到不斷膨脹的腫塊。這些血小板栓（platelet plug）會啟動凝血流程——亦即一些名為凝血因子（clotting factor）的蛋白質在一種複雜的連鎖反應中合作，以名叫纖維蛋白（fibrin）的厚網覆蓋著血小板。這個「止血」階段是在幾分鐘之內發生。

流血止住後，便進入第二階段：「發炎階段」。身體徵召免疫大軍（傷口區的當地駐軍，以及從身體其他部位徵召過來的更專業細胞）來做兩件事：殺死那些突破皮膚防衛、進入身體的細菌；展開災難救援及清理任務（移除殘跡及摧毀壞死細胞）。在接下來的那幾天，發炎階段轉變成「增生階段」（proliferative phase）：皮膚裡的建築工人「纖維母細胞」開始上工。它們產生新的膠原蛋白與蛋白質來協助癒合的流程，重建受損的組織。

在比紙張劃傷更寬、更大的傷口中，皮膚會徵召一群特別強健的建築工人：肌纖維母細胞（myofibroblast）。它們會前往傷口的邊緣並收縮，以每天近一公釐的速度把傷口闔起來。必要的話，傷口附近釋出的分子可以把正常的纖維母細胞升級，讓它們轉化為肌纖維母細

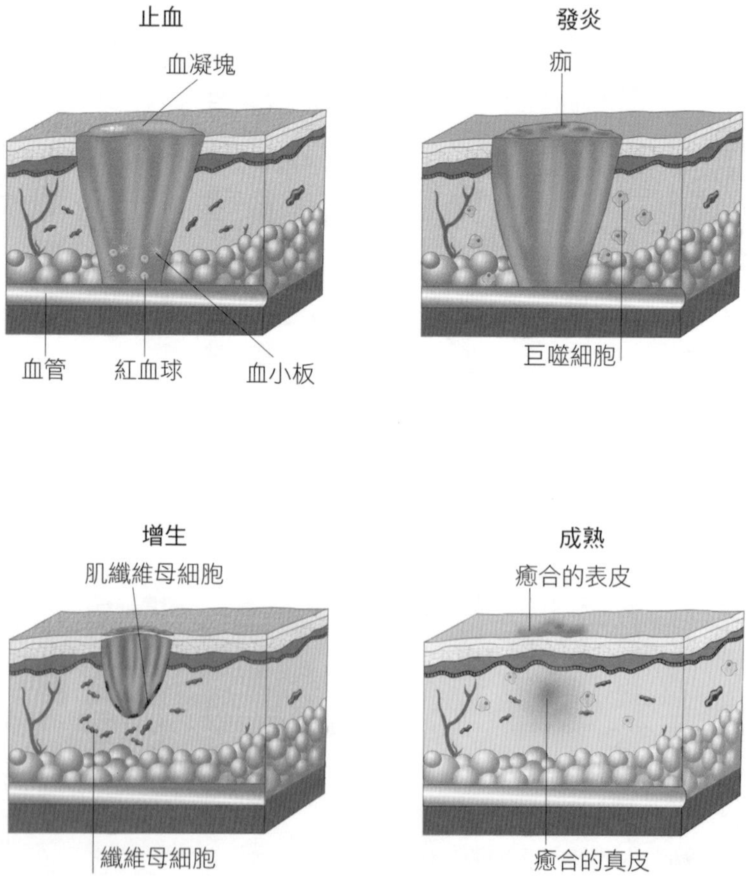

四個樂章所組成的交響曲

胞，一起投入關閉傷口的任務。這段期間，新血管也開始生長到新的結締組織中，填滿傷口部位。這種混雜在一起的新細胞與血管稱為肉芽組織（granulation tissue），它們雜亂無章，但構成了重建表皮的重要支架。

來自基底層的角質細胞——皮膚幹細胞的基底層，它們持續回補外部屏障——現在緩緩地從傷口的邊緣爬過這片新組織。「成熟階段」是傷口癒合的最後一個樂章，這時混亂的肉芽組織仍持續重新排列，以便配合皮膚的正常張力線。後續幾天或幾週，細胞程序性死亡（programmed cell death）會破壞不再需要的細胞或血管。這個複雜但常遭到忽視的傷口癒合流程，會重新生成你被紙張劃傷的所有皮膚層。所以，不久你低頭看食指時，你永遠不知道它經歷了癒合。不過，如果傷口的邊緣比紙張劃傷的開口還大，那通常會留下明顯的疤痕——那是一塊膠原蛋白，雖然不能發揮皮膚的所有功能，但至少能形成永久的屏障。

傷口癒合常在皮膚上留下永久的痕跡。也許皮膚作為一種社交器官的最基本例子是，人類會刻意把這種破壞轉變成一種對話交流。

一個小男孩跑過一群公牛的背部。如果他可以成功地跑到那群牛的另一端，不跌落地，他就從男孩變成男人了。這種成年儀式是衣索比亞南部的哈馬爾部落（Hamar tribe）所獨有的。哈馬爾部落是奧莫河（Omo River）附近的部落之一，他們的古老習俗直到最近幾年才受到現代社會的影響。小男孩從略微驚訝的牛群背部跑過時，他的姐妹正在參加一場正式的戰鬥。她們奚落村裡的男人，說她們永遠不會放自己的兄弟走。那些男人因此拿籐條抽打她們，這種抽打儀式導致她們的背部皮開肉綻，鮮血滴在非洲的塵土上，但她們都不哀嚎。這種看似可怕的過程，在那些女子的背部留下明顯的疤痕。疤痕隨後變成一種令她們自豪的象徵，象徵著歸屬感，她們一輩子都會炫耀那個印記。那些縱橫交錯的疤痕講述著一個關於力量、勇敢、對家族與社群極其忠誠的故事。這種粗蠻的印記也在那個青年與其姐妹之間形成了一種人情債，她現在有責任支持及照顧姐妹了。

在巴布亞紐幾內亞的偏遠內陸地區，卡寧加拉人（Kaningara）把留下疤痕的方式提升到另一種層級。每隔五年左右，村裡的青年就會經歷一場嚴酷的成人禮，那個過程嚴酷到能不能活下來都是問題。他們先在一個鬼屋裡待兩個月，家人聚在屋外小聲地說著祖先的故事。屋內的長輩對青年進行儀式性的羞辱。等他們虛弱疲憊、昏昏沉沉地走出屋子時，刻上鱷魚紋的儀式就開始了。卡寧加拉人生活在鱷魚出沒的河邊，他們相信自己是鱷魚神靈的後裔。在毫無麻醉下，一位長者用一根削尖的竹子在青年的胸部、背部、臀部上劃了數百道深深的傷口。接著，再把河裡的泥漿抹在流血的傷口上（那會減慢傷口的癒合過程）。這樣做會使身體布滿堅硬凸起的瘢痕（keloid scar），彷彿皮膚長脊一樣。這些明顯的疤痕是延長的癒合流程不斷地刺激真皮的纖維母細胞，以產生過量的膠原蛋白造成的。那些過量的膠原蛋白最終導致疤痕組織的過度生長。沒有死於休克或感染的青年，會為身上那塊有如鱷魚皮的粗糙皮膚感到自豪，因為他們相信這種可怕的爬蟲類已經賦予他們力量及祖傳的祝福。

永久的身體標記，無論是以疤痕還是染料構成的，都是在人體上作畫。不止標記本身的設計是一種象徵，製作標記的方式也是。由於部落紋身非常痛苦，紋身在成人儀式中扮演神聖的角色也就不足為奇了。能夠面對痛苦，代表那個青年已經準備好迎接戰鬥的磨難，或女子已經強大到足以懷孕生子了。刻在皮膚上的印記，講述著那個人為了獲得印記所經歷的一切。那是一種預先的體驗或預期，表示他現在已經有能力當戰士、成年人或母親了。

十九世紀後期，西方世界逐漸接納這種永久性的皮膚標記。所以，如今約有三分之一介於二十六歲到四十歲的美國人與英國人至少有一個刺青。英國史上紀錄的第一個刺青師是出現在一九七〇年代，他在港市利物浦開業。起初，大家覺得刺青很新奇，充滿異國風情，而且極其昂貴，所以一開始只有上層階級（以及皇室，包括喬治五世和俄國沙皇尼古拉斯二世）趨之若鶩。後來，一個充滿創意的美國人以較低價提供刺青服務後，刺青才開始在市井小民之間流行起來。一八九一年，在紐約且林士果（Chatham Square）開刺青店的塞繆爾．奧雷利（Samuel O'Reilly）為世上第一臺紋身機申請專利。[4] 那臺機器幾乎完全是以愛迪生設計的旋轉電筆改造而成。愛迪生的設計構想是以那種筆來複製手寫檔案，沒想到後來變成在人類皮膚上大量雕刻作畫的工具。後來愛迪生也在身上弄了一個刺青，那是一個五點構成的圖案，狀似骰子五個點的那一面。如今的刺青機是以旋轉裝置或電磁鐵為基礎，刺青機的出現把這種世上最古老的書寫交流方式變成了一門產業。

在特別忙亂的日子裡，我在醫院病房間穿梭的時候，我會用圓珠筆在手背上草草地寫下註記，以提醒自己該做什麼。於是，皮膚變成忙碌者的便利貼。以這種方式留住一閃即過的想法與點子，本來就不太有效率，對醫生來說更是不切實際，因為洗幾次手後，墨水痕就消失了。為什麼我手上的字跡幾個小時內就消失，但保留五千年的木乃伊身上仍然可以看到紋身呢？每天我們的身體脫落一百萬個皮膚細胞，為什麼刺青可以永遠留在人體上呢？令人意外的是，這跟皮膚的免疫系統有關。

想像一下，你坐在一個刺青師的椅子上，他正準備在你的左肩刺上「N」以代表「No Regrets」（無悔）。一根帶著黑色墨水的針穿透表皮，進入皮膚的真皮層深處。那根針以每秒約一百次的速度扎入你的皮膚，刻意造成許多微小的傷口，讓皮膚知道它受傷了。墨水不是直接注入，而是被真皮層的微血管吸收了，墨水粒子正等著免疫細胞衝來受損區域。巨噬細胞偵測到色素粒子是外來物，便以吞噬細菌的方式吃掉色素粒子。但它們吃得太脹，來不及消化，把色素困在細胞裡。皮膚表層會不斷地更新，但真皮裡那些吃進色素粒子的細胞則是一輩子留在那裡，就像洞穴牆壁上的複雜化石那樣。所以，刺青基本上是在創造無數的感染。當你展現身上的刺青時，不妨想想那些為你戰鬥的細胞。它們以為它們是在跟感染搏鬥，沒想到卻變成你身上一輩子的印記。

二〇一七年，澳洲一位三十歲的婦女因腋下出現腫塊而去看醫生。[5]進一步掃描後發現，她的胸部有更多不尋常的腫塊。那看起來像淋巴瘤（一種血癌），但醫生驚訝地發現，她毫無發熱、盜汗、體重減輕等罹癌症狀。腫塊的切片檢查也沒發現癌細胞，只看到墨跡。那些腫塊其實是發炎的淋巴結，是免疫細胞與十五年前背部刺青留下的微小色素粒子奮戰的結果。由於人體的表面與身體的其他部分錯綜複雜地連在一起，刺青的墨水顯然也會沿著這些潛藏的通道移動，不僅在身體的表面上色，也為身體的內部上色。不過，這不見得是壞消息。一些科學家知道免疫系統喜歡吞噬這些墨水後，正想辦法利用這點。二〇一六年，休斯頓萊斯大學（Rice University）的一項「概念驗證」研究顯示，刺入皮膚的奈米微粒可以被免疫細胞吸收，使免疫細胞失去活性。[6]這也許可以用來治療多發性硬化症（multiple sclerosis）等自體免疫疾病中的免疫系統自我反應（self-reactivity）。

既然刺青會破壞皮膚的屏障，並把金屬鹽與有機染料帶入體內，少數人（約百分之十）

刺青後出現不良反應也就不足為奇了。那主要是因為感染以及身體對色素產生過敏反應。[7]有一次，我要求一位病人去做核磁共振掃描（MRI scan），但他拒絕了。他告訴我，之前的掃描使他胸膛上的黑色翅膀刺青起水泡及灼傷。這很罕見，但不是前所未聞，因為MRI的磁鐵可以吸引大型黑色刺青色素中的金屬粒子，尤其是氧化鐵。輕者造成刺痛，重者可能導致二級灼傷。[8]

永久地把色素放在體內，對健康有長期的影響嗎？二〇一七年，法國與德國的一項研究顯示，特殊的X光技術偵測到，刺青會使極小的金屬「奈米粒子」沉積在皮膚中，包括二氧化鈦。[9]有些金屬粒子被歸為致癌物，可能對某些器官有毒，例如肝臟。不過，目前並沒有太多的證據顯示刺青會致癌。[10]如果你擔心刺青對健康的影響，比較明智的態度是：不必完全迴避刺青，但刺青前要三思。[11]儘管刺青很流行，我們還是要瞭解在皮膚內注入金屬染料是有風險的，其中有些風險可能是我們尚未完全瞭解的。

現在想像一下，刺青完成後，你對著鏡子端詳這個新傑作。你赫然發現，那個刺青師是個別字大師，把No Regrets拼成No Regerts。這下子悔恨（regret）這個字又讓你有了新的體悟。不管刺青師有沒有犯錯，約七分之一的人後悔做了永久性的皮膚標記，很多人甚至會採取一些措施來移除刺青。[12]我與朋友一起觀賞一場英格蘭足球賽，印度同學注意到大衛・貝克漢（David Beckham）的身上有一個明顯的錯誤：他的左前臂有一個很大的刺青，他想以優美的印度草體把妻子的名字印在身上，但我確信他的妻子不叫Vihctoria。刺青是皮膚上的永久裝飾，極難移除。在過去，酸蝕、鹽磨，甚至手術切除，都使這個過程緩慢又痛苦。不過，近幾十年來，雷射技術使這項任務變得容易一些。雷射是利用那些原本想吞噬大色素粒子的免疫細胞。雷射移除刺青的物理過程很特別：雷射脈衝穿過皮膚後，被色素粒子吸收幾奈秒（一奈秒相當於0.000000001秒，這是難以想像的極短時間），把色素表面加熱到幾千度，直到雷射能量崩解成衝擊波，分解色素，但不會灼傷周圍的皮膚。為了有效，雷射波是鎖定特定顏色的色素。黑色與深藍色是最容易去除的，黃色與白色位於刺青發射光譜的極限。一旦把那些色素粒子分解成易處理的小塊，巨噬細胞就會去吞噬它們，後續幾天它們便從皮膚上消失了。

對於想要嘗試刺青，又擔心後悔一輩子的人來說，革命性的刺青技術已經出現了。二〇一八年，一群紐約大學的畢業生創立了一家新創公司，名為暫青（Ephemeral tattoos）。[13]他們的創意是利用自身的免疫系統來攻擊色素粒子，就像傳統刺青那樣，但有些微的差別。他們使用的墨水滴比傳統的刺青還小，包在半透明生物材料製成的大球體中。巨噬細胞無法吞噬及移除那些液滴，但經過特定的時間後（例如一年），液滴會分解，釋出巨噬細胞可以處理的小液滴。這時，你可以決定讓刺青永遠留在皮膚上，加以調整，或是讓刺青漸漸淡去。

然而，刺青師不是普遍都喜歡這種新的刺青技術。我在倫敦遇過一位剛入行的刺青師，她聽說有一群法國的學生為3D列印機編寫了一套刺青程式，可以在志願者的前臂上畫一個完美的圓圈。她聽聞這個消息後，開始擔心自己的工作前景。她說，刺青一直是一種藝術家的創意表現，不是從網路上下載、由機器人繪製的量產標記，應該持續維持那種傳統型態。總之，即使有新的科技出現，我也不確定現況會不會迅速改變。就像巴布亞紐幾內亞的卡林加拉人的成年儀式那樣，讓一個人在你的皮膚上寫下意義（即使只是簡單地在你的左肩上寫下「No Regrets」），那個過程也是一種神聖的人性交易。

如今有一項令人振奮（或令人恐懼，就看你怎麼看它而定）的發展是，材料科學的進步很可能讓我們在皮膚中收集或儲存大量的資訊。可持續追蹤體溫與血液中酒精濃度的紋身，以及可保存個資及當QR碼解讀的紋身已經存在了。[14]此外，還有含碳電極的紋身，它們可以藉由偵測臉部肌肉發出的電子訊號來解讀情緒。[15]這些「皮膚電腦」甚至可以由生物電池啟動，那些生物電池的電力是來自汗液中的乳酸。[16]二〇一七年，麻省理工學院的研究人員甚至開發出由基因編碼的細菌細胞所組成的墨水。[17]他們的實驗紋身是以3D列印的方式，印一棵樹的形狀在皮膚上。每個樹枝受到刺激時（無論是體溫、酸鹼值、外部化學物質，還是汙染物），會亮起不同顏色的光。

科技的不斷進步，使數位化皮膚看起來像一個愈來愈有可能達到的境界。如果皮膚是幫我們保守祕密的守門人，有些人擔心這種結合個資與身體的新發展，可能引發歐威爾式的國家監控。問題不在於我們如何把人與機器結合在一起以發揮綜效，而是這種技術有朝一日出現時，我們該如何利用它。

✤ ✤ ✤

刺青除了有溝通的功能以外，從遠古時代開始也有療癒的作用。一九九一年九月十九日，兩名德國的徒步旅行者在奧茨塔爾阿爾卑斯山脈（Otztal Alps）的高處，穿越奧地利與義大利的邊界。他們開始穿越兩個隘口之間的路段時，偶然發現一個人全身裸露，僵硬地趴在地上，臉部朝下。他們以為那是受傷的徒步旅行者，連忙衝過去一探究竟。近看才發現，那個人的下半身已經完全結凍，包在冰河裡，顯然臥倒在那裡好一段時間了。當科學家與考古學家把凍僵的屍體從山坡上挖出來分析時，發現那是來自西元前三千三百年的古人。「冰人奧茨」（Ötzi the Iceman）是歐洲最古老的木乃伊，也可能是有史以來受過最多科學分析的人。他是無價的時間膠囊，讓我們窺見有記載的歐洲歷史以前的時代。奧茨顯然過著野放的生活，至於他為什麼在四十五歲左右死在那裡，眾說紛紜。科學家從奧茨的身上發現許多新石器時代的資訊，簡直就像新石器時代版的《CSI犯罪現場》（*CSI*）。其中一項發現是，X光顯示奧茨的頭部受到重擊，肩膀上嵌著一個打火石箭頭。有趣的是，他顯然不是毫無戰鬥就倒下，他的遺物上有四個人的血跡：一個在他的外套上，另一個在他的匕首上；令人驚訝的是，他的箭頭上還有兩個人的血跡。DNA分析顯示，他罹患心臟病的風險很高，有乳糖不耐症，體內有名叫鞭蟲（whipworm）的寄生蟲。

不過，最令人驚訝的發現是，他的身上布滿了小紋身。二〇一五年，多光譜成像分析顯示他的身上共有六十一個紋身，主要是由一系列的水平與垂直線條及小十字組成的，很可能是以木炭在刺傷的皮膚上摩擦所致。[18]那些標記顯然是刻意製造的，而且看起來不僅有目的，還有美感。紋身的位置也顯示，那不止是為了美觀或文化。那些標記大多集中在他的腳踝、手腕、膝關節、下背部，亦即他有關節炎的地方。其他的紋身似乎是位於針灸經絡上，有八成與中國傳統的針灸穴位重疊。看來世上最古老的紋身可能有醫療效果。

在冰人奧茨不幸過世後，後續的五千年間，世上仍有一些團體使用醫療紋身。拉爾斯·克魯塔克（Lars Krutak）是傑出的美國紋身人類學家。他去阿拉斯加外海的聖勞倫斯島（St Lawrence Island），研究尤皮吉特族（Yupiget）的女性一段時間。當地人有一種習俗叫「縫皮」（skin stitching），那種習俗就像字面看起來那麼痛苦，克魯塔稱之為「表皮刺繡」。那是由八、九十歲的婦女執行，她們用一根帶有顏料的針穿過皮膚，目的是關閉惡靈可能潛入人體的通道。[19,20]婆羅洲（Borneo）的加央人（Kayan）身上也可以看到類似奧茨身上的紋路。婆羅洲是東南亞的島嶼，我幼時曾在那裡度過幾年。加央人受傷或扭傷時，他們會在關節處紋上一個圓點。[21]許多部落的人在一個腳踝上紋了許多小點，因為治療會一再重複，直到受傷的部位痊癒為止。奧茨在同一個地方可能也有好幾個紋身。皮膚是內在疾病與外在威脅交接的地方，難怪許多文化以紋身來治療體內的疾病，以及抵禦外來的邪惡力量。

哥本哈根的刺青師科林．戴爾（Colin Dale）有一位客人罹患關節炎、氣喘、經常性頭痛。在針灸師的協助下，他決定在客人的身上，類似冰人奧茨的紋身部位，刺上小點。雖然這樣做並未完全治癒症狀，但所有的症狀都出現顯著的改善，而且一年後持續有效。目前並沒有有力的證據顯示體外的標記可治癒體內的疾病，但人類習慣使用醫療紋身或針灸皮膚的作法實在很有趣。目前的證據顯示，針灸可在短期內抒解疼痛，儘管那不是看針插入的位置而定。這種效果究竟是皮膚穿孔引起的發炎與神經刺激造成的，還是只是安慰劑效應，目前還不清楚。

關於大腦對身體的安慰劑效應，治療的方式愈顯著時，安慰劑效應愈明顯。如果病人是看完醫生後服用安慰劑，那會比只服用安慰劑的感覺更好。同樣地，大顆安慰劑的效果也比小顆安慰劑的效果更好，注射的效果又比服用的效果更好。所以，針灸師與病人之間這種侵入性、親近、耗時的互動對心理有益，甚至對身體有益，也許不足為奇。聲稱紋身也有類似的效果或許不是那麼牽強。紋身的過程雖然痛苦，但會釋放腎上腺素與腦內啡。證據也顯示，紋身可創造正面的自我形象與自信，那種感覺確實可以持續數週，有些甚至可以持續一輩子。

阿拉巴馬大學的研究發現，在皮膚上紋身所帶來的發炎、疼痛、壓力，會暫時降低免疫系統的防禦力，也使人更容易感冒。[22]有趣的是，該研究也發現，一再紋身其實可以強化免疫系統，使人更擅長抵禦常見的感染。如果你加入健身房的第一天就去舉最重的重量，那會給身體帶來很大的壓力。但反覆訓練會讓你覺得那個重量變輕，你會變得更強壯。紋身也是如此，刺青師的刺針還有另一種功效：它對免疫系統的刺激也證明有強大的「輔助」效用。佐劑（adjuvant）是用來強化免疫反應的分子。手臂注入疫苗時，疫苗裡含有佐劑。德國海德堡大學的研究發現，紋身比傳統的佐劑分子更能有效地產生對DNA疫苗的免疫反應。[23]

說到永久的健康效益，細膩的刺青也可以改善明顯的皮膚狀況。刺青可以永久地掩蓋疤痕與白斑，也可以幫落髮者製造短髮的錯覺。刺青的轉變力量，在乳房切除術後的醫療紋身上最為明顯。這類刺青有很多種，從替代乳暈到賦予乳房正常的外觀等等，甚至有人在乳房切除的疤痕上直接刺上勇敢無畏、積極向上的刺青。不過，刺青不見得人人喜歡，尤其是讓人想起疾病與死亡的刺青。許多接受乳癌放射治療的女性在皮膚上留下小圓點，作為放療光束的照射目標。很多患者討厭看到那些圓點，因為那會讓她們想到癌症。不過，英國皇家馬斯登醫院（Royal Marsden Hospital）的研究小組發現一種巧妙的方法，可以讓女性控制醫療色素沉著（medical pigmentation）。[24]他們做了一項研究，其中一半接受放療的女性是以傳統的刺青來引導光束，另一半的患者是採用螢光刺青。這種刺青是源自一九九〇年代的銳舞文化（rave culture）：那是使用特殊的螢光墨水，那種刺青在正常情況下是看不見的，但在紫外線下會發光。研究結果顯示，有那種「隱形紋身」的女性明顯改善了身體自信。她們說，相較於傳統紋身，她們覺得更能控制自己的身體。

社交皮膚也是醫療與傳訊交會的地方，那是以「醫療警訊」紋身的形式展現。我看過一些糖尿病患者在前臂或手腕上刺了標記，以免陷入昏迷時無法以語言溝通。雖然醫療警訊紋身可能有效果，但需要謹慎使用。冷戰期間，美國政府考慮在公民的身上紋上血型，以便在核戰爆發時可以隨時捐血。[25]這個計畫並未推動，只在猶他州與印第安那州做了兩次短暫的試驗，因為醫生並不相信那種以刺青表達的生死決定。二〇一七年，邁阿密大學醫院的醫生評估一位七十歲昏迷患者的狀況。他體內的血液酒精濃度過高，生命跡象迅速惡化。[26]醫療團隊解開他襯衫上的鈕釦，以便裝上心電圖導聯時，馬上看到他的胸膛上刺著「請勿急救」的綠色字樣，下面還有一個模糊褪色的簽名。由於醫院無法聯繫到他的近親，也找不到任何正式的檔案，醫生因此陷入道德兩難。他們最終決定尊重他的意願，不急救，當晚他就過世了。雖然刺青看起來像一種清楚表達願望的持久方式，但我們的念頭變得比皮膚還快。萬一某人其實希望被搶救，但因為沒有時間、精力或金錢去消除紋身，那怎麼辦呢？萬一那個紋身只是玩笑話，或酒醉打賭的結果呢？這也是一些國家的法律（例如英國）堅持你只能透過簽署書面表格的方式（而且要有證人副署），來表達「不急救」（Do Not Attempt Resuscitation）的意願。皮膚就像任何形式的人類交流，它也會造成誤解與不信任。

有人是以刺青來為生命的終了做準備。在中世紀，歐洲十字軍啟程前往聖地時，有些人在胸前刺了大型十字架。萬一不幸喪命，那刺青有助於辨識身分，讓他們以基督教的方式下葬。已故的刺青藝術家傑西・梅斯（Jesse Mays）在北卡羅來納州的勒瓊營海軍基地（Camp Lejeune）附近，開了一間刺青工作室以延續這種傳統。在伊拉克戰爭與阿富汗戰爭期間，梅斯讓各軍階的美軍前來刺上「肉標」。這種永久性的身分識別證就刺在胸腔上方的皮膚上，上面寫著名字、宗教、血型、症狀（比如糖尿病）。

有一些故事甚至提到，有人把逝者的骨灰製成刺青顏料，好讓親人的有形身分持續活在世上。這種心靈紋身使人感覺更有活力，支撐著那個人直到死亡。

✤ ✤ ✤

人類為什麼會想要要紋身？一方面，文明的制度化紋身——從太平洋的毛利人到衣索比亞的哈馬爾部落——是為了凝聚社群及溝通。另一方面，現代的「西式」紋身是個性化及叛逆的象徵。在舊世界，基督教、伊斯蘭教、猶太教禁止紋身好幾百年。但是，從一七六九年庫克船長及奮進號抵達紐西蘭後，與太平洋海灘上那些皮膚意識形態所產生的衝突可以看出，人類透過皮膚溝通的原因比乍看之下更相似。

奮進號是從普利茅斯起航，展開科學探索之旅。當時鮮為人知的自然學家兼植物學家約瑟夫．班克斯（Joseph Banks）也在那艘船上。這位浮誇貴氣的伊頓校友（Old Etonian）是去研究植物的，但他那迷人（但潦草）的日記主要是在記錄探險隊遇到的人。奮進號停靠在大溪地時，班克斯記錄了許多發現（他的日記包括史上第一筆有關衝浪的描述），其中一段是記錄他驚奇地目睹紋身的過程，並第一次寫下「tattowing」這個詞。tattowing是源自波里尼西亞語的tatau。你說這個擬聲字時，可以感覺到刺青師把木梳（通常裝著鯊魚牙齒）敲進島民皮膚的感覺。班克斯注意到，雖然所有的島民都有紋身，但紋身這件事既彰顯個體性，也是一種從眾的展現。

「每個人的身上都有標記，但位置各不相同，那可能是根據他的性格，也可能是根據不同的生活狀況。」

不久，好奇的歐洲水手也跟進這麼做。於是，紋身很快就發展出新的意義，他們把個人成就與故事自豪地印在外皮上：例如，以一支錨象徵航行大西洋；以一隻龜象徵橫越赤道；以一隻燕子象徵完成五千浬的航行。不久，歐洲人也接納了紋身的心靈與迷信意涵。例如，一隻腳刺上豬，另一隻腳刺上公雞，可以避免溺斃；在兩手的指關節刺上字母「HOLD FAST」（抓緊），可以幫你在暴風雨中牢牢地抓住索具。幾個世紀後，在英國伯明罕的一家診所內（伯明罕是英國刺青最多的城市，英國又是全球刺青最多的國家之一），我幫一位病人檢查身體，他的身上有許多現代的刺青圖案。他是中年社工，身上刺了一個錨與一隻燕子，肩上刺了彩色的獅子圖案，心臟上方刺了女兒的名字，皮膚的其他部分覆蓋著凱爾特十字架與漢字等雜七雜八的圖案。乍看之下，現代刺青似乎是完全自由的選擇，某種意義上來說，確實是如此。但研究也顯示，人們選擇西方刺青時——一般認為那是獨特性與個性的象徵——是根據熱門度來挑選圖案，而不是根據個性，這也證實了刺青是一種從眾的展現。強尼．戴普（Johnny Depp）曾說：「身體是我的日誌，刺青是我的故事。」這句話呼應了毛利人的塔莫克紋身，那是為了慶祝個人成就與經歷，也回顧部落與祖先。那是關於自己的故事，但我們希望別人也看到那些印記並參與。

矛盾的是，皮膚這個最人性的器官因為最個人化，也因此最具社交性。人類刻意在身體上以實體展現符號與想法，這實在很特別。當我們永遠把意義寫在皮膚上時，它會產生難以置信的力量，它顯示我們是誰，想成為什麼樣的人。我曾在印度東北部遇到一位「那伽猛虎戰士」，他說紋身是他唯一真正擁有的家當，因為那是他自己創造，而且唯一能帶到來世的東西。紋身與人的交界在哪裡？藉由改變外表，我們試圖以某種方式超越自然的身體。在這個同質化的世界裡，光靠服裝與化妝品很難脫穎而出，紋身是一種把理想的內在自我展現於外的方式。

9 分隔的皮膚
社交器官的陰暗面：疾病，種族、性

「我寧可看不見，也不想讓人看到這個模樣。」

羅患蟠尾絲蟲症（河盲症）的南蘇丹男子。這種病會損害皮膚與眼睛。

我在坦尚尼亞的一家醫院裡，診間內的電扇壞了，室內酷熱難耐，但我又不能脫下不合身的白袍。身為酷愛冷天氣的英國人，這是我來到非洲第一天遇到的最糟狀況。這個小房間裡空蕩蕩的，只有一塊軟木布告欄，上面掛滿藥品圖及愛滋病的教育傳單。艾伯特坐在我旁邊，他是當地的醫生，也是我的老師兼翻譯。丹尼坐在桌子的對面，低著頭，眼睛緊盯著鞋子，他是我那天最後一個病人。他的身材與臉部特徵跟許多年輕的坦尚尼亞男子很像，但顯然他有白化症（albinism）。他的白皮膚看起來很脆弱，近乎半透明，頭上頂著一頭稻草色的頭髮。白化症是基因突變造成的，坦尚尼亞是世界上白化症發病率最高的國家。這種突變使皮膚失去了產生黑色素的功能。少了這層保護，每個白化症患者被迫一輩子都得迴避陽光，也面臨皮膚癌復發的風險。我拿起皮表透光顯微鏡，掃描丹尼的雪白皮膚，看有沒有罹癌的跡象。倘若發現任何東西，我可以用液態氮加以去除，或是把丹尼轉診去動手術。我詢問丹尼之前罹癌的狀況，但他愈來愈沒有興致回應。隨著問診的進行，我逐漸看出罹病的身體層面其實是丹尼最不擔心的事。隨著他緩緩透露自己的情況，我發現，即使太陽對他來說是一種折磨，但他對同胞的恐懼遠遠超越了對太陽的恐懼。

小時候，丹尼的叔叔曾試圖綁架及殺害他，後來有人把他從村子裡解救出來。此後，他就一直在一所與外界隔離、高牆聳立的學校裡度過。那所學校是為了保護白化症孩童，以免他們遭到親友傷害而設立的。現在，他離開了比較安全的學校，對這個充滿敵意的世界幾乎毫無準備。長久以來，坦尚尼亞的白化症患者被稱為zeru（史瓦希利語的「鬼」）或nguruwe（「豬」），但是謀殺與殘害白化症患者的規模是近代才發生的。巫醫的貪婪與鄉民的貧窮，使當地人相信白化症患者的身體部位會帶來好運、財富與政治權力。其他的迷信還包括：白化症患者是惡靈，是歐洲殖民者的鬼魂，或是女人出軌與白人男性發生關係後所產下的後代。據傳，白化症兒童壓碎的四肢可以治癒任何疾病，要價最高。當一整套白化症患者的身體部位可以賣到十萬美元的高價時，就很容易明白巫醫為何不缺有殺人意圖的打手了。[1]

然而，諷刺又殘酷的是，白化症患者因缺乏黑色素，預期壽命已經很短了。丹尼告訴我，白化症的女性，境遇更糟。因為一些坦尚尼亞的鄉下人相信，與白化症患者發生性關係可以治癒愛滋病。如今丹尼已成年，他說他不再擔心自己的安危。對於自己老是被當成外人看待的命運，他似乎已經聽天由命，不再掙扎了。東非白化症患者的困境並非歷史，而是一場默默發生且日益嚴重的人道危機。粗略的估計顯示，二〇〇〇年以來，遭到綁架與殺害的白化症患者有數百人。一位與我在白化症醫療中心共事的非洲醫生確信，實際的數字遠比那個估計值高。祕密的屠殺是關起門來、在家庭內部進行的。

皮膚是一種實體，就像心臟與肝臟一樣真實，但它同時也有獨特的社交性質。單一基因突變雖然只影響皮膚黑色素的產生，卻可以毀了一個人的人生，甚至害他慘遭他人謀殺。東非的白化症讓人清楚看到，即使考慮到文化與種族，皮膚外觀也很容易淪為一種手段：把他人定義為「他者」，以及用來煽動恐懼及滿足貪婪。在英國，膚色不需要太黑或太白，只要**差異很大**，就足以變成分隔你我的關鍵。我記得一位來自伯明罕的巴基斯坦裔女子，她的臉因白斑症而出現塊狀白斑。她談到過去多次的治療經驗，談沒幾分鐘就哭了起來，並斷斷續續提到她可能永遠嫁不出去了。幾個月後，我遇到一位同樣沮喪的印度婦女，她的臉因為一種叫做黑斑（melasma）的疾病而變得暗黑，臉上對稱地散布著深棕色的斑點。這種變黑的現象是動情素與黃體素造成的，它們會刺激黑色素細胞分泌黑色素。動情素與黃體素在懷孕期間會大量產生，所以黑斑常稱為「懷孕的面具」，但這位病人並未懷孕。據推測，懷孕期間，身體試圖保護皮膚中的葉酸不受陽光傷害，才會大量產生動情素與黃體素。這可以解釋，為什麼女性在生育期那幾年，膚色通常最深。這兩名患者的皮膚都是淺棕色，一個人的膚色變淺，另一個人的膚色變深，但她們承受的社交後果一樣。

「黑人的命也是命」（Black lives matter）、「紅皮爭議*」（Redskins controversy）、「好萊塢洗白**」（Hollywood whitewashing）。二〇一八年，在短短一週內，這些詞輪番登上美國某大報的頭條。如今的輿論與爭辯比以前更常談論到膚色問題。影響色素沉著的疾病，導致個體遭到社會排擠。但古往今來導致人類之間出現最大分歧的因素，是先天的膚色差異。為什麼在一公釐厚的外皮上，如此微小的黑色素濃度會造成那麼多的痛苦與折磨呢？誠如第三章所述，膚色大多是由皮膚中黑色素的類型與濃度決定的，這是因為皮膚既是堡壘，也是工廠。章魚般的黑色素細胞分泌黑色素，以避免我們受到UVB的傷害。然而，皮膚也像一塊砧板那樣敞開，渴望那些射線把維生素D前驅物切分成活性型維生素D。人類開始從非洲與

*譯註：美國原住民印地安人認為「redskin」（紅膚）這個字有歧視意味。

**譯註：指好萊塢常由白人演員飾演其他種族的角色。

中東那些陽光充足的炎熱地區遷徙到其他地方後，皮膚開始過著走鋼索的生活：在陽光有限的地區分泌太多黑色素會導致維生素D缺乏；在陽光充足的地方分泌太少黑色素會使皮膚的DNA嚴重受損，也會減少體內的葉酸（這是孕婦生產健康後代所不可或缺的營養素）。[2]人類經過數千年的遷徙與調適後，那些從赤道遷徙到紫外線較弱地區的人群，開始出現比較白皙的皮膚。一張顯示世界各地人類色素沉著的分布圖，幾乎完全吻合美國太空總署（NASA）發布的地球紫外線照射衛星圖。其中有一些明顯的例外，但那些例外更有助於強化這個理論：膚色深沉的因紐特人住在遠離赤道的地方，但他們的膚色深沉很可能是因為，他們以魚和鯨脂為主的膳食中含有特別多的維生素D，彌補了皮膚攝入維生素D不足的影響。也有可能是因為在夏季那幾個月，他們的深色肌膚可以避免極長時間曝曬紫外線所造成的傷害（而且白雪還會強化紫外線的照射）。

在上述的遷徙過程中，皮膚黑色素濃度的微調，使人類各種族呈現出多種美好又獨特的膚色。人類膚色的多元化是許多基因調節不同類型的黑色素所造成的。膚色淺的人可能產生較多的紅黃色「棕黑素」（phaeomelanin，嘴唇、乳頭、紅髮的顏色來源），膚色深的人產生較多棕黑色的「真黑素」（eumelanin，這也是人類皮膚中最多的色素）。黑色素細胞被名叫「第一型黑色素皮質素受體」（melanocortin 1 receptor，簡稱MC1R）的小分子包覆起來，這些小分子啟動時，會減少細胞生產的棕黑素，並以真黑素取代。有紅髮、白膚、雀斑的人，身上的MC1R基因大多有突變，受體無法運作。這種基因突變對移居北歐的人來說有好處，因為北歐的紫外線少。如今這種突變仍很常見，尤其是在凱爾特（Celtic）血統的身上。

不過，即使是適應性很強的皮膚，適應全球化的速度也不夠快。如今我們可以在幾小時內飛越很長的距離，但人類皮膚需要幾千年才能適應那麼長的遷徙。近年來移居高紫外線曝曬區（如澳洲），或經常造訪陽光充足國家的淺膚色歐洲人，罹患皮膚癌的風險顯著增加。相反地，深膚色的人移民至高緯度地區，也可能因為缺乏維生素D而罹患骨質疏鬆症、肌肉無力、憂鬱症。跨大西洋奴隸貿易期間，一千兩百萬名非洲人被迫移到北美，可能是最有名的移民案例。皮膚身為社交性最強的器官，也展現出人性最惡劣的一面，披著歷史的傷痕。皮膚有如一道圍牆，把我們的內心與外界隔離開來，定義了我們，也把他人隔絕在外。皮膚也是人體最明顯的器官，這使皮膚成了一種社交武器，被兩股困擾人類的力量所利用：對身分的追求，以及對權力的渴望。

✤ ✤ ✤

我是誰？我的使命是什麼？哪裡是我融入世界的地方？確認我們存在的基本方式之一，

是感知其他事物——其他人——以及感知他們對我們的反應。定義「自我」，其實也是定義「他者」。包括黑格爾（Hegel）、胡塞爾（Husserl）在內的德國哲學家，畢生致力於瞭解及解釋「我們的意識」與「我們對外界的感知」之間的關係。他們的方法促成了「他者化（othering）的概念，亦即在發展自我意識的過程中，把他人定義成「異於自我」的過程。這對群體也一樣適用：在獨立的類別中處理資訊，比管理現實的複雜性容易多了。因此，我們形成了「自我」的概念，而且很容易透過開玩笑及侮辱，給「他人」貼上負面標籤。

波蘭的社會學家齊格蒙·鮑曼（Zygmunt Bauman）認為，這些群體身分也形成二元的對立類別——動物與人類、外地人與本地人、他們與我們——我們幾乎可以肯定，他是因為他的猶太家族經歷納粹的種族滅絕，才會得出這樣的結論。[3]不同部落與國家之間的敵意，是人類互動的一個特徵。那可以追溯到古早時代，從猶太人與外邦人保持距離，到希臘人與野蠻人的對抗都是例子。但「膚色歧視」（colourism）——以膚色為中心的種族歧視——在十六世紀和十七世紀開始變本加厲。隨著歐洲國家在全球各地建立帝國霸業以及奴隸貿易的出現，歐洲探索時代（European Age of Exploration）獲得了偽科學與分類學的支持。那些偽科學與分類學試圖證明種族主義是合情合理的。形相學（physiognomy，字面意思是「判斷自然」，如今已完全不可信了）聲稱，測量身體特徵可以揭露內在性格。諷刺的是，如今科學與人類學的普遍共識是，所有人在生物學上都是屬於單一種族，而且膚色遺傳學的現代研究就是這種共識的證明。[4] 二〇一七年的一項研究發現，使膚色變淺或變深的基因變體有很多種（研究測量了其中八種），它們分布在世界各地，但在不同的祖先群體之間分布不均——這可以解釋為什麼非洲族裔中有那麼多種膚色。[5] 人類的來回遷徙混合了這些基因，即使在同一地理區或族裔內，膚色也相當多元，所以皮膚不適合用來區分祖系，更遑論毫無證據的生物族（biological race）概念。一九九四年南非結束種族隔離（apartheid，字面意思是apart〔分隔〕+ hood〔狀態〕）並舉行第一次民主選舉時，戴斯蒙·屠圖*（Desmond Tutu）形容這個國家是「彩虹國」。身體皮膚的生理現實影響了社交皮膚。那呼應了屠圖的說法：他懇請大家在人類同屬單一種族的同時，也頌揚個體的基因差異。

皮膚的分隔能力不止局限於色素沉著方面。在中世紀的歐洲，無論是社會頂層還是底層，得了皮膚病都會遭到嘲諷。窮人是因為缺乏營養而遭到嘲諷，過度放縱的頂層精英則是因為皮膚粗糙變紅而遭到醜化。十八世紀末期，當新興的工業城市開始人滿為患時，皮膚很快就變成中產階級的戰場，成為健康與社會地位的象徵。醫學史家理查·巴奈特（Richard

---

*譯註：南非開普敦的聖公會前任大主教，也是南非聖公會首位非裔大主教。

Barnett）認為，工業革命時期，「高領與長裙所隱藏的，不單是資產階級的謙遜」，也隱藏了可能暴露內部缺陷的外部徵兆。「癢」多半是疥瘡造成的，那在十八世紀的英國是隨處可見的皮膚病，卻被視為貧窮與道德瑕疵的象徵。[6]這不止是歷史，現在仍是如此。我記得有一次我診斷一位中產階級的中年婦女罹患疥瘡時，她的反應是：「這實在太丟臉了，我不該得這種病的。」

以皮膚作為一張全新畫布來勾勒階級，是一種比較新的社會發展（在西方世界約有三百年的歷史），但人類皮膚始終有一股原始的力量，使人對傳染病產生恐懼，其中又以人類最古老的敵人「天花」為最。天花是由一種不起眼的磚狀病毒（名叫天花病毒〔Variola〕）引起的，它在人類歷史上造成了難以想像的死亡人數。一開始，舌頭上會出現小紅點，並伴隨著發燒、頭痛欲裂、噁心等症狀。二十四小時內，紅疹會覆蓋全身，平坦的紅疹變成充滿液體的腫塊，中間有典型的臍狀凹陷。從發病到腫塊結痂的一週內，患者只靠觸摸，就能傳播死亡。

西班牙殖民者把天花從歐洲帶到毫無準備的新世界導致九成的美洲人口喪生，死亡人數比饑荒與戰爭所造成的死亡加起來還多。許多感染天花但倖存下來的人，因天花特有的凹陷型水皰，而留下永久變形的疤痕。天花病毒不會歧視任何人種——至少看起來是這樣。一七九六年，天花在歐洲的每個社群肆虐時，特立獨行又優秀的醫生愛德華．詹納（Edward Jenner）在英國格羅斯特郡（Gloucestershire）的鄉間行醫，他注意到一個有趣的異常現象。據傳，擠奶女工都有美麗無暇的皮膚。詹納沿著鄉間小路散步時，經過農場、田野與村莊，他發現只有擠奶女工的皮膚沒有痘疤，完全不受天花病毒的影響。經過深思熟慮後，他假設她們其實感染了牛痘，那是比較輕微的牛天花，所以對天花產生了免疫力。[7] 為了驗證他的理論，他從罹患牛痘的擠奶女工莎拉．奈姆斯（Sarah Nelmes）的身上取下膿液，把它注入當地男孩詹姆斯．菲普斯（James Phipps）的手臂切口中。幾天後，詹納又為菲普斯注入天花感染者身上的結痂物，結果什麼也沒發生。這個從「白皙皮膚」傳說所衍生的發現，促成了全球第一種疫苗的誕生（疫苗的英語是vaccine，vaccus是拉丁語的「牛」）。[8] 這個發現無疑使詹納成為史上拯救最多性命的科學家。但是要殺死這種讓人留疤的天花怪獸需要時間，光是二十世紀，天花就奪走了四億人的生命。最後一位受害者是一九七八年的醫學攝影師珍妮．帕克（Janet Parker）。她在伯明罕醫學院的解剖系工作（順道一提，那也是我以前上解剖學的地方），偶然地接觸到病毒（當時樓下的實驗室正在培養及研究這種病毒）。那次事件促使全球各地開始摧毀所有庫存的天花病毒，只剩美國與俄羅斯各一家實驗室保留著。那些存放紅色瘟疫的剩餘瓶子也助長了生物戰的謠言與恐懼。

天花之所以令人恐懼，是因為它有傳染性，而且往往是致命的。但許多皮膚病之所以令人恐懼，不是因為致命，而是因為它們會毀損皮膚的外觀。南蘇丹於二〇一一年獲得獨立，但兩年後陷入內戰與種族暴力。在東非，我遇到逃離南蘇丹的年輕醫生以利亞。他與我討論一種在農村地區肆虐的可怕傳染性皮膚病。他說：「如果說種族鬥爭導致村莊分裂，那麼蟠尾絲蟲症則是導致家庭分裂。」

蟠尾絲蟲症，又稱「河盲症」。第二章提過，那是由一種活在黑蠅唾液中的寄生蟲所造成的疾病。那種寄生蟲跑到人類身上時，除了會導致可預防的失明以外，也會引發極度搔癢及皮膚變形。以利亞說，他的病人往往覺得那種皮膚病比失明還痛苦，他曾聽一位患者說：「我寧可看不見，也不想讓人看到這個模樣。」蟠尾絲蟲症會引發難以形容的巨癢，導致患者刮傷皮膚，直到皮膚永久變形。此外，當地人把嚴重的斑狀皮膚脫色稱為「豹皮」；把萎縮、鬆弛的皮膚稱為「蜥蜴皮」；把變厚的皮膚稱為「象皮」。這些都不是無關緊要的稱法。在偏遠地區，有這種動物般的外表是一種詛咒，患者可能因此被趕出家門與社群。以動物特質來形容人，稱為「動物形態化」（zoomorphism），但是從人類身上剝奪人性時，稱為「獸化」（beastification）可能更為貼切。歷史上常看到藉由皮膚剝奪人性以消滅某個群體的例子。一九三〇年代，猶太人因謠傳皮膚感染了「猶太癢」（Judenkratze），再加上納粹的海報誇大了他們的臉部特徵，而被描繪成遷徙到德國的流浪鼠。電影《永遠的猶太人》（*Der Ewige Jude*）的旁白說：「老鼠是動物界的禍害，猶太人則是人類的禍害。」納粹官方強迫東進的黨衛軍（SS）看那部電影，以執行最終解決方案*（Final Solution）的非人道行為。

✤ ✤ ✤

古往今來，許多社會對男性與女性抱持不同的理想，皮膚是界定性別的強大界線，卻常遭到忽視。許多文化認為，擁有白皙、細緻的皮膚是女性化的，透亮的皮膚意味著開放、天真、真誠。另一方面，他們希望男性的皮膚是黝黑的，有如穿不透的盔甲。儘管這些差異顯然是把社會的價值觀投射在皮膚上，但有趣的問題是，這是否受到生物學的啟發。在任一個種族中，女性的膚色通常比較淺，那是因為女性可能需要較多的維生素D與鈣以便生育。男性因睪固酮的濃度較高，皮膚比女性厚了約四分之一，而且表皮最上層的厚度使男性皮膚看起來比較粗糙。男性真皮中的膠原蛋白密度往往比較高，而且隨著年齡增長，男性流失膠原蛋白的速度也比女性慢。於是，這讓人不禁好奇，為什麼男性皮膚的衰老速度似乎沒有比女性慢。雖然這沒有明確的答案，但研究顯示，平均而言，男性一生中比較常在未防護下曝曬

*譯註：二戰期間，納粹殺死歐洲所有猶太人的計畫，造成一九四一至一九四五年間六百萬猶太人遇害。

陽光，那可能抵消了他們緩慢衰老的優勢。[9]

許多傳說中，男性戰士把他們的皮膚厚度從生理層面擴展到形而上的層面：把皮膚當成無法穿透的盔甲。希臘英雄阿基里斯（Achilles）幼時曾泡在冥河中；傳說中的德國戰士齊格菲（Siegfried）更戲劇性，他曾以龍血沐浴。這些洗禮使那些神話人物的皮膚變得刀槍不入，但微小的弱點（阿基里斯未泡到河水的腳後跟，和齊格菲肩胛骨之間的一小塊皮膚）卻成了這些勇士的致命傷。即使是看似所向無敵的英雄，皮膚也是最脆弱、最人性的器官。

從古至今，民間傳說及可疑的科學，傳播、誇大、利用了皮膚的「性別分隔」特質。丹尼爾．特納（Daniel Turner）於一七一四年出版的《皮膚病論》（*De Morbis Cutaneis: A Treatise of Diseases Incident to the Skin*）可說是英國第一本皮膚教科書。特納在書中主張，孕婦的「想像」可在胎兒的皮膚上留下印記。[10]這種「母性印象」理論（如今已遭推翻）反映了當時的普遍觀點：孕婦看到令她恐懼的東西時，那個物體會透過她的情緒，投射到胎兒身上。幸好，現代的遺傳學已經證實，你背上那顆長毛的痣不是母親懷孕時被熊追著跑的結果。不過，這段歷史仍延續至今，德語及荷蘭語的「痣」分別是Muttermal與moedervlekken——直譯是「母斑」。

那麼，痣究竟是什麼呢？胎記又是什麼呢？痣與胎記有各種大小與顏色，它們都是皮膚不同組成的良性過度增生，通常是色素沉著（由黑色素細胞造成）或血管性的（源自血管）。痣的正式名稱是「黑色素細胞母斑」（common melanocytic nevus）。痣的顏色通常是介於深棕色到黑色之間，那是胎兒在第五週與二十五週之間出現小型局部基因突變所造成的——發生得愈早，痣愈大。痣會伴隨我們一輩子，但先天的胎記則不一定。「蒙古斑」（Mongolian spots）是一種扁平的藍色斑塊，通常位於嬰兒的背部與臀部，幾乎在青春期以前都會消失。這個名稱是德國醫生艾爾文・貝爾茲（Erwin Balz）取的，他在十九世紀末擔任日本皇室的御醫。他誤以為那種胎記主要是長在蒙古人身上，但實際上，整個亞洲、大洋洲、拉丁美洲都很常見。胚胎發育的過程中，黑色素細胞應該移到表皮，卻卡在真皮的下半部，才會出現那種胎記。這種胎記幾乎是以半透明的形式存在表皮的後面，所以呈奇特的藍色。一般把蒙古斑歸類為「色斑」（macule），意指會變色，但表面不會突起或凹陷。其他的色斑包括咖啡牛奶斑（cafe-au-lait spot），那是呈現咖啡牛奶的顏色。色斑本身無害，但通常是許多遺傳病的前兆，例如神經纖維瘤（neurofibromatosis，腫瘤沿著神經生長）。

說到血管性胎記，每次我去新生兒病房，幾乎都會看到嬰兒脖子的後面有明顯的粉紅色胎記。「頸部焰色母斑」（nevus flammeus nuchae，接生婆比較詩意的口語說法是「送子鳥的叼痕」）在白皮膚上很常見，通常是暫時的。另一種在嬰兒身上常見的良性血管生長是嬰兒血管瘤（infantile haemangioma），或稱「草莓狀紅痣」（strawberry mark）。這種凸起的紅痣顏色鮮豔，有時很大，可能看起來很嚇人，但大多會消失，不會留下痕跡。這種紅痣的出現與消失對科學家來說依然成謎。

當然，有些可見的胎記不會消失，而且因胎記的位置及個人的不同，可能造成嚴重的心理與社交影響。一般認為，這種獨特的「紅酒漬」是因為人體局部缺乏掌控血管擴張與收縮的神經，因此造成永久性的擴張及血液淤積。歷史上，女性不僅因為把這些螺紋與斑塊傳給子女而遭到指責，也因為自己身上的胎記而受到評斷——從不純潔到個性缺陷等等，解讀五花八門，但這些評斷主要是反映觀者，而不是胎記的主人。在塞勒姆獵巫事件（Salem witch trial）中，女性被標記為女巫並遭到處決，部分原因在於有人覺得她們皮膚上的斑紋與魔鬼有關。但是相較之下，十八世紀，美人痣卻神祕地崛起。[11]或許是因為美人痣突顯出皮膚的白皙，或剛好遮蓋了天花的痘疤。又或者，美人痣的誘惑有更神祕的原因。倫敦大學學院的藝術史學家凱倫・赫恩（Karen Hearn）指出，人類對美人痣的欣賞可追溯到古代：「據傳女神維納斯有一顆痣。原本完美的身體出現這樣小小的缺陷，反而更增顯出她的美麗。[12]」有些人會從皮膚的斑紋來推斷性格，一些古文化把這種作法發揮到極致，亦即所謂的「痣相算命」（moleosophy），這是一門大家早已遺忘的學問，跟「看手相」一樣不科學。

✤ ✤ ✤

皮膚是人體最大的性器官。由於社會亟欲評斷及區隔個體，皮膚常變成毀謗的工具。例如，義大利人稱之為「法國病」，法國人稱之為「義大利病」，俄羅斯人稱之為「波蘭病」，土耳其人稱之為「基督教病」。那是一四九五年，法軍包圍了義大利的城市那不勒斯。法軍與其西班牙的雇傭兵不知怎的，突然開始長出球狀膿皰，滲出酸臭的膿液，最後皮膚開始脫落。「大水痘」（the great pox）亦即俗稱的梅毒，已傳到歐洲了。一種理論認為那種病是源自美洲，是一四九二年哥倫布航行結束後，乘著歐洲船隻從新大陸帶回來的。在哥倫布大交換（Columbian exchange）的早期，商品、思想、疾病橫越大西洋交流。相較於摧殘新大陸的天花（名叫「小水痘」，但其實更致命），梅毒對歐洲的打擊比較溫和。在歐洲，人們很快就發現梅毒與性行為有關，因此迅速出現嚴重的汙名化。

這種社交性極高的皮膚病在皮膚上的演變很獨特，也比較容易預測，但醫生對這種疾病的醫療進展深感興趣，延續了好幾世紀。這種醜陋的疾病是由美麗的螺旋狀細菌引起的：梅毒螺旋體（*Treponema pallidum*）。這種形狀的細菌稱為螺旋體（spirochete），看起來像盤繞的蛇或薯捲（如果你像我的老師那樣喜歡美食，他總是可以把任何細菌講得好像可以吃一樣）。它們是專性寄生蟲（obligate parasite），也就是說，它們只能在宿主的身上生存，並藉由性接觸或直接接觸開放性的皮膚損傷，傳給新宿主。

假設這種螺旋體細菌從被感染的雌性陰道，傳到一個未被感染的男性陰莖上，並在上面形成新的菌落。在性接觸後的那幾週，螺旋體會開始以陰莖上的接觸點為家，破壞組織，形成一種叫下疳（chancre）的小潰瘍。下疳不會痛，卻有如險惡的蛇坑，充滿液體，孕育著不斷增加的細菌。這種初期病兆（侵入的「X標記點」）通常在一兩個月內會消失。雖然這種無痛的「初期梅毒」可以隱藏起來，外人看不見，但幾個月後，病情就會曝光。螺旋體離開位於陰莖頂端的巢穴，穿過新宿主的淋巴系統，最終抵達血液。來到皮膚時，它們會使真皮血管的內壁發炎，引起「二期梅毒」的全身紅疹：軀幹上出現紅色不癢的斑點（平坦）與丘疹（隆起），並透過四肢擴散到宿主的手掌。許多外界認為獨身的牧師或良家婦女（甚至教宗）因為皮膚出現這些症狀而洩露了染病的祕密。那些明確的標記成了外界有目共睹的證據。

接著，一切回歸平靜，症狀消失，疾病進入潛伏期，螺旋體退回內部器官的小血管，在二到二十年間完全不會被發現。隨著抗生素的出現，「三期梅毒」這個通常會致命的最後階段如今在已開發國家已經很少見了。即使宿主體內的螺旋體含量很低，他的免疫系統也會過度反應，形成梅毒腫（gumma，那是一種發炎球，以免疫細胞為核心，外面包覆著一層很厚的纖維母細胞）。在抗生素尚未出現的年代，這些不斷生長的梅毒腫會破壞體內的任何組織，使皮膚變形、臉部變形，最終導致緩慢又屈辱的死亡。二十世紀以前，把水銀塗抹在皮膚上或以蒸氣的形式吸入水銀，是那些財力許可者的治療首選（儘管水銀的毒性很高，而且幾乎無法減輕症狀）。那也因此促成了一句俗諺：「與金星（指美女或性愛）共度一夜，與水星（指水銀）共度一生。」

當社會上有許多人認為性病的罪惡會使人永遠承受折磨時，隱瞞皮膚的症狀就變得跟治療一樣重要。梅毒在歐洲出現後，愈來愈多女性（和男性）在化妝時，有愈塗愈厚的傾向。

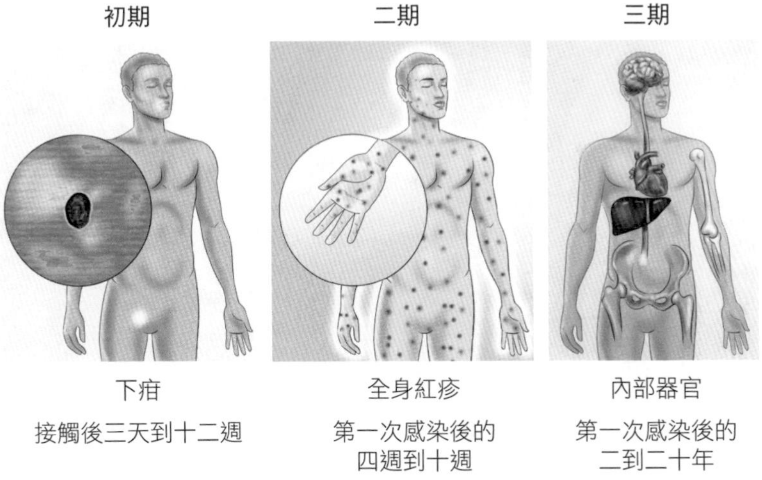

梅毒的階段

十五世紀渴望權力的義大利貴族切薩雷・波吉亞（Cesare Borgia）曾有「義大利最帥男人」的稱號，但在他生命的最後幾年，他以皮革面具遮住了一半的臉，以隱藏罪孽的後果。

從古至今，那些與不道德的性行為有關的疾病，把皮膚變成了一種武器。這種武器可以造成可怕的不公不義。一九三二年，美國公共衛生局（US Public Health Service）與阿拉巴馬州的塔斯提吉學院（Tuskegee Institute）啟動一項實驗，以觀察未治療梅毒的進展。在四十年間，他們觀察了近四百位感染梅毒的黑人男性，政府給予他們免費醫療作為獎勵。但那其實是謊言：儘管青黴素可以治癒這種可怕的疾病，而且一九四〇年代已證實它在人類身上有療效，但這些梅毒患者並未獲得必要的藥物治療。後來，有二十八人死於梅毒，約一百人死於相關的併發症。這種實驗之所以能夠進行，是因為參試者的黑皮膚使他們變成社會弱勢，而梅毒又導致他們進一步被剝奪了人性，被當成實驗室的老鼠看待。美國醫學研究史上這段暗黑的歷史，促使美國在一九七四年公布《國家研究法》（*National Research Act*），把人體實驗規範載入法律中。

隨著抗生素在二十世紀的上半葉出現，梅毒有了平價的治療方案，大眾開始遺忘這種性病的丟臉形象。不過，幾十年後，皮膚上突然又出現另一種性傳染病的症狀。這種性傳染病不僅讓人看到患者身體的孱弱，也顯現了社會對偏差行為、醜聞、恥辱的解讀。在一九九三年的電影《費城》（*Philadelphia*）中，湯姆・漢克斯（Tom Hanks）飾演一家大型律師事務所的資深律師安德魯・貝克特（Andrew Beckett）。在電影開始不久，貝克特的同事注意到他的額頭上有一個紫色斑點。那個看似無害的紫色腫塊是卡波西氏肉瘤（Kaposi sarcoma）：一種定義愛滋病的罕見皮膚病。卡波西氏肉瘤也變成通往貝克特內心深處的洞，因為它向充滿敵意的社會揭露了他的疾病。貝克特試圖掩飾皮膚透露的祕密，因為當時的社會認為那是一種不道德的病，大致上是未知且無法治療的，而且大眾也因為那種病與同性的性行為有關而產生嫌惡感。在那個對愛滋病感到恐懼又嫌惡的年代，貝克特慘遭公司解雇。

《費城》透過皮膚這道稜鏡，以及大眾對隱藏在皮膚下的疾病所產生的恐懼，成為好萊塢最早公開講述美國同性戀議題的電影。一九八〇年代初期，由人類免疫缺陷病毒（ＨＩＶ）所引起的「後天免疫缺乏症候群」（ＡＩＤＳ）在全球爆發。這種毀滅性的疾病原本簡稱為「同性戀相關的免疫缺陷症」（gay-related immunodeficiency），因為它在加州的男同性戀社群中爆發。雖然那個名稱在一年內改成ＡＩＤＳ，當時大家仍普遍認為那個疾病與性異常有關，那種偏見一直很難擺脫。愛滋病當然不止是一種皮膚病，但是約九成的ＨＩＶ感染者在整個罹病過程中都會出現皮膚病，而且通常是那些皮膚病導致他人知道他們罹患愛滋。ＨＩＶ清除了免疫系統的關鍵組成，為一系列伺機而動的皮膚感染敞開了大門，那些皮膚感染就像肆虐身體的疾病一樣多元，也令人費解，包括傳染性軟疣病毒（*Molluscum contagiosum* virus）的肉芽腫塊、在卡波西氏肉瘤的紅紫色毒瘤中發現的皰疹病毒。它們也很難控制，在全身肆虐，造成各種皮膚損害（濕疹、帶狀皰疹、脂漏性皮膚炎、疥瘡、光敏性、疣、鵝口瘡……，不勝枚舉）。

二十世紀末，新加坡打擊「金三角」（緬甸、泰國、寮國之間百萬平方公里的罌粟田）的海洛因走私活動時，毒梟在印度與緬甸的邊境開闢了新的走私路線。這個極其偏遠的地區包含印度的那加蘭邦（Nagaland）。我造訪那裡的山間城鎮與村莊時，一位當地的醫生歸納了如今愛滋病患者所面臨的恥辱。「以前那是同性戀的罪孽，後來隘口那些淫亂的卡車司機與妓女也感染了，如今則是因為海洛因注射而感染。套用你們英國人的說法：『性，毒品，搖滾。（Sex, drug, rock and roll）』有些人認為，你有愛滋病的印記，就不屬於這裡，所以罹患這種病的人不得不躲起來生活。現在我們可以治療愛滋病了，但患者不敢主動站出來，等到為時已晚或感染別人了才被發現。」

即使是那些曾經身為當地政要，以及在嚴格的印度種姓制度中身處高位的人，也可能在傳出感染ＨＩＶ的謠言後，淪為「賤民」（untouchable，因穢不可觸而稱賤民）。那些有明顯皮膚症狀的人免不了會先曝光，在某些情況下，大家真的認為他們「不可觸摸」

（untouchable）。我遇過一位醫學專業人士，他認為愛滋病毒是透過皮膚接觸傳播的。大家不想瞭解愛滋病，因此有人推論，如果你得了那種病，最好躲起來別讓人看見。

愛滋病爆發後所引發的道德恐慌，促使全球各界紛紛投入資源治療它，但矛盾的是，這也導致這種「見不得人」的疾病潛藏起來，並因持續的無知而加速傳播。不過，對今天的患者來說，他們再也不需要坐以待斃。現在那些針對愛滋病毒的藥物便宜又有效，但真正解決這種可怕疾病的唯一方法還是消除社會偏見。照顧患者、鼓勵檢測、讓那加蘭邦人勇敢談論愛滋病毒與愛滋病的方案都發揮了效果。我有幸在愛滋病童中心待了一段時間，我在那裡得知，一半以上的愛滋病童有明顯的皮膚病。抗愛滋的藥物很重要，但同樣重要的是，我們必須讓孩子產生信心與希望，這樣一來，他們才不會被迫活在負面的標籤下。

✤ ✤ ✤

有一種眾所皆知的古老皮膚病，約有一半的患者位於印度。古往今來，痲瘋病最能顯現皮膚對社會的影響。造訪非洲期間，我一直在尋找這種疾病的身體與社交症狀。我去塞倫蓋蒂探索馬賽的醫藥後，打算去參觀一家大型的痲瘋病中心，因為有人告訴我那個地方就在附近。我只知道那個中心的名稱，但沒有地址。我徒勞地四處打聽它的確切位置，後來偶然間遇到一位當地的醫生，他才猶豫地告訴我一個村莊的名字。

要到那種地方，常用的交通工具是惡名昭彰的達拉達拉（dala dala）。這種破舊、冒煙、擁擠不堪的小巴士在坦尚尼亞隨處可見，它的名稱聽起來像「美元」（dollar）的變體。達拉達拉簡直就是坦尚尼亞道路上的肇事王，後來我認識的當地整形外科醫生也證實了這點。我夾在一大袋米及兩位坦尚尼亞的大嬸之間，她們聽我講洋涇浜的史瓦希利語就樂得開心。我熬了三個小時，車掌才搖搖欲墜地站在小巴士的門邊，拍打巴士的車頂，大喊那個村莊的名稱：「Maji ya Chai!」它的字面意思是「茶水」，那是源自一條流經那個寂靜村莊中央的紅色山溪。然而，即使到了村子裡，也沒有人知道那間全國最大的痲瘋病中心在哪裡。每次我在村裡向肉販、烘焙師傅、粟米粥小販提到痲瘋病時（史瓦希利語是ukoma），他們總是一臉茫然。後來，我問到一個不到十五歲的男孩，他示意我坐上他的摩托車後座。於是，我們開始顛簸地穿過一條泥土路，遠離文明，深入農田，避開坑窪與咯咯叫的母雞。一路上，我死命地抓著那個男孩的身體。那個中心確實是在一個荒無人煙、鳥不生蛋的地方，四個友善的修女親切地管理那個中心及照顧約三十位痲瘋病患，她們邀請我入內造訪那裡的院友。

在克麗絲蒂修女的翻譯下，我與尼克森交談，他住在那裡二十年了。他出生貧困，十八、九歲時診斷出罹患痲瘋病。為了不讓病情曝光，他迴避治療，結果五官開始變粗，後來也開始失去腳趾頭。那種病不會痛，但是就像他說的：「我寧可感受一切疼痛，也不願承受羞恥的痛苦。」他的父親跋涉了數百哩路，把他送來這裡。家人偶爾來訪幾次後，尼克森就再也沒見過他們了。

一八七三年，挪威醫生阿瑪爾．漢生（Armauer Hansen）找到了痲瘋病的病原體。[13]這種史上最惡名昭彰、造成最多人際關係分裂的疾病，是一種痲瘋桿菌（*Mycobacterium leprae*）造成的慢性感染。它會導致皮膚出現色素減退的斑塊（通常是白色），伴隨著感覺神經受損。痲瘋桿菌是一種奇特的細菌，它既脆弱又狡猾，活在許旺細胞（Schwann cell，神經線路的絕緣體），甚至巨噬細胞（我們自己的免疫細胞）內以躲避免疫系統。它侵入人類宿主以尋找家園時，對於定居點很敏感。它們比較喜歡人類神經末梢區域的較冷環境，所以遍布在皮膚的神經上。事實上，由於它們喜歡低溫環境，現在已知痲瘋桿菌的另一種宿主是九帶犰狳（nine-banded armadillo），因為這種小型的披甲動物與人類的皮膚一樣低溫。[14]痲瘋桿菌的生長速度也是出了名的慢，它們的數量需要約十四天才能翻倍。相較之下，金黃色葡萄球菌在皮膚上僅需三十分鐘就翻倍，大腸桿菌在腸道裡僅需十八分鐘就翻倍。

這種龜毛又慢吞吞的細菌，是少數我們完全無法在實驗室裡培育的細菌之一。所以，儘管現在我們可用抗生素完全治癒痲瘋病了，這個古老的疾病仍充滿了迷思與神祕。一般認為，痲瘋病是導致患者手指與腳趾脫落的原因，其實不然。患者是先失去溫度感，然後失去輕觸感，後來才失去疼痛感。在沒有痛苦的警示下，患者因割傷與燒傷而損傷外表皮，如此衍生的感染常對手指、腳趾、臉部的結構造成永久的傷害。另一個普遍的誤解是，痲瘋病的傳染性很強，但它其實是傳染性最低的疾病之一，百分之九十五的人先天對它有免疫力。[15]或許因為痲瘋病會造成永久變形，再加上它有一定程度的傳染性，所以幾千年來痲瘋病一直讓人類恐懼不已。

《聖經》利未記十三章四十六節說：痲瘋症患者「既是不潔淨，就要獨居營外」。希伯來語的痲瘋病是tsara。在很多情況下，那不是指我們知道的痲瘋病，而是指其他可見的皮膚病，例如乾癬與白斑。這些疾病的共同特徵是，它們不止有破壞性，也毀損外貌，大家總覺得患者不乾淨、很髒。tsara也可以大略翻譯成：遭到上帝羞辱或打擊。身體的不完美是人類遭到上帝遺棄的症狀，所以痲瘋病人的隔離不止是身體上的隔離，也是一種心理上的排擠。那些患者必須至少離營七天，祭司會親自察看，以確定他們是否變「乾淨」、可以回去了。《阿闥婆吠陀》（*Atharva Veda*）、《摩奴法論》（Laws of Manu）等古印度文獻中也提到，痲瘋病人需要隔離；這種疾病的出現是對個人或家庭罪孽的一種懲罰。[16]耶穌醫治的第一個人是痲瘋病人並非巧合。

西元三七九年，君士坦丁堡的大主教聖格列高利（St Gregory of Nazianzus）宣布，痲瘋病人「除了罪孽仍在以外，已經死了」。中世紀對痲瘋病人的對待也好不到哪裡去。一般認為，在中世紀的歐洲，痲瘋病人是住在痲瘋醫院裡，與社會隔絕，但這種認知不完全正確，那時依然充斥著汙名化與迷信。痲瘋病人因皮膚病纏身而被視為活死人，他們在世上遊蕩，卻無法合法地享有土地或財產。可想而知，許多痲瘋病人從城鎮躲進痲瘋醫院，而那些繼續住在城鎮裡的病人則是隨身攜帶一個小鈴鐺，讓鈴鐺聲提醒城鎮的居民他們來了。不過，在某些情況下，痲瘋病人反而受到尊敬，因為有些人相信他們是煉獄裡的人，正在為過往人生的罪孽贖罪，透過受苦來獲得救贖。與此同時，大家有時會把那些敢接觸及醫治這些病人的醫生與牧師奉為聖人。聖拉薩路修會（The Order of Saint Lazarus）是西元一一一九年由十字軍在耶路撒冷建立的，當時他們也為痲瘋病人設立了一家醫院，該會的名字反映了被耶穌奇蹟式復活的聖經人物拉薩路*。

*譯註：新約《聖經》約翰福音第十一章記載，拉薩路病死後埋葬在一個洞穴中。四天後，耶穌吩咐他從墳墓中出來，因而奇蹟似的復活。新約聖經並未明確指出拉撒路是痲瘋病人，但由於拉撒路是罹患惡疾迅速過世，復活前纏滿繃帶，而在中世紀，最讓人害怕的惡疾之一便是痲瘋病，因此日後大家覺得拉撒路是痲瘋病患，也是保護窮人與痲瘋病患的聖人。所以這個以痲瘋病患為主要成員的修會，以痲瘋病人的守護神為名，稱為聖拉薩路修會。

有人可能以為，漢生發現痲瘋病是一種細菌感染後，與這種疾病有關的身體、社交、心理恥辱應該會減少，但事實正好相反。歐洲殖民者與旅行者發現這種病在窮人中特別常見（一般人常認為窮人是因為道德墮落才變窮），因此為這種已經遭到汙名化的疾病又增添了道德與性偏差的意涵。一八八九年傳教士萊特（H.P. Wright）出版《痲瘋病，一種帝國的危險》（*Leprosy, An Imperial Danger*）一書，從書名就可以看出大家對道德與身體感染的恐懼。[17]在英屬印度，痲瘋病人是以系統化、制度化的規模，隔絕在社群之外。世界各地也紛紛出現這種痲瘋病人聚居地（leprosaria），其中一個是位於夏威夷王國（Kingdom of Hawaii）的摩洛凱島（Molokai）。中國人與歐洲人把這種疾病帶到夏威夷王國，導致當地人慘遭蹂躪，所以他們在摩洛凱島建造了痲瘋病人聚居地。一八七三年，羅馬天主教的神父兼傳教士達米恩（Damien）從比利時來到這裡。未感染的歐洲人幾乎不會想要住在那裡，但達米安神父決定與痲瘋病人住在一起，幫他們包紮傷口，也用同樣的碗進食。[18]他最終也感染了痲瘋病，於一八八九年過世，得年四十九歲。他除了在二〇〇九年獲得天主教會封為聖徒以外，他的犧牲精神以及對窮人的關懷也催生了數以千計的慈善機構。

痲瘋病以任何方式來看，都是一種身體疾病，但古往今來，它可能是人類最典型的社交疾病。如今大家仍普遍認為它有很強的傳染性，但它其實是所有傳染病中傳染性最低的一種。即便是今天，這個事實仍鮮為人知，人類仍想盡辦法確保痲瘋病人「獨居營外」。每當我回想那趟前往痲瘋病中心的漫長曲折之旅，就想起我向當地人問路時，他們一臉茫然的表情。當地人寧可不知道那個地方在哪裡。每個時代，無論在哪裡發現痲瘋病，痲瘋病總是與道德缺陷連結在一起。皮膚不僅定義個體，也會影響語言：「痲瘋病人」（leper）這個字的廣泛使用（經常帶有貶義），顯示這個疾病曾定義了這些病人的身分，如今有時候依然如此。我對英國的醫生提起痲瘋病時，一再聽到他們反問：「痲瘋病基本上不是已經根除了嗎？」痲瘋病確實可以透過六個月或十二個月的抗生素療程加以治癒。過去幾十年間，開發中國家有效地引進這些療法，確實使痲瘋病的數量急劇下降。儘管如此，據估計，目前全球仍有二十多萬人罹患痲瘋病，而且這個數字可能還大大低估了實際的數字，因為在許多社會中，這種病依然遭到嚴重的污名化，導致有些病人不願站出來。如果痲瘋病不是顯而易見的皮膚病，這種汙名就不存在了。

✤ ✤ ✤

社會覺得痲瘋病是一種詛咒或罪孽，所以試圖掩蓋這種疾病是很常見的現象。不過，皮膚分隔大家的力量，也促使許多人想要改變自己的健康外表。我從痲瘋醫院往東走，到了東非的港市三蘭港（Dar es Salaam），那裡是史瓦希利語世界的最大城市。舉目所及，新建的公寓街區在這個充滿棚屋的城市中，如雨後春筍般崛起，但許多公寓建到一半已遭棄置。世界各地有一種現象正持續成長，這裡是探索那種現象的好機會：皮膚漂白。皮膚漂白在歐洲已流傳好幾個世紀，它使富人遠離了農田與農場。十五世紀，知名的英國校長威廉・霍曼（William Horman）最早提起這種現象。他注意到，女性為了漂白皮膚，「把白鉛與醋塗在臉上」。[19]這種中世紀的作法如今已經轉移到現代的開發中國家。在撒哈拉以南非洲的城市中，三分之一的女性（以及愈來愈多的男性）會定期使用刺激性的乳霜來淡化黑色皮膚。許多乳霜已遭到禁用，但禁令反而導致更危險的假冒品廣為流傳（有些含汞產品可能導致腎衰竭及精神病）。二〇一九年，盧安達（Rwanda）警方為了遏制日益猖獗的美白產品非法交易，突然搜檢全國各地的美容師與化學廠。[20]但這種乳霜的效果不僅是身體的，從非洲各地報導皮膚漂白議題的專欄與廣播節目可以看出，這已經構成一場社會危機。

我與當地的學生卡蜜兒見面。她透露，她有一半以上的朋友漂白皮膚。她反問道：「為什麼年輕人以身為黑人為恥呢？這種現象隨處可見。廣告看板上的模特兒，坦尚尼亞嘻哈音樂（bongo flava）影片中的淺膚色歌手都是如此。現在只有淺膚色才算漂亮。」

卡蜜兒告訴我，在她的朋友圈中，漂白不是為了變得更「西化」，而是為了擺脫過去的貧困。許多剛從鄉下遷居三蘭港的人會漂白皮膚，藉此掩蓋多年來在田野間曝曬陽光的恥辱。一位當地的醫生失望地說：「在非洲，不是只有變色龍才會為了生存而改變顏色。」

皮膚是個體與群體接觸的地方，也是生物與文化碰觸的地方。雖然人體皮膚是抵禦各種威脅的屏障，但皮膚的社交力常使它變成一種武器。透過皮膚這道稜鏡，很容易看到人性中比較黑暗的面向。某種程度上來說，我們都有創造「他者」的能力。但是皮膚既奇妙又矛盾的地方在於：我們愈瞭解這種人性器官的科學與美麗，就愈清楚每個人皮膚底下的本質並沒有好壞之分。

10 心靈皮膚

皮膚如何塑造我們的思維：宗教、哲理、語言

「皮膚是實體，是載體，也是比喻。」

史蒂芬・康納教授（Steven Connor）1

有一次造訪印度的加爾各答時，我第一次意識到皮膚在宗教中的力量。世界上找不到像加爾各答這樣不斷擴張又充滿反差的大都會，這裡蓬勃發展的同時，也支離破碎。加爾各答是印度東部的文化與商業中心，也是赤貧人口的家園。在這裡，從印度新貴的豪宅頂層眺望出去，映入眼簾的盡是髒汙的貧民窟。某晚，我漫步離開市中心那些宏偉的維多利亞式建築，試圖探索「真實」的城市。我從一條小街走到一條擁擠的大路時，瞥見一個景象。那一閃即過的畫面，吸引了我的目光。儘管城市的街頭熙熙攘攘，在對街布滿灰塵的路邊，有一位全裸的印度教娑度（sadhu，印度教的聖人，尤指離群索居的隱士）正盤腿坐著，專心地

冥想。一群穿著黑色罩袍（有如她們的第二層肌膚）的穆斯林婦女剛好走過那裡，瞬間遮住了我的視線。裟度與穆斯林婦女都展現了他們的信仰：一個人赤身裸體，另一群人則是全身包得緊緊的。連「我向他人展示多少皮膚」這麼簡單的問題，也充滿了宗教意味。我們生來皆裸體，皮膚直接暴露在世界中。但多數人是出生在受到文化或宗教規範的環境中，那表示我們一輩子的多數時間，身上大多覆蓋著某種形式的遮掩。無論是有組織的宗教、非正式的信仰，還是個人的道德價值觀，根深柢固的信念都對皮膚有直接的影響，並在某種程度上受到皮膚的支配。也許，除了大腦以外，人類的其他器官都不像皮膚那樣具有神聖感。皮膚吸引了神學家的關注，也令哲學家為之著迷，並以意想不到的方式影響著我們的日常思維。

在人體器官中，皮膚在宗教上有特殊的地位，因為它獨特地結合了兩種對心靈很重要的特質：實體空間與感覺。對美國原住民納瓦霍族來說，皮膚定義了他們在世界上的地位。他們手指與腳趾皮膚上的突起，把他們固定在天地之間：「腳趾尖的螺紋把我們固定在地面上，指尖的東西幫我們頂住天空。正因為如此，我們移動時才不會跌倒。[2]」的確，對所有人來說，皮膚這個屏障器官把內在自我和宇宙中的其他一切事物分隔開來。它同時是**隔開**世界其他地方的屏障，也是與世界其他地方**相連**的接觸點。聖母大學的宗教教授湯瑪斯．推德（Thomas A. Tweed）認為，「宗教與『居住』及『橫越』有關，與『找到立身之處』及『在空間中移動』有關。[3]」我們從人類去特定的地理位置朝聖、宗教建築的獨特布局、信徒從今世到來生的移動中，可以明白這點。皮膚就像遮蓋神聖空間的簾幔，是包圍我們肉身廟宇的牆壁。打通那堵牆有很重大的意義。我曾在一週內跟兩個劃破人體皮膚的人交談，一位是肝臟外科醫生，另一位是到醫院掛急診的黑幫弟兄，他最近因持刀犯罪被捕。他們兩人都生動地描述了第一次切開皮膚的經驗，儘管他們切開皮膚的原因各不相同，但他們都覺得自己彷彿越過了某種神聖的邊界，進入了禁地。

皮膚在肉體與世界之間擔任屏障，但它也是身體中屈服於肉體欲望的關鍵部分。皮膚是感覺器官，也是我們最大的性器官，充滿了慾望、罪惡、羞恥的混合物。皮膚與性愛、死亡等人性脆弱有關，它的裸露與心靈的墮落有關，誠如聖經〈創世紀〉中亞當與夏娃的故事所示。在墮落之前，他們肆無忌憚地赤身裸體；但墮落之後，他們覺得有必要遮掩自己。

自己造成的痛苦與皮膚切割，往往代表著宗教上的自我否定與肉體的處死，例如自我鞭打的天主教僧侶；大寶森節（Thaipusam festival）期間，印度教的信徒在背部皮膚上掛著鉤子以拉動戰車。把部落印記紋在身上的痛苦，也跟宗教有關。那代表一種經歷掙扎、終至勝利的宗教歷程。在《聖經》中，撒旦能想到對約伯的最大肉體懲罰，是難以忍受的搔癢。搔癢帶來的衝動，以及抓癢帶來的短暫快感，是一種誘惑的比喻。《古蘭經》〈蘇拉〉（Surah）

的四章五十六節提到，人體的皮膚上有極其敏感的溫度感受器，而且皮膚有能力帶給我們極度的痛苦：「那些不相信古蘭經的人，我們會把他們趕入火中，每次他們的皮膚烤熟時，我們會用其他新的皮膚來取代，讓他們嚐到折磨的滋味。」

皮膚是人體最明顯的器官，通常對宗教身分很重要。在加爾各答的街上，那位裸露皮膚的印度娑度及全身包住的穆斯林婦女，都是藉由大家經常忽視的服裝來表達虔誠、順從與身分。亞當與夏娃墮落後，赤裸失去了純真性，變成內疚與羞恥的標誌。身體端莊仍是亞伯拉罕諸教*（Abrahamic religions）的正統教義核心。[4]由於亞當與夏娃墮落後，上帝積極以獸皮覆蓋他們的身體，基督教神學家約翰．派博（John Piper）認為，這些覆蓋物既有負面的宗教目的，也有正面的宗教目的：「上帝指定衣服來見證我們失去的榮耀……但那也證明，有朝一日，上帝會讓我們變成該有的樣子。[5]」這種穿衣需求與新異教徒的「裸體」理想截然不同——裸體理想是一種經常習慣裸體的狀態，也就是說，一個人只穿著天空的衣服；脫掉衣服可以消除他們與天上神祇及腳下大地之間的屏障。

從遠古時代開始，暫時性的身體藝術就常用於信仰與美化上。印度次大陸的印度婦女長

---

*譯註：指世界三個有共同源頭的一神教：基督宗教（包括天主教、基督新教、東正教）、伊斯蘭教、猶太教。

久以來一直戴著「眉心點」（bindi），那是眉宇間的一顆紅點，標示著神聖的「第三眼」，代表一種更高、看不見的意識狀態。在宗教中，永久紋身的傳統存在已久，例如巴布亞紐幾內亞那些鱷魚崇拜者身上有如鱷魚皮般的粗糙瘢痕、東南亞佛教徒背上複雜的保護性符印刺青（yantra tattoo）。宗教紋身的目的，不僅是為了顯示身分，也是為了強化皮膚對抗惡靈的力量，讓人到了來世也能辨識自己的身體。例如，北美大平原的拉科塔人（Lakota people）傳統上認為，他們需要在皮膚上刺上個人紋身，死後才會被一個叫「鴞婆」（Owl Maker）的老婦人認出來，她會讓他們進入來生豐富的狩獵場。[6]

宗教與文化儀式受到時間的限制，暫時反映了信仰與生活的里程碑，所以改變皮膚不一定是永久的。在暫時改變人體的印記中，最有名的例子或許是紅棕色的彩繪藝術「曼海蒂」（mehndi），一般稱為指甲花彩繪或漢娜彩繪（henna）。這種糊狀物是由指甲花樹的乾燥磨碎葉子製成的，它會把皮膚的頂層染色，幾週後整個表皮換新時才會消失。這種植物可能源自於古埃及，後來才傳到印度。印度把人體彩繪藝術用於儀式與慶祝活動上，已有數千年的歷史，尤其是結婚時的新娘彩繪。事實上，在最早的印度教經文中，即可看到這項藝術的廣泛運用。

不過，一些宗教禁止信徒在皮膚上做印記。多數的伊斯蘭學者認為，紋身是哈拉姆

（haram，意思是「禁止的」、「違反教律的」），因為紋身破壞了身體，改變了真主的創造。猶太聖經也禁止切割皮膚及紋身。多數的基督教派並不認為這類教律有約束力，但幾個世紀以來，傳教士與教宗都不鼓勵信眾在皮膚上留下印記。然而，有一種形式的皮膚修改對猶太身分來說卻是絕對必要的。男性割禮（包括切除包皮）是在出生的第八天進行，那是上帝與亞伯拉罕後裔立約的身體標記。不過，在新約聖經中，那變成新興基督教會的爭論議題，例如，使徒保羅認為，實體的割禮已沒有必要，因為基督教信徒經歷了精神上的「心靈割禮」。這種進程是從實質面昇華到精神面，意指古老的儀式已經沒有必要了。

在現代的已開發社會中，多數人已有沐浴與洗頭的設施，所以皮膚髒汙、不潔的觀念大致上已經消失了。不過，歷史上，大家不僅把骯髒的皮膚跟「貧窮」聯想在一起，也把它跟「內在的精神墮落」聯想在一起。在許多宗教中，不潔的皮膚代表不潔的靈魂，所以淨化儀式成了許多宗教的核心。我參觀開羅與伊斯坦堡的宏偉清真寺時，主庭中洗滌噴泉的中心地位與美感令我大開眼界。先知穆罕默德說過：「清潔是信仰的一半。」小淨（Wudu）是指穆斯林在週五禱告前清洗手、腳與臉部。這種對外部皮膚的實際清洗，代表心靈的淨化。日本神道教的信徒是以「禊」（misogi）來淨化自己：裸身待在瀑布下或海裡。用水「洗禮」——身為基督徒，我有這個體驗——是一種洗滌的實體象徵，代表基督教信仰的核心：過往罪孽已死，在基督裡重獲新生。

淨化皮膚的儀式不僅涉及身體汙垢的清除，也包括驅離病痛與腐敗。幾年前，我有一位朋友飽受乾癬之苦，手肘與腹部都出現鱗狀斑塊。為了治療這個打擊自信的疾病，她試遍了市面上的每種藥膏與藥物。她告訴我，她已經三年沒去海灘或游泳池了。說著說著，她不禁哭了起來。我勸她去看皮膚科醫生。近年來，針對免疫系統特定分子的革命性「生物」製劑，已改變了對乾癬的療效，我相信她可以從中受惠。六個月後，我與她再度聯繫時，她已經完全康復了。我迫不及待想知道她是採用哪種新療法。但是，她沒有去看皮膚科醫生，而是去找了一位德魯伊特教*的祭司（druid）。她跟我提到她接觸那種新異教的經過，接著描述她經過幾次催眠與冥想後，乾癬竟然奇跡般消失了。皮膚是心靈與物質之間的身體連結，某些情況下，壓力的緩解以及與冥想和靈性體驗有關的意識狀態改變，似乎對皮膚有「淨化」的效果。我不建議把冥想當成治療乾癬的首選，但心靈與皮膚之間的神祕關係，強化了皮膚身為超凡器官的地位。

想要洞悉皮膚的宗教力量，西斯汀教堂的聖壇壁畫《最後的審判》（*The Last Judgement*）也許意義最為深遠。在那幅巨大壁畫的中心，聖巴多羅穆（St Bartholomew）滿懷希望地仰望著耶穌。他一手握著那支把他活生生剝皮的刀，另一手抓著那件被剝下的皮囊。但仔細一看，會發現一種神祕的視覺幻象：聖巴多羅穆手上那張鬆弛的皮囊，成了米開朗基羅在所有藝術作品中的唯一自畫像。但是，米開朗基羅為什麼要把自己投射在那層醜陋的皮囊上呢？在《最後的審判》那個不確定的情境中，米開朗基羅希望耶穌憐憫他，所以當他在天堂尋找新軀體時，聖巴多羅穆讓他有機會用唯一的身體部位來辨識身分。這和前述「那伽猛虎戰士」的想法一樣，他們把紋身視為唯一真正擁有的家當，因為紋身是他們附加在自己身上、唯一能帶到來世的東西。缺乏皮膚的身體，就像本書前言提到的「無皮雕像」那樣，它像一個人，卻不是人。皮膚是靈魂的同義詞。宗教顯示，即使我們死了、脫離了肉身，皮膚仍是我們的本質。

《最後的審判》

即使對沒有宗教信仰的人來說，皮膚也有很深的哲理。它有神聖感，我們的皮膚都曾體

＊譯註：古代高盧、不列顛、愛爾蘭等地的凱爾特人（Celtic）所信仰的宗教。

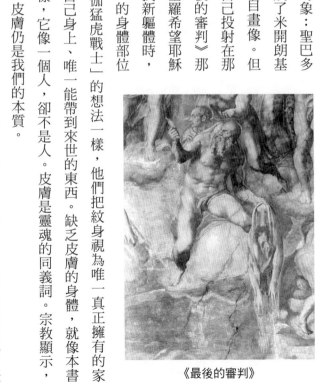

驗過超自然的感覺。尷尬的臉紅、難以形容的性接觸、聽一段有力的音樂時不自覺地顫抖等等，都是皮膚把我們帶到更高層次的方式。由於皮膚與我們的存在緊密相連，又負責調節我們與外部及內部的關係，因此呈現出與實體外觀截然不同的形式。[7]長期以來，人類一直在思考皮膚的超自然含義。為了讓大家簡要理解這個思辯性的話題，我們可以藉助三位法國哲學家。

迪迪耶．安齊厄（Didier Anzieu）是卓越的精神分析學家，一生致力研究「皮膚自我」（skin-ego）的概念。他認為，皮膚是心理運作時不可分割的一部分。安齊厄試圖以語言來描述我們想像圍繞在身體周圍的象徵性皮膚。就像實體皮膚包覆著肉體一樣，我們也覺得皮膚有某種心理外層包覆著我們的心理。安齊厄以佛洛伊德的「自我」概念為基礎，描述「皮膚自我」是「兒童的『自我』在發展初期所使用的一種心理形象。兒童會根據身體表面的體驗，以這種心理形象來代表『包含心理內容的自我』。[8]」安齊厄這個抽象概念反映了身體皮膚的功能：皮膚自我包含我們的思想與感覺，使我們不受其他的思想與自我的影響，與外界溝通，激發「性」感覺，把我們區隔成一個個體。嬰兒幾乎不知道他的身體與他人的身體之間有分隔。事實上，嬰兒常覺得他與母親有同樣的皮膚。隨著嬰兒的成長，他開始建立「自己被皮膚包覆起來，所以是獨立個體」的概念，嬰兒有了「皮膚自我」的概念後，他就可以轉譯皮膚的身體感受，以理解自己的心理架構。例如，那個觸摸是有害的，還是關愛的？能夠解讀這種感覺，就表示一個孩子同時有身體皮膚與心理皮膚了。除了包覆的概念以外，安齊厄也相信皮膚自我有兩個額外的功能：保護與銘記。在保護功能方面，皮膚把我們定義成獨特的個體。在銘記功能方面，皮膚把這種獨特性傳達給他人。

皮膚自我這個特別引人注目的概念是抽象的，而非科學的。它與人格障礙的多元風貌有關。在有自戀人格的人身上，他們的心理皮膚彷彿病態地增厚了。那層增厚的皮膚不僅讓自戀者有一種無敵的優越感，也降低了他們以同理心去「感受」他人的能力。自戀者常被描述為「冷漠無情的」（callous，另一個意思是長繭變硬的），那就是指表皮變厚。多元人格障礙的另一個極端是情緒不穩，又稱為「邊緣性人格障礙」（borderline personality disorder）。由於抱持不安的身分感、擔心遭到遺棄、情緒反應不穩，他們的皮膚自我是脆弱、破碎、漏洞百出的。安齊厄把「邊緣性人格」的皮膚比喻成「一顆破殼的雞蛋，蛋白流出來」。這種想像的表面損害可能反映在實體皮膚上，邊緣性人格往往有自殘的傾向。

皮膚分隔空間的方式，也影響了現代哲學。皮膚是容納身體自我與心理自我的房子，所以它既是阻隔外界的一堵牆，也是讓外界進入的一扇窗。加斯東・巴舍拉（Gaston Bachelard）在他的開創性著作《空間詩學》（*The Poetics of Space*）中優美地詮釋了這個雙重角色：

「在個體存在的表面上，在那個存在既想顯明又想隱藏的地方，有許多開與閉的動作。那些動作經常反轉，且如此地猶豫不決，我們可以因此推論：人是一種半開的存在。[9]」

第三位、也是最後一位法國哲學家是米歇爾・傅柯（Michel Foucault）。他把哲學皮膚的概念又拉到另一個層次，去看社會力量如何影響人體與身分的概念。他發現，無論是個人層面還是社會層面，身體皮膚都與我們的存在緊密地交織在一起。他認為，從施打肉毒桿菌到創作人體藝術，刻意對皮膚的外觀做任何實體的改變都是一種「自我的技術」（technology of the self）。[10]我們改變自己的身體，「是為了達到某種幸福、純淨、完美或永生的狀態」。我們改變皮膚時，也改變了自己。

這些哲學觀點讓人難以否認，皮膚不僅是有形的，也是想像的、幻想的。以皮膚作為隱喻的另一種常見方式，是把皮膚比喻成一本書，一本包含生命故事的編年史。我們或多或少都覺得皮膚就像一張羊皮紙，上面的顏色、傷疤、皺紋都是在講述我們的歷史。但那些歷史不是完全用擦不掉的墨水寫成的。皮膚也像可以刮除原有文字、重新書寫的再生羊皮紙卷，可反覆使用。我們表面的故事有部分是傳記，反映了血統世系與年紀，透露了健康與疾病，也透過臉紅與冒汗洩露了祕密。當然，身為人類，這並未阻止我們試圖改變敘事。我們調整自己的膚色，例如近代西方認為「健康古銅色」是理想狀態；在世界的其他地區，皮膚漂白的人數倍增。從皮膚「洩露年齡」這個概念可以看出，皮膚隱藏著祕密。當我們聽到「抗衰老」這個詞時，首先想到的就是皮膚。人類也試圖把皮膚當成自傳，有人把它蓋起來，有人在皮膚上作畫，有人在皮膚上永久地留下印記：這是展示我們是誰、想成為誰的最私密方式。如果皮膚訴說著我們的過去與現在，那麼看手相（從一個人的手心皮膚紋路去推斷他的未來）長期以來一直是普遍流行（儘管完全不科學）的預測未來方式，也就不足為奇了。不過，就像任何形式的溝通都可能變成迫害手段一樣，人類顯然也試圖控制他人的皮膚故事。

在歷史上，把皮膚比喻成「書」的概念甚至超越了比喻，變成可怕的現實，而且從古至今這種事情發生的頻率高到令人驚訝。我造訪愛丁堡皇家外科醫學院的宏偉總部「外科醫生大樓」（Surgeons’ Hall）時，參觀了裡面的博物館。博物館的展示品中，有一本精美的袖珍書吸引了我的目光。我靠過去仔細端詳那深棕色的皮革，以為那是某位著名外科醫生的筆記，結果卻發現封面上的褪色字體寫著：伯克的皮膚袖珍本（Burke’s Skin Pocket Book）。

一八二八年，愛丁堡的屍體愈來愈少。隨著現代外科手術的誕生，愛丁堡在亞歷山大・蒙羅教授（Professor Alexander Monro）與著名的蘇格蘭解剖學家羅伯・諾克斯醫生（Robert Knox）的領導下，變成全球的解剖學教學重鎮。新手醫生需要大體以學習解剖，但國家強力掃蕩盜墓行為後，大體的供給大減，無法滿足新手外科醫生的大體需求。威廉・黑爾（William Hare）的一個房客死於水腫時，他打算在朋友威廉・伯克（William Burke）的幫助下，把那個房客的遺體賣給諾克斯，以補償房租的損失。當醫生同意以七英鎊（相當於現在的七百多英鎊）的高價買下那具大體時，諾克斯的一名助手說，如果他們還有遺體需要拋售，他「很樂意再見到他們」。伯克與黑爾一聽，知道這是賺錢的途徑。[11]接下來的幾個月，他們謀殺了十六名受害者，為諾克斯醫生提供了新的大體。一八二九年伯克被捕，並在兩萬五千人的面前遭處絞死。蒙羅教授在愛丁堡醫學院那間座無虛席的解剖廳前，解剖了伯克的遺體。他在一個名叫「人皮裝幀」（anthropodermic bibliopegy）的過程中，剝下了伯克的皮膚，把它鞣製成皮革，用來裝訂我們現在看到的那本袖珍書。[12]世界上已知還有十七本用人類皮膚裝訂的書，但還有更多本這樣的書等待檢驗。皮膚位於人體的邊緣，同時位於體內與體外。我們認為皮膚是一本書，不僅是因為它把我們的生活故事體現在書頁中，也體現在封面上。

皮膚比喻超越實體的一種常見方式是日常用語。例如，「厚臉皮」（thick-skin）及有人「惹毛你」（get under your skin）都是利用皮膚的「邊界」比喻。「我很感動」（I'm touched）和「你傷害了我的感情」（you've hurt my feelings）則是源自於感覺皮膚的情感力量。「無情的」（callous）與「不得體的」（tactless）是形容一個人無法「感受」他人。說到透過「化妝」（make-up）來暫時改變皮膚，那個詞本身就透露了驚人的訊息：改變外觀，也改變了（事實上是打造了）自我。不過，與皮膚有關的常見片語，顯現出這個器官的獨特之處與人性（多數的語言都是如此）。一方面，一些有關皮膚的慣用語暗示皮膚是膚淺、微不足道的，例如skin-deep（膚淺的）。但在其他的片語中，皮膚大多是我們存在的核心，例如saving one's skin（自保）、being comfortable in your own skin（自在）、getting into one's skin（感同身受）、getting under one's skin（惹毛某人）、jump out of one's skin（大吃一驚）。從法語的vouloir la peau（奪命，peau是皮膚的意思）與義大利的salvare la pelle（自保，pelle是皮膚的意思）可以看出，許多語言普遍把皮膚視同我們本身。事實上，在這些片語中，「皮膚」這個字是用來替代自我。所以，我們同時覺得皮膚微不足道，又覺得皮膚代表一切。這種矛盾反映了我們與這個外部器官之間，以及我們與自身狀況之間的關係緊張。

皮膚不僅是一種有形的存在，也是一種概念。就像身體皮膚包住我們，我們也想限制皮膚一樣，皮膚所代表的東西指引著歷史的進程，深刻地影響著我們的生活。長久以來，我們一直把這個遺忘的器官視為包裝紙，甚至剝下皮膚以製成「嚴謹」醫學的無皮雕像。但我們看得愈多，就愈明白，人體邊緣的東西其實才是人類身而為人的核心。皮膚就是我們自己。

詞彙表

青春痘（Acne）

正式名稱是「尋常性痤瘡」（acne vulgaris，vulgaris 是拉丁語「常見」的意思）。青春痘是一種皮膚狀況，特徵是有多種突起（丘疹、膿皰、結節）及皮膚發炎。它是由基因、荷爾蒙、環境因素混合造成的。由於這種明顯的症狀通常在青春期大爆發，大家往往大幅低估了它對心理與社交的影響。

皮紋病（Adermatoglyphia）

一種近乎消失的罕見遺傳病，全世界僅在四個家族的身上發現。這種病會導致指紋完全消失。美國拒絕讓一名瑞士女子入境，直到皮膚科專家證明她罹患此病後才放行，所以這種病也稱為「入境延誤症」（Immigration Delay Disease）。

脂肪細胞（Adipocyte）

真皮層下大量的含脂肪細胞，它們是人體不可缺少的能量儲存庫。

糖化終產物（advance glycation end product，AGE）

被糖分子聚合所改變的體內蛋白質與脂質。ＡＧＥ這個縮寫特別貼切，因為第二型糖尿病、心臟病等等與年齡相關的疾病都和ＡＧＥ有關聯。

觸感痛（Allodynia）

身體組織的某部位變得敏感，因此降低了它的痛覺閾值，那通常是損傷或發炎引起的。例如，背部曬傷時穿上一件襯衫。

果酸（Alpha hydroxy acid）

一組化學物質（包括乳酸與檸檬酸），常用於脫皮。它們減少表皮外層的細胞黏附，刺激表皮剝落。

人皮裝幀（Anthropodermic bibliopegy）

一種可怕流程的嚴肅說法：以人皮來裝訂書籍。

抗氧化劑（Antioxidant）

抑制「氧化」這種化學反應的分子。氧化反應會產生一種化學反應且破壞組織的分子，名叫「自由基」。抗氧化劑在預防疾病方面的傳說功效，在科學界引起激烈的爭論。

頂漿腺，又稱大汗腺（Apocrine gland）

位於腋窩、鼠蹊部、乳頭的汗腺，分泌富含蛋白質、脂肪、費洛蒙的油脂。與外泌汗腺（又稱小汗腺）不同的是，它們受到腎上腺素的刺激時，會在短時間內大量出汗。它們是所謂「情感汗液」（從恐懼到性喚起）的製造者。

古菌（Archaea）

一種鮮為人知，但無處不在的微生物群落。它們實體上與細菌相似，但基因上完全不同。它們促進地球與人體的氮循環與碳循環，目前已知的古菌都不會導致人類生病。

豎毛肌（Arrector pili muscle）

附在毛囊上的微小肌肉，接觸到它們時，會使毛髮豎起。

異位性皮膚炎（Atopic dermatitis，參見「濕疹」那一項）

自律神經系統（Autonomic nervous system）

人體神經系統的一部分，在不知不覺中影響我們的內臟器官，例如腸道蠕動、「戰或逃」反應的刺激等等。

B細胞（B cell）

這種免疫細胞負責產生對抗外來分子的抗體，它們駐留在淋巴結中，能吞噬侵入人體的病原體，並把病原體的表位（或細菌條碼）呈現在它們的表面。如果淋巴結中的T細胞辨識出B細胞表面的表位，T細胞會向B細胞發出訊號。這會使它轉變成「漿細胞」（plasma cell），漿細胞本質上是一個抗體工廠，會產生對抗病原體的抗體。

蔬菜芽孢桿菌（*Bacillus oleronius*）

寄生在蟎蟲與白蟻體內的細菌，包括蠕形蟎。這種蟎蟲在人體皮膚上死亡時，會把蔬菜芽孢桿菌釋入皮膚，引起一種免疫反應，並以酒糟性皮膚炎的形式展現。

基底細胞癌（Basal cell carcinoma）

最常見的一種皮膚癌，也是危害最小的一種，通常是在皮膚曝曬陽光的地方出現閃亮的腫塊。

β—腦內啡（β-endorphin）

一種在體內產生的分子，它結合的受體跟鴉片一樣。在快樂、獎勵行為、成癮方面扮演關鍵要角。

膽紅素（Bilirubin）

一種黃色分子，由紅血球分解產生。它最為人所知的作用是導致皮膚出現黃疸變色。不過，瘀傷在幾天後變黃時，更常見到它。

腦利鈉肽（Brain natriuretic peptide）

一種荷爾蒙，儘管名稱與「腦」有關，但它的主要功能是在血管上。它的功能中最多人研究的是：透過擴張周邊血管來降低血壓。

類胡蘿蔔素（Carotenoids）

在植物、藻類、細菌中發現的色素，能產生紅、橘、黃色，對健康有多種益處。色彩鮮豔的蔬果對健康均衡的飲食很重要。

兒茶素（Catechin）

在植物中發現的化學物質，綠茶與可可的兒茶素含量特別多。實驗室中證明兒茶素有抗氧化、抗炎、抗癌等效用，但是關於兒茶素能預防人類疾病的證據依然好壞參半。

小腦（Cerebellum）

位於大腦的下方，是身體運動功能的關鍵，包括自主運動、平衡、協調。

困難梭狀桿菌感染（*Clostridium difficile* infection）

一種胃腸道感染，以腹痛及水樣腹瀉的形式呈現，可導致腸道嚴重擴張或穿孔，以及危及生命的敗血症。這是一種從醫院感染的症狀，透過糞便中的困難梭狀桿菌的細菌孢子傳播。它是讓大家推動徹底洗手、清潔、衛生照護環境中的抗生素管理的主因。

乳糜瀉（Coeliac disease）

一種自體免疫疾病。身體的免疫系統對麩質產生反應，破壞腸道的粘膜內壁，導致吸收不良與腹瀉。採用無麩質飲食是目前唯一的療法。

膠原蛋白（Collagen）

人體中最豐富的蛋白質，是多數組織的結構支架。第一型膠原蛋白（Type 1 collagen）是這種蛋白質最常見的形式，它會在真皮層形成巨大的繩狀纖維，使人類皮膚產生結構。

片利共生（Commensalism）

一種生物關係，其中一種生物從這個關係中受益，另一種生物既不受益，也不受傷害。

先天性痛覺不敏感（Congenital insensitivity to pain）

一種罕見的遺傳病，患者感覺不到身體的疼痛，但感覺完好無損，所以他們可以感覺東西是粗糙或光滑的，也可以感覺到熱或冷。這種疾病的一個起因是，基因突變導致痛覺神經中的鈉通道失去效用，使周邊的疼痛訊號永遠傳不到大腦。

結痂型疥瘡（挪威型疥瘡）（crusted scabies, Norwegian scabies）

一種嚴重的疥瘡形式，疥瘡蟎在免疫系統脆弱者（例如老人）的皮膚上大量繁殖。患者變成成千上萬隻蟎蟲的宿主，具有極強的傳染性。

細胞激素（Cytokine）

一種小蛋白質，在人體的細胞之間擔任信使，對人體的免疫系統特別重要。如今有一種新療法是針對自體免疫疾病的發炎細胞激素，這種療法徹底改變了乾癬、克隆氏症（Crohn's disease）、類風濕性關節炎、多發性硬化症的治療方法。從這種新療法中，可以清楚看到細胞激素對免疫系統的重要性。

皮節（Dermatome）

皮膚的一個獨立區域，這裡的感覺是由脊椎的單一神經提供。人體從頭到腳共有三十個皮節。

真皮（Dermis）

在表皮以下及皮下組織以上的那層皮膚。它在皮膚與身體的功能中扮演無數的角色。參見第一章可瞭解其功能。

外泌汗腺，又稱小汗腺（Eccrine gland）

皮膚表面最常見的一種汗腺。它們會對體溫升高產生反應（手掌與腳底的汗腺除外，它們是對情緒激發產生反應）。

去皮（Écorché）

沒有皮膚的人體。

濕疹（Eczema）

異位性皮膚炎的常見稱法，是一種慢性的搔癢皮膚病，有多種複雜的起因，通常歸因於皮膚屏障功能失常及免疫失調。這兩個因素會相互影響，形成搔癢、抓癢、痛苦的惡性循環。

彈性蛋白（Elastin）

顧名思義，它是一種有彈性的蛋白質，在皮膚被擠壓或拉伸後，負責恢復皮膚形狀。

金黃色葡萄球菌腸毒素 B（Enterotoxin B）

一種由金黃色葡萄球菌（*Staph aureus*）產生的強大毒素，會引起體內的發炎反應，導致皮炎（dermatitis）、食物中毒，有時還會導致致命的中毒性休克症候群（toxic shock syndrome）。

表皮（Epidermis）

皮膚的最外層，皮膚的屏障功能大多是由它負責。

表皮分解性水疱症（Epidermolysis bullosa）

容易導致皮膚起泡的一組遺傳性疾病，目前尚無已知療法。不過，二〇一七年一次成功的基因改造皮膚移植治療顯示，這種無法治療的情況可能很快就會改變了。

表觀遺傳（Epigenetics）

不改變基因碼，但改變基因表現的研究，基本上就是有關基因的啟動或關閉。

表位（Epitope）

免疫系統辨識出來的抗原（任何可與抗體結合的結構）的一部分。你可以把它想像成任何進入人體的微生物的專屬條碼，以及免疫系統辨識外來病原體的方式。

脫皮毒素（Exfoliatin）

金黃色葡萄球菌衍生的另一種毒素，它能分解皮膚中的特定黏附蛋白，導致皮膚破裂，讓細菌進入。

細胞外基質（Extracellular matrix）

在結構上及生化上連接體內細胞的多元分子網。

外在老化（Extrinsic ageing）

由陽光、飲食、抽菸、空氣汙染等外部因素造成的皮膚老化。

纖維母細胞（Fibroblast）

真皮中發現的細胞，它會產生重要的結構蛋白（膠原蛋白與彈性蛋白），以及其他對細胞外基質功能很重要的分子。

纖維化（Fibrosis）

結締組織的過量生成。受傷時產生這種反應，就是所謂的疤痕。

聚絲蛋白（Filaggrin）

對表皮的健康屏障功能很重要的蛋白質。最近的研究發現，聚絲蛋白的基因編碼突變是造成至少一半濕疹病例的原因。

呋喃香豆素（Furanocoumarins）

某些植物自然產生的分子，包括野生芹菜與峨參。它們暴露在紫外線下，會損害皮膚細胞的ＤＮＡ。皮膚接觸到呋喃香豆素，隨後又曝曬陽光，會導致嚴重的發炎與水泡。這可能是植物對抗饑餓動物的防禦機制。

無毛皮膚（Glabrous skin）

沒有毛髮的皮膚，通常是指手掌與腳底的皮膚。

麩醯胺酸（Glutamine）

一種胺基酸，是許多蛋白質的基本組成部分，有許多其他的用途，從產生細胞能量到調節人體的氮循環與氨循環等等。

升糖指數（Glycaemic index，GI）

根據含碳水化合物的食物影響血糖濃度的速度來排序的一套系統。例如，含糖飲料與白麵包的升糖指數較高，多數蔬菜與穀物的升糖指數較低。烹飪及食品加工往往會增加食品的升糖指數。

醣胺聚醣（Glycosaminoglycans）

細胞外基質的基礎物質（亦即基質），讓它產生結構，也讓細胞與分子四處移動。但它不單只是基質而已，在皮膚癒合、發炎、傷口修復中也扮演要角。

斑色魚鱗癬（Harlequin ichthyosis）

一種危及生命的罕見基因失調症，導致皮膚堅硬、裂開。這讓我們清楚瞭解皮膚的屏障功能對人類的生存有多重要。

高能可見光（HEV light）

高能量的可見光。可見光的光譜中能量最高的波長，亦即藍光與紫光。

缺氧誘導因子（HIF）

氧濃度低時，改變DNA表現度的蛋白質。

組織胺（Histamine）

一種非常小，但衝擊力很大的化合物。肥大細胞釋放它時，會引起許多發炎與過敏症狀，例如發癢；血管擴張導致皮膚發紅、發熱、腫脹；有時還會引起全身血壓下降。它還會使人打噴嚏、增加鼻涕。

衛生假說（Hygiene hypothesis）

這是一種獲得充分佐證的理論，它主張：現代社會日益清潔的環境，減少了兒童接觸微生物與傳染病的機會，因此阻礙了免疫系統的正常發育。這可能是世界各地（尤其是已開發國家）過敏不斷增加的原因之一。

角化過度（Hyperkeratosis）

表皮的外層中，角蛋白過度形成。

下皮（Hypodermis）

又稱皮下組織，亦即真皮的下面那層，主要是由脂肪細胞與膠原蛋白的纖維帶所組成的。大家通常不把它當成皮膚的一層。

下視丘（Hypothalamus）

大腦中一個杏仁大小的部位，位於許多複雜的功能之間，它是大腦與身體荷爾蒙系統的主要連結。它與皮膚相關的功能包括：它是人體的恆溫器、中央的晝夜節律時鐘，也是心理產生恐懼與壓力以及身體顯現這些效應之間的重要橋梁。

免疫耐受性（Immune tolerance）

免疫系統對特定組織或物質不產生反應的機制。免疫系統不攻擊自身組織非常重要，免疫耐受性失靈往往會導致自體免疫疾病（autoimmune disease）。

先天性淋巴細胞（Innate lymphoid cell）

最近發現的一種免疫細胞家族，它既能對感染性的生物做出快速反應，也是調節人體皮膚、腸道、呼吸道的第一線免疫反應。

內在老化（Intrinsic ageing）

又稱為自然老化或年歲老化。這是皮膚隨著時間經過而老化的自然過程，最明顯的是真皮中的膠原蛋白從二十歲左右開始穩定地流失。

體外（常指試管內）（*In vitro*）

字面意思是「在玻璃裡」。在實驗室中進行的科學實驗，通常是在試管與培養皿中進行，亦即在活體之外。

活體內（*In vivo*）

字面意思是「在活體中」。以完整有生命的生物來做科學實驗。

袋鼠式護理（Kangaroo care）

新生兒與母親（或其他護理人員）的肌膚接觸。

角蛋白（Keratin）

一種堅韌的纖維蛋白，構成人類皮膚的外層，以及頭髮、指甲、爪子、角。

角質細胞（Keratinocyte）

表皮的主要細胞，產生膠原蛋白。

蘭格漢斯細胞（Langerhans cell）

表皮內的免疫細胞，吸收及處理一些微生物，並把它們展示給免疫系統的作用細胞（effector cell）。

利什曼病（Leishmaniasis）

一種由利什曼原蟲引起的疾病，是透過沙蠅的叮咬傳播。利什曼皮膚病的特徵是皮膚上有面積大而淺的潰瘍。

巨噬細胞（Macrophage）

源自古希臘語的「大食者」。這些免疫細胞遍布全身，它們會吞噬及消化微生物或一些微生物碎片。接著，它們把這些微生物的資訊傳給其他免疫細胞，也直接摧毀這些入侵者。

主要組織相容性複合體（Major histocompatibility complex，MHC）

細胞表面的一群蛋白質，它們是用來呈現一些外來微生物給其他的免疫細胞。每個人都有一組獨特的ＭＨＣ蛋白，所以這些蛋白是用來衡量一個人的一片組織（古希臘語為histo）與另一人的相容性，例如器官移植的時候。

馬拉色菌（Malassezia）

一種真菌，常見於哺乳動物的皮膚表面。

基質金屬蛋白酶（Matrix metalloproteinase）
這種酶是負責降解細胞外基質內的蛋白質。

機械性受器（Mechanoreceptor）
這種感覺受體是負責向大腦提供皮膚上出現機械變形或受壓的資訊。

黑色素瘤（Melanoma）
源自表皮黑色素細胞的皮膚癌。這是最危險的皮膚癌，黑色素瘤通常有獨特的外觀，可用 ABCDE 法檢測（見第四章），但它們也可能出現非典型的情況，例如粉紅色／紅色的「非黑色素瘤」。

微生物群落（Microbiome）
生活在人體內與表面的數萬兆微生物群落。微生物群落可以在身體的不同表面或器官中發現，例如皮膚的微生物群落或腸道的微生物群落。

互利共生（Mutualism）
兩種不同物種的生物以對彼此有利的方式互動。

心肌炎（Myocarditis）
心臟肌肉發炎，通常是病毒感染引起的，但也可能是細菌引起的或自體免疫疾病。心肌炎常以胸痛、心悸、發燒等形式展現出來。主要的療法是對症治療。

納瓦霍族（Navajo people）
一種美洲的原住民民族，如今主要分布在亞利桑那州、新墨西哥州、科羅拉多州、猶他州的四角地帶。

神經病變性疼痛（Neuropathic pain）

神經受損引起的疼痛，導致異常興奮與疼痛訊號傳至大腦。神經病變性疼痛也可能在中樞神經系統中形成，是脊椎或大腦中的細胞與分子變化引起的。

英國國民保健署（National Health Service，NHS）

大不列顛暨北愛爾蘭聯合王國（簡稱英國）的公共資助醫療保健系統，但四個組成的國家各自運行。創建於一九四八年，目的是「使用時免費」，如今多數服務仍是如此。

二氧化氮（Nitrogen dioxide）

燃燒化石燃料（在城市中，最明顯的是汽機車）與抽菸時所產生的化合物。它會引起氣管發炎，加劇呼吸道疾病。

痛覺受體（Nociceptor）

一種特殊的感覺受體，對實際或潛在的組織受損發出警告，讓人感到疼痛。

基因營養學（Nutrigenetics）

關於營養與基因之間相互作用的研究，尤指特定基因變異對食物與養分的反應。

蟠尾絲蟲病（河盲症）（Onchocerciasis 或 river blindness）

一種由蟠尾絲蟲引起的疾病，特徵是難以忍受的搔癢與失明，絕大多數的病例是發生在撒哈拉以南非洲的河流附近，因為那裡是黑蠅的棲地。黑蠅叮咬人類皮膚，把蟠尾絲蟲的幼蟲釋入真皮層與皮下組織中。成熟後，雄蟲和雌蟲交配，把後代「幼絲蟲」（microfilariae）釋入皮膚，以便被吸血的黑蠅吸走。未被吸走的微絲蟲死亡後，會把它們體內的細菌釋入人體的皮膚。其中一種細菌「沃爾巴克氏體」

（Wolbachia）可能使人類皮膚產生嚴重的發炎反應。

催產素（Oxytocin）

分娩時子宮收縮及哺乳時泌乳反射的一種神經傳導物質分子。它也有「愛情荷爾蒙」之稱，擁抱、接吻、性愛會刺激它的釋放，進而影響親密行為。

棕櫚醯基五胜肽（Palmitoyl pentapeptides）

美妝品研究與實務中使用的化合物（尤其是棕櫚醯基五胜肽-4），能穿透皮膚的脂質層，刺激真皮中的分子（例如膠原蛋白）再生。

病原體（Pathogen）

可在宿主體內引起疾病的傳染物。

磷脂酶（Phospholipase）

把磷脂質（phospholipids）分解成脂肪酸與其他脂類的酶。最近的研究顯示，免疫系統可辨識其中的一些分子，它們會導致發炎。

光敏物質（Photosensitiser）

一種本身不會損傷組織的物質，但暴露在光源下（再加上有氧的情況），就會損傷特定的結構（從微生物到癌變組織）。

植物性感光性皮膚炎（Phytophotodermatitis）

紫外線與來自植物的分子互動所引起的皮膚發炎。

前列腺素（Prostaglandin）

人體內到處都有的脂質，有多種不同的功能，尤其是導致血管擴張及發炎。

乾癬（Psoriasis）

一種慢性發炎的皮膚病，特徵是發紅、乾癢的斑塊且邊界清晰，皮膚的任何部位都可能被感染，但通常是出現在頭皮、手肘、膝蓋。

帶狀皰疹後神經痛（Postherpetic neuralgia）

得過帶狀皰疹後所產生的疼痛，是水痘帶狀疱疹病毒損傷神經造成的。參見「神經病變性疼痛」那項。

延胡索酸火葉菌（*Pyrolobus fumarii*）

一種生命力很強的古菌，活在海平面以下兩千米、攝氏一百一十三度的熱液噴口。

調節型T細胞（Regulatory T cell）

抑制對自身分子產生免疫反應的免疫細胞，有助於預防自體免疫疾病。

回歸熱（Relapsing fever）

一種由體蝨傳播，由回歸熱疏螺旋體引起的發燒、頭痛、皮疹。

錢癬（Ringworm）

由多種真菌引起的皮膚感染，症狀是紅色發癢的環形皮疹癬。錢癬的醫學名稱是「癬」（tinea），這個英文字後面通常是接著身體部位的拉丁名稱，例如 tinea capitis 是頭癬、tinea pedis 是腳癬（亦即香港腳）。這與蟲子沒有關係。

酒糟（Rosacea）

一種慢性紅疹，通常發生在鼻子、臉頰、前額。在三十到五十歲之間的白種人身上比較常見。病因尚不清楚，但致病因素可能是免疫功能障礙、蠕形蟎、日曬、血管擴張、基因等等。

疥瘡（Scabies）

一種無法抑制的發癢皮疹，由潛伏的疥蟎引起。治療方法是把殺蟲乳膏塗在皮膚的各個部位。

思覺失調症（Schizophrenia）

一種扭曲個人思維、行為、感知現實的慢性心理疾病。症狀包括妄想（堅定地抱持錯誤的信念）、幻覺（通常是幻聽）、迴避社交互動、情感表達減少。Schizophrenia 這個字是指「精神分裂」，它與人格分裂非常不同（大家常把思覺失調症誤解成人格分裂）。

脂漏性皮膚炎（Seborrheic dermatitis）

皮脂腺多的地方（亦即臉部與頭皮）出現搔癢、片狀、發紅的皮膚。它是由馬拉色菌過度生長引起的，馬拉色菌會引起免疫反應及後續的發炎。新生兒頭部的脂漏性皮膚炎常稱為「乳痂」（cradle cap），成人頭皮上的未發炎脂漏性皮膚炎稱為頭皮屑。

皮脂（Sebum）

一種含有多種脂肪分子的微黃色油性物質。它能潤滑、酸化、幫助皮膚防水。

硒（Selenium）

人體正常運作及生存所需的一種微量營養素，常用在預防多種疾病的保健品中，但目前幾乎沒有證據顯示它對減少疾病或改善死亡率有任何作用。

ＳＩＫ抑制劑（SIK inhibitor）

鹽誘導型激酶（salt inducible kinase，SIK）是一種調節黑色素產生的蛋白質。ＳＩＫ抑制劑是阻止這種蛋白質運作的小分子，可使皮膚中的黑色素增加。

蜘蛛痣（Spider naevus）

蜘蛛痣又稱為蜘蛛血管瘤，是皮膚下一組腫脹的血管。它看起來不像蜘蛛，比較像蜘蛛網，中間有一個紅斑，往外放射出分支。這是血液中動情素濃度高引起的，動情素濃度高是懷孕、荷爾蒙避孕藥或肝病造成的。

鱗狀細胞癌（Squamous cell carcinoma）

皮膚癌的三種主要類型之一（另兩類是基底細胞癌、黑色素瘤）。它通常是長在曝曬太陽的皮膚表面上，呈現堅硬、鱗狀的潰瘍腫塊，但外觀多變。曝曬陽光是這種皮膚癌的主要風險因素，但免疫功能不全的人（尤其是器官移植後接受免疫抑制藥物治療的人）也有很大的罹癌危險。

人葡萄球菌（*Staphylococcus hominis*）

一種通常無害的細菌（除非你認為導致體味也是一種傷害），寄生在皮膚表面。然而，一些菌株可能導致免疫功能低下的人感染。

葡萄球菌皮膚燙傷樣症候群（Staphylococcal Scalded Skin Syndrome）

皮膚發紅、起水泡，狀似燒燙傷，是由金黃色葡萄球菌的外毒素引起的。毒素會破壞橋粒

（desmosome）——固定在皮膚細胞之間的蛋白質——因此皮膚會開始破裂脫落。這種毒素主要是影響五歲以下的兒童，因為兒童時期身體開始對外毒素產生抗體。這種病可用抗生素迅速有效地治療。

突觸（Synapse）

連接一個神經元（神經細胞）與另一個神經元的連接點。訊號透過名叫「神經傳導物質」的分子穿過突觸。

T細胞（T cell）

一組免疫細胞，是適應性免疫系統的一部分。它們會對特定的病原體產生反應。它們既能直接殺死被病原體感染的細胞，也能把化學訊號傳給其他的免疫細胞以協調攻擊。

戰壕熱（Trench fever）

一種短暫的疾病，症狀包括發燒、頭痛、起疹、腿痛。這是由巴通氏菌引起的疾病，由體蝨傳播。

三甲基胺尿症，又稱魚臭症（Trimethylaminuria）

一種罕見的基因失調症，無法分解三甲胺（食物在腸道內分解的產物），導致體內的三甲胺濃度增加，三甲胺透過患者的汗液與呼吸釋出，因此散發出強烈的魚腥味。

斑疹傷寒（尤指流行性斑疹傷寒）（Typhus, specifically ‘epidemic typhus’）

一種使人發熱、頭痛、起疹、對光敏感、偶爾致命的疾病。它是由普氏立克次體引起的，由體蝨傳播。

紫外線（UV）

一種波長比可見光短（能量也比可見光高）但比X光長的電磁輻射。太陽產生的輻射中，約有百分之十是紫外線。

漆酚（**Urushiol**）

某些植物中發現的油性分子——最著名的是毒葛——會導致人體皮膚出現過敏皮疹。

陰道播種（**Vaginal seeding**）

把母親的陰道液擦在剖腹產的新生兒皮膚上。這樣做的目的，是給新生兒披上一層「天然」的微生物群落，以減少未來患病的風險。儘管這個概念的背後有合理的邏輯，但截至二〇一九年初，還沒有關於陰道播種對健康長期影響的明確資料。此外，評估新生兒感染潛在有害的陰道微生物（例如乙型鏈球菌〔group B streptococcus〕）和性傳染病的病原體（包括奈瑟氏淋病菌〔*Neisseria gonorrhoeae*〕、砂眼衣原體〔*Chlamydia trachomatis*〕、單純皰疹病毒〔herpes simplex virus〕）的風險也很重要。

病媒（**Vector**）

把感染性病原體傳給活宿主的一種媒介（活的或無生命的）。

維生素D（**Vitamin D**）

對人體血液中的鈣與磷酸鹽的平衡、維持骨骼健康強壯很重要的一種化學物（它雖然叫維生素，但嚴格說起來是一種荷爾蒙）。

色斑（**Vitiligo**）

一種皮膚病，皮膚上出現界限清楚的失色斑塊，確切的病因尚不清楚，但最有可能是因為免疫系統異常，破壞了皮膚中的黑色素細胞（色素細胞）。治療很難，許多治療選項包括偽裝霜、局部類固醇、紫外線療法、皮膚移植。

線狀透明顫菌（*Vitreoscillia filiformis*）
從溫泉水中分離出來的無色細菌（vitreus 是拉丁文「透明」的意思）。這些纖細的絲狀細菌是在表面上滑行。

沃爾巴克氏體（*Wolbachia*）
一種感染昆蟲與寄生蟲的細菌，生活在蟠尾絲蟲症（河盲症）和淋巴絲蟲病（lymphatic filariasis，又稱象皮病）的病原寄生蟲體內。科學家目前試圖以這種細菌去感染蚊子，因為它可以阻止登革熱病毒在蚊子的體內複製（登革熱病毒是登革熱的罪魁禍首）。這樣做的目的是讓那些蚊子交配，在種群中傳播沃爾巴克氏體，最終使野生蚊子的種群無法傳播登革熱。

謝辭

這本書是獻給世界上數百萬因皮膚病變而痛苦不堪的人，其中有些人好心地對我透露了他們的故事，讓我得以瞭解人性的絕望與歡樂。沒有他們，這本書就只是一本薄薄的健康資訊小冊而已。

我從小就想寫一本關於科學與醫學的書，我想感謝促成這一切的每個人。謝謝不辭辛勞的編輯給我的指引及辛勤投入：環球出版公司（*Transworld*）的Andrea Henry與格勞夫大西洋出版社（Grove Atlantic）的George Gibson。也感謝環球出版公司的出色團隊：Phil Lord、Tom Hill、Kate Samano、Richard Shailer、Alex Newby、Doug Young。

感謝優秀的經紀人Charlie Viney的協助與智慧，也謝謝他打從一開始就對這本書的提案抱持信心。

如果沒有一些慈善機構與組織慷慨地贊助我的旅費與研究，這本書也不可能誕生。我想感謝英國皮膚科醫生協會、塞西格獎委員會（Thesiger Award committee），賽克斯與沃瑟姆聖勞倫斯慈善機構（Richard Sykes and the Waltham St Lawrence Charities）、聖法蘭西斯痲瘋病協會（St Francis Leprosy Guild）、國際EMMS（EMMS International）、科希馬教育基金會（Kohima Educational Trust）。

感謝伯明罕、牛津、倫敦等地的皮膚科醫生與其他醫生耐心地指導、建議、啟發我：Alexa Shipman、Sajjad Rajpar、James Halpern、Ser-Ling Chua、Tom Tull、Mary Glover、Chris Bunker、Terence Ryan、英國皮膚科醫師協會及世界各地的皮膚科協會的會員與皮膚學院的委員，尤其是坦尚尼亞的區域皮膚科培訓中心（Regional Dermatology Training Centre）及印度的那加醫院（Naga Hospital）。

感謝牛津的皮膚免疫組，尤其是Graham Ogg的大方指導與鼓勵，以及Clare Hardman與Janina Nahler包容我移液時的不穩定。

感謝英國皮膚科醫師協會的團隊最早讓我見識到皮膚鮮為人知的神奇之處：Siu Tsang、Ketaki Bhate、Bernard Ho、Katie Farquhar、Anna Ascott、Natasha Lee和Sophia Haywood。

感謝Colin Thubron與Margreta de Grazia幾年前讀了我的幾千字文稿，並告訴我「這有寫書的潛力」。

感謝其他的支持者與榜樣：John Beale、Jamie Mills、George Fussey、Glynn Harrison、Kate Thomas。

感謝Hannah。很抱歉，我們第一次見面，我就提到這本書，而且此後我一直沒完沒了。如果沒有你的編輯慧眼與耐心，我不知道我能寫出什麼。

感謝一些臺面下（但同樣嚴苛）的編輯：我的家人。感謝Rob不僅大力支持我，也是最好的寫作榜樣。感謝Hannah的寶貴批評與建議，並教我怎麼說onchocerciasis（蟠尾絲蟲病）。感謝Phin忍住了兄弟本性，給我鼓勵。

最後，我想感謝參考書目中收錄的科學家、作家與史學家。這些參考資料只是全球集體研究成果的部分縮影。這些人畢生致力推動人類知識的進步及追求真理，我何其有幸能站在這些巨人的肩膀上。

[5] Piper, J., *Stripped in Shame, Clothed in Grace*, 2007

[6] Lynch, P. A. and Roberts, J., *Native American Mythology A to Z*, Infobase Publishing, 2004

[7] Benthien, C., *Skin: On the Cultural Border Between Self and the World*, Columbia University Press, 2002

[8] Anzieu, D., *The Skin-Ego*, Karnac Books, 2016

[9] Bachelard, G., *The Poetics of Space*, vol. 330, Beacon Press, 1994

[10] Foucault, M., 'Technologies of the Self', *Technologies of the Self: A seminar with Michel Foucault*, University of Massachusetts Press, 1988, pp.16–49

[11] Dudley-Edwards, O., *Burke and Hare*, Birlinn, 2014

[12] Bailey, B., *Burke and Hare: The Year of the Ghouls*, Mainstream, 2002

[10] Loewenthal, L. J. A., 'Daniel Turner and "De Morbis Cutaneis"', *Archives of Dermatology*, 85(4), 1962, pp.517–23

[11] Flotte, T. J. and Bell, D. A., 'Role of skin lesions in the Salem witchcraft trials', *The American Journal of Dermatopathology*, 11(6), 1989, pp.582–7

[12] Karen Hearn, 'Why do so many people want their moles removed?', BBC News, 11 November 2015

[13] King, D. F. and Rabson, S. M., 'The discovery of Mycobacterium leprae: A medical achievement in the light of evolving scientific methods', *The American Journal of Dermatopathology*, 6(4), 1984, pp.337–44

[14] Monot, M., Honoré, N., Garnier, T., Araoz, R., Coppée, J. Y., Lacroix, C., Sow, S., Spencer, J. S., Truman, R. W., Williams, D. L. and Gelber, R., 'On the origin of leprosy', *Science*, 308(5724), 2005, pp.104–42

[15] Fine, P. E., Sterne, J. A., Pönnighaus, J. M. and Rees, R. J., 'Delayed-type hypersensitivity, mycobacterial vaccines and protective immunity', *The Lancet*, 344(8932), 1994, pp.1245–9

[16] Doniger, W., *The Laws of Manu*, Penguin, 1991

[17] Wright, H. P., *Leprosy – An Imperial Danger*, Churchill, 1889

[18] Herman, R. D. K., 'Out of sight, out of mind, out of power: leprosy, race and colonization in Hawaii', *Journal of Historical Geography*, 27(3), 2001, pp.319–37

[19] Horman, W. *Vulgaria Puerorum*, 1519

[20] Blomfield, A., 'Rwandan police crack down on harmful skin bleaching products', *Daily Telegraph*, 10 January 2019

10 心靈皮膚

[1] Connor, S., *The Book of Skin*, Cornell University Press, 2004

[2] McNeley, J. K., *Holy Wind in Navajo Philosophy*, University of Arizona Press, 1981

[3] Tweed, T. A., *Crossing and Dwelling: A Theory of Religion*, Harvard University Press, 2009

[4] Allen, P. L., *The Wages of Sin: Sex and Disease, Past and Present*, University of Chicago Press, 2000

[25] Wolf, E. K. and Laumann, A. E., 'The use of blood-type tattoos during the Cold War', *Journal of the American Academy of Dermatology*, 58(3), 2008, pp.472–6

[26] Holt, G. E., Sarmento, B., Kett, D. and Goodman, K. W., 'An unconscious patient with a DNR tattoo', *New England Journal of Medicine*, 377(22), 2017, pp.2192–3

[27] Banks, J., *Journal of the Right Hon. Sir Joseph Banks: During Captain Cook's First Voyage in H.M.S.* Endeavour *in 1768–71*, Cambridge University Press, 2011

9 分隔的皮膚

[1] International Federation of Red Cross and Red Crescent Societies, 'Through albino eyes: the plight of albino people in Africa's Great Lakes region and a Red Cross response', 2009

[2] Jablonski, N. G. and Chaplin, G., 'Human skin pigmentation as an adaptation to UV radiation', *Proceedings of the National Academy of Sciences*, 107 (Supplement 2), 2010, pp.8962–8

[3] Bauman, Z., 'Modernity and ambivalence', *Theory, Culture & Society*, 7(2–3), 1990. pp.143–69

[4] Yudell, M., Roberts, D., DeSalle, R. and Tishkoff, S., 'Taking race out of human genetics', *Science*, 351(6273), 2016, pp.564–5

[5] Crawford, N. G., Kelly, D. E., Hansen, M. E., Beltrame, M. H., Fan, S., Bowman, S. L., Jewett, E., Ranciaro, A., Thompson, S., Lo, Y. and Pfeifer, S. P., 'Loci associated with skin pigmentation identified in African populations', *Science*, 358(6365), 2017. p.eaan8433

[6] Roncalli, R. A., 'The history of scabies in veterinary and human medicine from biblical to modern times', *Veterinary Parasitology*, 25(2), 1987, pp.193–8

[7] Jenner, E., *An Inquiry into The Causes and Effects of the Variolae Vaccinae, A Disease Discovered in Some of the Western Counties Of England, Particularly Gloucestershire, and Known By The Name of The Cow Pox*, 1800

[8] Riedel, S., 'Edward Jenner and the history of smallpox and vaccination', *Baylor University Medical Center Proceedings*, 18(1), 2005, p.21

[9] Kricker, A., Armstrong, B. K., English, D. R. and Heenan, P. J., 'A dose-response curve for sun exposure and basal cell carcinoma', *International Journal of Cancer*, 60(4), 1995, pp.482–8

[14] Kim, J., Jeerapan, I., Imani, S., Cho, T. N., Bandodkar, A., Cinti, S., Mercier, P. P. and Wang, J., 'Noninvasive alcohol monitoring using a wearable tattoo-based iontophoretic-biosensing system', *ACS Sensors*, 1(8), 2016, pp.1011–19

[15] Bareket, L., Inzelberg, L., Rand, D., David-Pur, M., Rabinovich, D., Brandes, B. and Hanein, Y., 'Temporary-tattoo for long-term high fidelity biopotential recordings', *Scientific Reports*, 6, 2016, article 25727

[16] Garcia, S. O., Ulyanova, Y. V., Figueroa-Teran, R., Bhatt, K. H., Singhal, S. and Atanassov, P., 'Wearable sensor system powered by a biofuel cell for detection of lactate levels in sweat', *ECS Journal of Solid State Science and Technology*, 5(8), 2016, pp.M3075–81

[17] Liu, X., Yuk, H., Lin, S., Parada, G. A., Tang, T. C., Tham, E., de la Fuente-Nunez, C., Lu, T. K. and Zhao, X., '3D printing of living responsive materials and devices', *Advanced Materials*, 30(4), 2018

[18] Samadelli, M., Melis, M., Miccoli, M., Vigl, E. E. and Zink, A. R., 'Complete mapping of the tattoos of the 5300-year-old Tyrolean Iceman', *Journal of Cultural Heritage*, 16(5), 2015, pp.753–8

[19] Krutak, L. F., *Spiritual Skin – Magical Tattoos and Scarification: Wisdom. Healing. Shamanic power. Protection*. Edition Reuss, 2012

[20] Krutak, L., 'The cultural heritage of tattooing: a brief history', *Tattooed Skin and Health*, 48, 2015, pp.1–5

[21] Krutak, L., 'The cultural heritage of tattooing: a brief history', *Tattooed Skin and Health*, (48), 2015, pp.1–5

[22] Lynn, C. D., Dominguez, J. T. and DeCaro, J. A., 'Tattooing to "toughen up": tattoo experience and secretory immunoglobulin A', *American Journal of Human Biology*, 28(5), 2016, pp.603–9

[23] Chiu, Y. N., Sampson, J. M., Jiang, X., Zolla-Pazner, S. B. and Kong, X. P., 'Skin tattooing as a novel approach for DNA vaccine delivery', *Journal of Visualized Experiments*, 68, 2012

[24] Landeg, S. J., Kirby, A. M., Lee, S. F., Bartlett, F., Titmarsh, K., Donovan, E., Griffin, C. L., Gothard, L., Locke, I. and McNair, H. A., 'A randomized control trial evaluating fluorescent ink versus dark ink tattoos for breast radiotherapy', *British Journal of Radiology*, 89(1068), 2016, p.20160288

Maori-remains-make-the-long-journey-to-their-ancestral-home; www.glam.ox.ac.uk/article/repatriation-maori-ancestral-remains

[4] Samuel O'Reilly's patent for a tattoo machine: *S. F. O'Reilly, Tattooing Machine, No. 464,801, Patented Dec. 8, 1891*

[5] Othman, J., Robbins, E., Lau, E. M., Mak, C. and Bryant, C., 'Tattoo pigment-induced granulomatous lymphadenopathy mimicking lymphoma', *Annals of Internal Medicine*, 2017

[6] Huq, R., Samuel, E. L., Sikkema, W. K., Nilewski, L. G., Lee, T., Tanner, M. R., Khan, F. S., Porter, P. C., Tajhya, R. B., Patel, R. S. and Inoue, T., 'Preferential uptake of antioxidant carbon nanoparticles by T lymphocytes for immunomodulation', *Scientific Reports*, 6, 2016, article 33808

[7] Brady, B. G., Gold, H., Leger, E. A. and Leger, M. C., 'Self-reported adverse tattoo reactions: a New York City Central Park study', *Contact Dermatitis*, 73(2), 2015, pp.91–9

[8] Kreidstein, M. L., Giguere, D. and Freiberg, A., 'MRI interaction with tattoo pigments: case report, pathophysiology, and management', *Plastic and Reconstructive Surgery*, 99(6), 1997, pp.1717–20

[9] Schreiver, I., Hesse, B., Seim, C., Castillo-Michel, H., Villanova, J., Laux, P., Dreiack, N., Penning, R., Tucoulou, R., Cotte, M. and Luch, A., 'Synchrotron-based ν-XRF mapping and μ-FTIR microscopy enable to look into the fate and effects of tattoo pigments in human skin', *Scientific Reports*, 7(1), 2017, article 11395

[10] Laux, P., Tralau, T., Tentschert, J., Blume, A., Al Dahouk, S., Bäumler, W., Bernstein, E., Bocca, B., Alimonti, A., Colebrook, H. and de Cuyper, C., 'A medical-toxicological view of tattooing', *The Lancet*, 387(10016), 2016, pp.95–402

[11] Brady, B. G., Gold, H., Leger, E. A. and Leger, M. C., 'Self-reported adverse tattoo reactions: a New York City Central Park study', *Contact Dermatitis*, 73(2), 2015, pp.91–9

[12] Liszewski, W., Kream, E., Helland, S., Cavigli, A., Lavin, B. C. and Murina, A., 'The demographics and rates of tattoo complications, regret, and unsafe tattooing practices: a cross-sectional study', *Dermatologic Surgery*, 41(11), 2015, pp.1283–89

[13] Ephemeral Tattoos: www.ephemeraltattoos.com

[26] Ramrakha, S., Fergusson, D. M., Horwood, L. J., Dalgard, F., Ambler, A., Kokaua, J., Milne, B. J. and Poulton, R., 'Cumulative mental health consequences of acne: 23-year follow-up in a general population birth cohort study', *The British Journal of Dermatology*, 2015

[27] British Skin Foundation Teenage Acne Survey 2014–2017 press release, '3 in 5 teenagers say acne affects self confidence', 2017

[28] Chiu, A., Chon, S. Y. and Kimball, A. B., 'The response of skin disease to stress: changes in the severity of acne vulgaris as affected by examination stress', *Archives of Dermatology*, 139(7), 2003, pp.897–900

[29] Böhm, D., Schwanitz, P., Stock Gissendanner, S., Schmid-Ott, G. and Schulz, W., 'Symptom severity and psychological sequelae in rosacea: results of a survey', *Psychology, Health & Medicine*, 19(5), 2014, pp.586–91

[30] Sharma, N., Koranne, R. V. and Singh, R. K., 'Psychiatric morbidity in psoriasis and vitiligo: a comparative study', *The Journal of Dermatology*, 28(8), 2001, pp.419–23

[31] Tsakiris, M. and Haggard, P., 'The rubber hand illusion revisited: visuotactile integration and self-attribution', *Journal of Experimental Psychology: Human Perception and Performance*, 31(1), 2005, p.80

[32] Lovato, L., Ferrão, Y. A., Stein, D. J., Shavitt, R. G., Fontenelle, L. F., Vivan, A., Miguel, E. C. and Cordioli, A. V., 'Skin picking and trichotillomania in adults with obsessive-compulsive disorder', *Comprehensive Psychiatry*, 53(5), 2012, pp.562–68

[33] Bjornsson, A. S., Didie, E. R. and Phillips, K. A., 'Body dysmorphic disorder', *Dialogues in Clinical Neuroscience*, 12(2), 2010, p.221

[34] Kim, D. I., Garrison, R. C. and Thompson, G., 'A near fatal case of pathological skin picking', *The American Journal of Case Reports*, 14, 2013, pp.284–7

8 社交皮膚

[1] Orange, C., *The Treaty of Waitangi*, Bridget Williams Books, 2015

[2] Cook, J., *Captain Cook's Journal During His First Voyage Round the World, Made in HM* Bark Endeavour, *1768–71*, Cambridge University Press, 2014

[3] News stories from the universities of Birmingham and Oxford regarding the return of Maori heads: www.birmingham.ac.uk/news/latest/2013/10/

[14] Dijk, C. and de Jong, P. J., 'Blushing-fearful individuals overestimate the costs and probability of their blushing', *Behaviour Research and Therapy*, 50(2), 2012, pp.158–62

[15] Mirick, D. K., Davis, S. and Thomas, D. B., 'Antiperspirant use and the risk of breast cancer', *Journal of the National Cancer Institute*, 94(20), 2002, pp.1578–80

[16] Willhite, C. C., Karyakina, N. A., Yokel, R. A., Yenugadhati, N., Wisniewski, T. M., Arnold, I. M., Momoli, F. and Krewski, D., 'Systematic review of potential health risks posed by pharmaceutical, occupational and consumer exposures to metallic and nanoscale aluminum, aluminum oxides, aluminum hydroxide and its soluble salts', *Critical Reviews in Toxicology*, 44(sup4), 2014, pp.1–80

[17] Hermann, L. and Luchsinger, B., 'Über die Secretionsströme der Haut bei der Katze [On the sweat currents on the skin of cats]', *Pflügers Archiv European Journal of Physiology*, 17(1), 1878, pp.310–19

[18] *Idaho State Journal*, 9 November 1977, p.32

[19] Larson, J. A., Haney, G. W. and Keeler, L., *Lying and its detection: A study of deception and deception tests*, University of Chicago Press, 1932, p.99

[20] Inbau, F. E., 'Detection of deception technique admitted as evidence', *Journal of Criminal Law and Criminology (1931-51)*, 26(2), 1935, pp.262–70

[21] Santos, F., 'DNA evidence frees a man imprisoned for half his life', *New York Times*, 1 September 2006

[22] Goldstein, A., 'Thrills in response to music and other stimuli', *Physiological Psychology*, 8(1), 1980, pp.126–9

[23] Timmers, R., and Loui, P., 'Music and Emotion', *Foundations in Music Psychology*, eds. Rentfrow, P. J, and Levitin, D. J., MIT Press, 2019, pp.783–826

[24] Blood, A. J. and Zatorre, R. J., 'Intensely pleasurable responses to music correlate with activity in brain regions implicated in reward and emotion', *Proceedings of the National Academy of Sciences*, 98(20), 2001, pp.11818–23

[25] Hongbo, Y., Thomas, C. L., Harrison, M. A., Salek, M. S. and Finlay, A. Y., 'Translating the science of quality of life into practice: what do dermatology life quality index scores mean?', *Journal of Investigative Dermatology*, 125(4), 2005, pp.659–64

[4] Pavlovic, S., Daniltchenko, M., Tobin, D. J., Hagen, E., Hunt, S. P., Klapp, B. F., Arck, P. C. and Peters, E. M., 'Further exploring the brain–skin connection: stress worsens dermatitis via substance P-dependent neurogenic inflammation in mice', *Journal of Investigative Dermatology*, 128(2), 2008, pp.434–46

[5] Peters, E. M., 'Stressed skin? – a molecular psychosomatic update on stress – causes and effects in dermatologic diseases', *Journal der Deutschen Dermatologischen Gesellschaft*, 14(3), 2016, pp.233–52

[6] Naik, S., Larsen, S. B., Gomez, N. C., Alaverdyan, K., Sendoel, A., Yuan, S., Polak, L., Kulukian, A., Chai, S. and Fuchs, E., 'Inflammatory memory sensitizes skin epithelial stem cells to tissue damage', *Nature*, 550(7677), 2017, p.475

[7] Felice, C., *Here Are the Young Men* (photography series), 2009–2010

[8] Schwartz, J., Evers, A. W., Bundy, C. and Kimball, A. B., 'Getting under the skin: report from the International Psoriasis Council Workshop on the role of stress in psoriasis', *Frontiers in Psychology*, 7, 2016, p.87

[9] Bewley, A. P., 'Snapshot survey of dermatologists' reports of skin disease following the financial crisis of 2007–2008', *British Skin Foundation*, 2012

[10] Dhabhar, F. S., 'Acute stress enhances while chronic stress suppresses skin immunity: the role of stress hormones and leukocyte trafficking', *Annals of the New York Academy of Sciences*, 917(1), 2000, pp.876–93

[11] Kabat-Zinn, J., Wheeler, E., Light, T., Skillings, A., Scharf, M. J., Cropley, T. G., Hosmer, D. and Bernhard, J. D., 'Influence of a mindfulness meditation-based stress reduction intervention on rates of skin clearing in patients with moderate to severe psoriasis undergoing photo therapy (UVB) and photochemotherapy (PUVA)', *Psychosomatic Medicine*, 60(5), 1998, pp.625–32

[12] Dijk, C., Voncken, M. J. and de Jong, P. J., 'I blush, therefore I will be judged negatively: influence of false blush feedback on anticipated others' judgments and facial coloration in high and low blushing-fearfuls', *Behaviour Research and Therapy*, 47(7), 2009, pp.541–7

[13] Dijk, C., de Jong, P. J. and Peters, M. L., 'The remedial value of blushing in the context of transgressions and mishaps', *Emotion*, 9(2), 2009, p.287

on ambulatory blood pressure, oxytocin, alpha amylase, and cortisol', *Psychosomatic Medicine*, 70(9), 2008, pp.976–85

[44] Field, T. M., 'Massage therapy research review', *Complementary Therapies in Clinical Practice*, 20(4), 2014, pp.224–9

[45] Kim, H. K., Lee, S. and Yun, K. S., 'Capacitive tactile sensor array for touch screen application', *Sensors and Actuators A: Physical*, 165(1), 2011, pp.2–7

[46] Jiménez, J., Olea, J., Torres, J., Alonso, I., Harder, D. and Fischer, K., 'Biography of Louis Braille and invention of the Braille alphabet', *Survey of Ophthalmology*, 54(1), 2009, pp.142–9

[47] Choi, S. and Kuchenbecker, K. J., 'Vibrotactile display: Perception, technology, and applications', *Proceedings of the IEEE*, 101(9), 2013, pp.2093–104

[48] Culbertson, H. and Kuchenbecker, K. J., 'Importance of Matching Physical Friction, Hardness, and Texture in Creating Realistic Haptic Virtual Surfaces', *IEEE Transactions on Haptics*, 10(1), 2017, pp.63–74

[49] Saal, H. P., Delhaye, B. P., Rayhaun, B. C. and Bensmaia, S. J., 'Simulating tactile signals from the whole hand with millisecond precision', *Proceedings of the National Academy of Sciences*, 114(28), 2017, pp.E5693–E5702

[50] Wu, W., Wen, X. and Wang, Z. L., 'Taxel-addressable matrix of vertical-nanowire piezotronic transistors for active and adaptive tactile imaging', *Science*, 340(6135), 2013, pp.952–7

[51] Yin, J., Santos, V. J. and Posner, J. D., 'Bioinspired flexible microfluidic shear force sensor skin', *Sensors and Actuators A: Physical*, 264, 2017, pp.289–97

7 心理皮膚

[1] Koblenzer, C. S., 'Dermatitis artefacta: clinical features and approaches to treatment', *American Journal of Clinical Dermatology*, 1(1), 2000, pp.47–55

[2] Deweerdt, S., 'Psychodermatology: an emotional response', *Nature*, 492(7429), 2012, pp.S62–3

[3] Evers, A. W. M., Verhoeven, E. W. M., Kraaimaat, F. W., De Jong, E. M. G. J., De Brouwer, S. J. M., Schalkwijk, J., Sweep, F. C. G. J. and Van De Kerkhof, P. C. M., 'How stress gets under the skin: cortisol and stress reactivity in psoriasis', *British Journal of Dermatology*, 163(5), 2010, pp.986–91

[33] Kraus, M. W., Huang, C. and Keltner, D., 'Tactile communication, cooperation, and performance: an ethological study of the NBA', *Emotion*, 10(5), 2010, p.745

[34] Hertenstein, M. J., Holmes, R., McCullough, M. and Keltner, D., 'The communication of emotion via touch', *Emotion*, 9(4), 2009, p.566

[35] Brentano, R. 'Reviewed Work: *The Chronicle of Salimbene de Adam* by Salimbene de Adam, Joseph L. Baird, Giuseppe Baglivi, John Robert Kane', *The Catholic Historical Review*, 74(3), 1988, pp.466–7

[36] Field, T. M., *Touch in Early Development*, Psychology Press, 2014

[37] Pollak, S. D., Nelson, C. A., Schlaak, M. F., Roeber, B. J., Wewerka, S. S., Wiik, K. L., Frenn, K. A., Loman, M. M. and Gunnar, M. R., 'Neurodevelopmental effects of early deprivation in postinstitutionalized children', *Child Development*, 81(1), 2010, pp.224–36

[38] Rey Sanabria, E. and Gómez, H. M., 'Manejo Racional del Niño Prematuro [Rational management of the premature child]', *Fundación Vivir*, Bogotá, Colombia, 1983, pp.137–51

[39] Lawn, J. E., Mwansa-Kambafwile, J., Horta, B. L., Barros, F. C. and Cousens, S., ' "Kangaroo mother care" to prevent neonatal deaths due to preterm birth complications', *International Journal of Epidemiology*, 39 (Supplement 1), 2010, pp.i144–54

[40] Charpak, N., Tessier, R., Ruiz, J. G., Hernandez, J. T., Uriza, F., Villegas, J., Nadeau, L., Mercier, C., Maheu, F., Marin, J. and Cortes, D., 'Twenty-year follow-up of kangaroo mother care versus traditional care', *Pediatrics*, 2016, p.e20162063

[41] Sloan, N. L., Ahmed, S., Mitra, S. N., Choudhury, N., Chowdhury, M., Rob, U. and Winikoff, B., 'Community-based kangaroo mother care to prevent neonatal and infant mortality: a randomized, controlled cluster trial', *Pediatrics*, 121(5), 2008, pp.e1047–59

[42] Coan, J. A., Schaefer, H. S. and Davidson, R. J., 'Lending a hand: social regulation of the neural response to threat', *Psychological Science*, 17(12), 2006, pp.1032–9

[43] Holt-Lunstad, J., Birmingham, W. A. and Light, K. C., 'Influence of a "warm touch" support enhancement intervention among married couples

[21] Titus Lucretius Carus, *Lucretius: The Nature of Things,* trans. Stallings, A. E., Penguin Classics, 2007

[22] Denk, F., Crow, M., Didangelos, A., Lopes, D. M. and McMahon, S. B., 'Persistent alterations in microglial enhancers in a model of chronic pain', *Cell Reports*, 15(8), 2016, pp.1771–81

[23] de Montaigne, Michel, *The Complete Essays*, trans. Screech, M. A., Penguin Classics, 1993, Book 3, Chapter 13

[24] Handwerker, H. O., Magerl, W., Klemm, F., Lang, E. and Westerman, R. A., 'Quantitative evaluation of itch sensation', *Fine Afferent Nerve Fibers and Pain,* eds. Schmidt, R.F., Schaible, H.-G., Vahle-Hinz, C., VCH Verlagsgesellschaft, Weinheim, 1987, pp.462–73

[25] Pitake, S., DeBrecht, J. and Mishra, S. K., 'Brain natriuretic peptide-expressing sensory neurons are not involved in acute, inflammatory, or neuropathic pain', *Molecular Pain*, 13, 2017

[26] Holle, H., Warne, K., Seth, A. K., Critchley, H. D. and Ward, J., 'Neural basis of contagious itch and why some people are more prone to it', *Proceedings of the National Academy of Sciences*, 109(48), 2012, pp.19816–21

[27] Lloyd, D. M., Hall, E., Hall, S. and McGlone, F. P., 'Can itch-related visual stimuli alone provoke a scratch response in healthy individuals?', *British Journal of Dermatology*, 168(1), 2013, pp.106–11

[28] Yu, Y. Q., Barry, D. M., Hao, Y., Liu, X. T. and Chen, Z. F., 'Molecular and neural basis of contagious itch behavior in mice', *Science*, 355(6329), 2017, pp.1072–6

[29] Jourard, S. M., 'An exploratory study of body-accessibility', *British Journal of Clinical Psychology*, 5(3), 1966, pp.221–31

[30] Ackerman, J. M., Nocera, C. C. and Bargh, J. A., 'Incidental haptic sensations influence social judgments and decisions', *Science*, 328(5986), 2010, pp.1712–5

[31] Levav, J. and Argo, J. J., 'Physical contact and financial risk taking', *Psychological Science*, 21(6), 2010, pp.804–10

[32] Ackerman, J. M., Nocera, C. C. and Bargh, J. A., 'Incidental haptic sensations influence social judgments and decisions', *Science*, 328(5986), 2010, pp.1712–15

[9] Haseleu, J., Omerbašić, D., Frenzel, H., Gross, M. and Lewin, G. R., 'Water-induced finger wrinkles do not affect touch acuity or dexterity in handling wet objects', *PLOS ONE*, 9(1), 2014, p.e84949

[10] Hertenstein, M. J., Holmes, R., McCullough, M. and Keltner, D., 'The communication of emotion via touch', *Emotion*, 9(4), 2009, p.566

[11] Liljencrantz, J. and Olausson, H., 'Tactile C fibers and their contributions to pleasant sensations and to tactile allodynia', *Frontiers in Behavioral Neuroscience*, 8, 2014

[12] Brauer, J., Xiao, Y., Poulain, T., Friederici, A. D. and Schirmer, A., 'Frequency of maternal touch predicts resting activity and connectivity of the developing social brain', *Cerebral Cortex*, 26(8), 2016, pp.3544–52

[13] Walker, S. C., Trotter, P. D., Woods, A. and McGlone, F., 'Vicarious ratings of social touch reflect the anatomical distribution & velocity tuning of C-tactile afferents: a hedonic homunculus?', *Behavioural Brain Research*, 320, 2017, pp.91–6

[14] Suvilehto, J. T., Glerean, E., Dunbar, R. I., Hari, R. and Nummenmaa, L., 'Topography of social touching depends on emotional bonds between humans', *Proceedings of the National Academy of Sciences*, 112(45), 2015, pp.13811–6

[15] van Stralen, H. E., van Zandvoort, M. J., Hoppenbrouwers, S. S., Vissers, L. M., Kappelle, L. J. and Dijkerman, H. C., 'Affective touch modulates the rubber hand illusion', *Cognition*, 131(1), 2014, pp.147–58

[16] Blakemore, S. J., Wolpert, D. M. and Frith, C. D., 'Central cancellation of self-produced tickle sensation', *Nature Neuroscience*, 1(7), 1998, pp.635–40

[17] Linden, D. J., *Touch: The Science of Hand, Heart and Mind*, Penguin, 2016

[18] Cox, J. J., Reimann, F., Nicholas, A. K., Thornton, G., Roberts, E., Springell, K., Karbani, G., Jafri, H., Mannan, J., Raashid, Y. and Al-Gazali, L., 'An SCN9A channelopathy causes congenital inability to experience pain', *Nature*, 444, 2006, pp.894–8

[19] Andresen, T., Lunden, D., Drewes, A. M. and Arendt-Nielsen, L., 'Pain sensitivity and experimentally induced sensitisation in red haired females', *Scandinavian Journal of Pain*, 2(1), 2011, pp.3–6

[20] 'Paget, Henry William, first Marquis of Anglesey (1768–1854)', *Oxford Dictionary of National Biography*, Oxford University Press, 2004 (online edition)

improves photoaged skin: a double-blind, randomized controlled trial', *British Journal of Dermatology*, 161(2), 2009, pp.419–26

[24] Van Ermengem, É., 'A new anaerobic bacillus and its relation to botulism', *Reviews of Infectious Diseases*, 1(4), 1979, pp.701–19

[25] Carruthers, J. D. and Carruthers, J. A., 'Treatment of glabellar frown lines with C. botulinum-A exotoxin', *Journal of Dermatologic Surgery and Oncology*, 18(1), 1992, pp.17–21

[26] Yu, B., Kang, S. Y., Akthakul, A., Ramadurai, N., Pilkenton, M., Patel, A., Nashat, A., Anderson, D. G., Sakamoto, F. H., Gilchrest, B. A. and Anderson, R. R., 'An elastic second skin', *Nature Materials*, 15(8), 2016. pp.911–18

6 第一感

[1] Abraira, V. E. and Ginty, D. D., 'The sensory neurons of touch', *Neuron*, 79(4), 2013. pp.618–39

[2] Woo, S. H., Ranade, S., Weyer, A. D., Dubin, A. E., Baba, Y., Qiu, Z., Petrus, M., Miyamoto, T., Reddy, K., Lumpkin, E. A. and Stucky, C. L., 'Piezo2 is required for Merkel-cell mechanotransduction', *Nature*, 509, 2014, pp.622–6

[3] Thought experiment inspired by Linden, D. J., *Touch: The Science of Hand, Heart and Mind*, Penguin, 2016

[4] Penfield, W., and Jasper, H., *Epilepsy and the Functional Anatomy of the Human Brain*, Little, Brown, 1954

[5] Cohen, L. G., Celnik, P., Pascual-Leone, A., Corwell, B., Faiz, L., Dambrosia, J., Honda, M., Sadato, N., Gerloff, C., Catalá, M. D. and Hallett, M., 'Functional relevance of cross-modal plasticity in blind humans', *Nature*, 389, 1997, pp.180–83

[6] Ro, T., Farnè, A., Johnson, R. M., Wedeen, V., Chu, Z., Wang, Z. J., Hunter, J. V. and Beauchamp, M. S., 'Feeling sounds after a thalamic lesion', *Annals of Neurology*, 62(5), 2007, pp.433–41

[7] Changizi, M., Weber, R., Kotecha, R. and Palazzo, J., 'Are wet-induced wrinkled fingers primate rain treads?' *Brain, Behavior and Evolution*, 77(4), 2011, pp.286–90

[8] Kareklas, K., Nettle, D. and Smulders, T. V., 'Water-induced finger wrinkles improve handling of wet objects', *Biology Letters*, 9(2), 2013, p.20120999

[11] London Air Quality Network (LAQN), 'London air data from the first week of 2017', King's College London Environmental Research Group, 2017

[12] Jaliman, D., *Skin Rules*, St Martin's Press, 2013

[13] Axelsson, J., Sundelin, T., Ingre, M., Van Someren, E. J., Olsson, A. and Lekander, M., 'Beauty sleep: experimental study on the perceived health and attractiveness of sleep deprived people', *BMJ*, 341, 2010, p.c6614

[14] Sundelin, T., Lekander, M., Kecklund, G., Van Someren, E. J., Olsson, A. and Axelsson, J., 'Cues of fatigue: effects of sleep deprivation on facial appearance', *Sleep*, 36(9), 2013, pp.1355–60

[15] Oyetakin-White, P., Suggs, A., Koo, B., Matsui, M. S., Yarosh, D., Cooper, K. D. and Baron, E. D., 'Does poor sleep quality affect skin ageing?', *Clinical and Experimental Dermatology*, 2015, 40(1), pp.17–22

[16] Danby, S., Study at the University of Sheffield on BBC's *The Truth About . . . Looking Good*, 2018

[17] Kligman, A. M., Mills, O. H., Leyden, J. J., Gross, P. R., Allen, H. B. and Rudolph, R. I., 'Oral vitamin A in acne vulgaris Preliminary report', *International Journal of Dermatology*, 20(4), 1981, pp.278–85

[18] Hornblum, A. M., *Acres of skin: Human Experiments at Holmesburg Prison*, Routledge, 2013

[19] Boudreau, M. D., Beland, F. A., Felton, R. P., Fu, P. P., Howard, P. C., Mellick, P. W., Thorn, B. T. and Olson, G. R., 'Photo-co-carcinogenesis of Topically Applied Retinyl Palmitate in SKH-1 Hairless Mice', *Photochemistry and Photobiology*, 94(4), 2017, pp.1096–114

[20] Wang, S. Q., Dusza, S. W. and Lim, H. W., 'Safety of retinyl palmitate in sunscreens: a critical analysis', *Journal of the American Academy of Dermatology*, 63(5), 2010, pp.903–90

[21] Leslie Baumann in 'Skincare: The Vitamin A Controversy', *youbeauty*, 2011

[22] Jones, R. R., Castelletto, V., Connon, C. J. and Hamley, I. W., 'Collagen stimulating effect of peptide amphiphile C16–KTTKS on human fibroblasts', *Molecular Pharmaceutics*, 10(3), 2013, pp.1063–69

[23] Watson, R. E. B., Ogden, S., Cotterell, L. F., Bowden, J. J., Bastrilles, J. Y., Long, S. P. and Griffiths, C. E. M., 'A cosmetic "anti-ageing" product

[36] American Academy of Dermatology 2010 Position Statement: https://www.aad.org/Forms/Policies/Uploads/PS/PS-Vitamin%20D%20Position%20Statement.pdf

5 老化的皮膚

[1] Dealey, C., Posnett, J. and Walker, A., 'The cost of pressure ulcers in the United Kingdom', *Journal of Wound Care*, 21(6), 2012

[2] Huxley, A., *Brave New World*, Vintage Classics, 2007

[3] Kaidbey, K. H., Agin, P. P., Sayre, R. M. and Kligman, A. M., 'Photoprotection by melanin – a comparison of black and Caucasian skin', *Journal of the American Academy of Dermatology*, 1(3), 1979, pp.249–60

[4] Zhang, L., Xiang Chen, S., Guerrero-Juarez, G. F., Li, F., Tong, Y., Liang, Y., Liggins, M., Chen, X., Chen, H., Li, M., Hata, T., Zheng, Y., Plikus, M. V., Gallo, R. L., 'Age-related loss of innate immune antimicrobial function of dermal fat is mediated by transforming growth factor beta', *Immunity*, 2018; DOI: 10.1016/j.immuni.2018.11.003

[5] Brennan, M., Bhatti, H., Nerusu, K. C., Bhagavathula, N., Kang, S., Fisher, G. J., Varani, J. and Voorhees, J. J., 'Matrix metalloproteinase-1 is the major collagenolytic enzyme responsible for collagen damage in UV-irradiated human skin', *Photochemistry and Photobiology*, 78(1), 2003, pp.43–8

[6] Liebel, F., Kaur, S., Ruvolo, E., Kollias, N. and Southall, M. D., 'Irradiation of skin with visible light induces reactive oxygen species and matrix-degrading enzymes', *Journal of Investigative Dermatology*, 132(7), 2012, pp.1901–7

[7] Lee, E. J., Kim, J. Y. and Oh, S. H., 'Advanced glycation end products (AGEs) promote melanogenesis through receptor for AGEs', *Scientific Reports*, 6, 2016, article 27848

[8] Morita, A., 'Tobacco smoke causes premature skin aging', *Journal of Dermatological Science*, 48(3), 2007, pp.169–5

[9] Buffet. J., 'Barefoot Children', *Barometer Soup*, Universal Music Catalogue, 2000

[10] Vierkötter, A., Schikowski, T., Ranft, U., Sugiri, D., Matsui, M., Krämer, U. and Krutmann, J., 'Airborne particle exposure and extrinsic skin aging', *Journal of Investigative Dermatology*, 130(12), 2010, pp.2719–26

[24] Cleaver, J. E., 'Defective repair replication of DNA in xeroderma pigmentosum', *Nature*, 218, 1968, pp.652–6

[25] Bailey, L. R., *The Long Walk: A History of the Navajo Wars, 1846–68*, Westernlore Press, 1964

[26] Rashighi, M. and Harris, J. E., 'Vitiligo pathogenesis and emerging treatments', *Dermatologic Clinics*, 35(2), 2017, pp.257–65

[27] Grzybowski, A. and Pietrzak, K., 'From patient to discoverer – Niels Ryberg Finsen (1860–1904) – the founder of phototherapy in dermatology', *Clinics in Dermatology*, 30(4), 2012, pp.451–5

[28] Watts, G., 'Richard John Cremer', *The Lancet*, 383(9931), 2014, p.1800

[29] Lucey, J. F., 'Neonatal jaundice and phototherapy', *Pediatric Clinics of North America*, 19(4), 1972, pp.827–39

[30] Quandt, B. M., Pfister, M. S., Lübben, J. F., Spano, F., Rossi, R. M., Bona, G. L. and Boesel, L. F., 'POF-yarn weaves: controlling the light out-coupling of wearable phototherapy devices', *Biomedical Optics Express*, 8(10), 2017, pp.4316–30

[31] Car, J., Car, M., Hamilton, F., Layton, A., Lyons, C. and Majeed, A., 'Light therapies for acne', *Cochrane Library*, 2009

[32] Ondrusova, K., Fatehi, M., Barr, A., Czarnecka, Z., Long, W., Suzuki, K., Campbell, S., Philippaert, K., Hubert, M., Tredget, E. and Kwan, P., 'Subcutaneous white adipocytes express a light sensitive signaling pathway mediated via a melanopsin/TRPC channel axis', *Scientific Reports*, 7, 2017, article 16332

[33] Mohammad, K. I., Kassab, M., Shaban, I., Creedy, D. K. and Gamble, J., 'Postpartum evaluation of vitamin D among a sample of Jordanian women', *Journal of Obstetrics and Gynaecology*, 37(2), 2017, pp.200–4

[34] Wolpowitz, D. and Gilchrest, B. A., 'The vitamin D questions: how much do you need and how should you get it?', *Journal of the American Academy of Dermatology*, 54(2), 2006, pp.301–17

[35] Petersen, B., Wulf, H. C., Triguero-Mas, M., Philipsen, P. A., Thieden, E., Olsen, P., Heydenreich, J., Dadvand, P., Basagana, X., Liljendahl, T. S. and Harrison, G. I., 'Sun and ski holidays improve vitamin D status, but are associated with high levels of DNA damage', *Journal of Investigative Dermatology*, 134(11), 2014, pp.2806–13

[13] Pathak, M. A., Jimbow, K., Szabo, G. and Fitzpatrick, T. B., 'Sunlight and melanin pigmentation', *Photochemical and Photobiological Reviews*, 1, 1976, pp.211–39

[14] Ljubešic, N. and Fišer, D., 'A global analysis of emoji usage', *Proceedings of the 10th Web As Corpus Workshop, Association for Computational Linguistics*, 2016, p.82

[15] Lyman, M., Mills, J. O. and Shipman, A. R., 'A dermatological questionnaire for general practitioners in England with a focus on melanoma; misdiagnosis in black patients compared to white patients', *Journal of The European Academy of Dermatology and Venereology*, 31(4), 2017, pp.625–8

[16] Royal Pharmaceutical Society press release, 'RPS calls for clearer labelling on sunscreens after survey reveals confusion', 2015

[17] Corbyn, Z., 'Prevention: lessons from a sunburnt country', *Nature*, 515, 2014, pp.S114–6

[18] British Association of Dermatologists, 'Brits burying their heads in the sand over UK's most common cancer, survey finds', *BAD Press Releases*, 4/5/15.

[19] Seité, S., Del Marmol, V., Moyal, D. and Friedman, A. J., 'Public primary and secondary skin cancer prevention, perceptions and knowledge: an international cross-sectional survey', *Journal of the European Academy of Dermatology and Venereology*, 31(5), 2017, pp.815–20.

[20] Fell, G. L., Robinson, K. C., Mao, J., Woolf, C. J. and Fisher, D. E., 'Skin β-endorphin mediates addiction to UV light', *Cell*, 157(7), 2014, pp.1527–34

[21] Pezdirc, K., Hutchesson, M. J., Whitehead, R., Ozakinci, G., Perrett, D. and Collins, C. E., 'Fruit, vegetable and dietary carotenoid intakes explain variation in skin-color in young Caucasian women: a cross-sectional study', *Nutrients*, 7(7), 2015, pp.5800–15

[22] Mujahid, N., Liang, Y., Murakami, R., Choi, H. G., Dobry, A. S., Wang, J., Suita, Y., Weng, Q. Y., Allouche, J., Kemeny, L. V. and Hermann, A. L., 'A UV-independent topical small-molecule approach for melanin production in human skin', *Cell Reports*, 19(11), 2017, pp.2177–84

[23] Cleaver, J. E., 'Common pathways for ultraviolet skin carcinogenesis in the repair and replication defective groups of xeroderma pigmentosum', *Journal of Dermatological Science*, 23(1), 2000, pp.1–11

[4] Wu, S., Han, J., Laden, F. and Qureshi, A. A., 'Long-term ultraviolet flux, other potential risk factors, and skin cancer risk: a cohort study', *Cancer Epidemiology and Prevention Biomarkers*, 23(6), 2014, pp.1080–9

[5] Guy, G. P. Jnr, Machlin, S. R., Ekwueme, D. U. and Yabroff, K. R., 'Prevalence and costs of skin cancer treatment in the US, 2002–2006 and 2007–2011', *American Journal of Preventive Medicine*, 48(2), 2015, pp.183–7

[6] Australian Institute of Health and Welfare & Australasian Association of Cancer, 'Cancer in Australia: in brief 2017', Cancer series no. 102. Cat. no. CAN 101.

[7] Muzic, J. G., Schmitt, A. R., Wright, A. C., Alniemi, D. T., Zubair, A. S., Lourido, J. M. O., Seda, I. M. S., Weaver, A. L. and Baum, C. L., 'Incidence and trends of basal cell carcinoma and cutaneous squamous cell carcinoma: a population-based study in Olmsted County, Minnesota, 2000 to 2010', *Mayo Clinic Proceedings*, 92(6), 2017, pp.890–8

[8] Karimkhani, C., Green, A. C., Nijsten, T., Weinstock, M. A., Dellavalle, R. P., Naghavi, M. and Fitzmaurice, C., 'The global burden of melanoma: results from the Global Burden of Disease Study 2015', *British Journal of Dermatology*, 177(1), 2017, pp.134–40

[9] Smittenaar, C. R., Petersen, K. A., Stewart, K., Moitt, N., 'Cancer incidence and mortality projections in the UK until 2035', *British Journal of Cancer*, 115, 2016, pp.1147–55

[10] Conic, R. Z., Cabrera, C. I., Khorana, A. A. and Gastman, B. R., 'Determination of the impact of melanoma surgical timing on survival using the National Cancer Database', *Journal of the American Academy of Dermatology*, 78(1), 2018, pp.40–46

[11] Cymerman, R. M., Wang, K., Murzaku, E. C., Penn, L. A., Osman, I., Shao, Y. and Polsky, D., 'De novo versus nevus-associated melanomas: differences in associations with prognostic indicators and survival', *American Society of Clinical Oncology*, 2015

[12] Dinnes, J., Deeks, J. J., Grainge, M. J., Chuchu, N., di Ruffano, L. F., Matin, R. N., Thomson, D. R., Wong, K. Y., Aldridge, R. B., Abbott, R. and Fawzy, M., 'Visual inspection for diagnosing cutaneous melanoma in adults', *Cochrane Database of Systematic Reviews*, 12, 2018

permeability and stress-related psychiatric disorders', *Frontiers in Cellular Neuroscience*, 9, 2015

[48] Du Toit, G., Roberts, G., Sayre, P. H., Plaut, M., Bahnson, H. T., Mitchell, H., Radulovic, S., Chan, S., Fox, A., Turcanu, V. and Lack, G., 'Identifying infants at high risk of peanut allergy: the Learning Early About Peanut Allergy (LEAP) screening study,' *The Journal of Allergy and Clinical Immunology*, 131(1), 2013, pp.135–43

[49] Kelleher, M. M., Dunn-Galvin, A., Gray, C., Murray, D. M., Kiely, M., Kenny, L., McLean, W. I., Irvine, A. D. and Hourihane, J. O. B., 'Skin barrier impairment at birth predicts food allergy at 2 years of age', *The Journal of Allergy and Clinical Immunology*, 137(4), 2016, pp.1111–6

[50] Flohr, C., Perkin, M., Logan, K., Marrs, T., Radulovic, S., Campbell, L. E., MacCallum, S. F., McLean, W. I. and Lack, G., 'Atopic dermatitis and disease severity are the main risk factors for food sensitization in exclusively breastfed infants', *Journal of Investigative Dermatology*, 134(2), 2014, pp.345–50

[51] Walker, M. T., Green, J. E., Ferrie, R. P., Queener, A. M., Kaplan, M. H. and Cook-Mills, J. M., 'Mechanism for initiation of food allergy: dependence on skin barrier mutations and environmental allergen costimulation', *Journal of Allergy and Clinical Immunology*, 141(5), 2018, pp.1711–25

4 向光

[1] Driver, S. P., Andrews, S. K., Davies, L. J., Robotham, A. S., Wright, A. H., Windhorst, R. A., Cohen, S., Emig, K., Jansen, R. A. and Dunne, L., 'Measurements of extragalactic background light from the far UV to the Far IR from deep ground- and space-based galaxy counts', *The Astrophysical Journal*, 827(2), 2016, p.108

[2] Corani, A., Huijser, A., Gustavsson, T., Markovitsi, D., Malmqvist, P. Å., Pezzella, A., d'Ischia, M. and Sundström, V., 'Superior photoprotective motifs and mechanisms in eumelanins uncovered', *Journal of the American Chemical Society*, 136(33), 2014, pp.11626–35

[3] Dennis, L. K., Vanbeek, M. J., Freeman. L. E. B., Smith, B. J., Dawson, D. V. and Coughlin, J. A., 'Sunburns and risk of cutaneous melanoma: does age matter? A comprehensive meta-analysis', *Annals of Epidemiology*, 18(8), 2008, pp.614–27.

[39] O'Neill, C.A., Monteleone, G., McLaughlin, J. T. and Paus, R., 'The gut–skin axis in health and disease: A paradigm with therapeutic implications', *BioEssays*, 38(11), 2016, pp.1167–76

[40] Zákostelská, Z., Málková, J., Klimešová, K., Rossmann, P., Hornová, M., Novosádová, I., Stehlíková, Z., Kostovčík, M., Hudcovic, T., Štepánková, R. and Jůzlová, K., 'Intestinal microbiota promotes psoriasis-like skin inflammation by enhancing Th17 response', *PLOS ONE*, 11(7), 2016, p.e0159539

[41] Zanvit, P., Konkel, J. E., Jiao, X., Kasagi, S., Zhang, D., Wu, R., Chia, C., Ajami, N. J., Smith, D. P., Petrosino, J. F. and Abbatiello, B., 'Antibiotics in neonatal life increase murine susceptibility to experimental psoriasis', *Nature Communications*, 6, 2015

[42] Plantamura, E., Dzutsev, A., Chamaillard, M., Djebali, S., Moudombi, L., Boucinha, L., Grau, M., Macari, C., Bauché, D., Dumitrescu, O. and Rasigade, J. P., 'MAVS deficiency induces gut dysbiotic microbiota conferring a proallergic phenotype', *Proceedings of the National Academy of Sciences of the United States of America*, 115(41), 2018, pp.10404–9

[43] Stokes, J. H. and Pillsbury, D. M., 'The effect on the skin of emotional and nervous states. III: Theoretical and practical consideration of a gastro-intestinal mechanism', *Archives of Dermatology and Syphilology*, 22(6), 1930, pp.962–93

[44] Kelly, J. R., Kennedy, P. J., Cryan, J. F., Dinan, T. G., Clarke, G. and Hyland, N. P., 'Breaking down the barriers: the gut microbiome, intestinal permeability and stress-related psychiatric disorders', *Frontiers in Cellular Neuroscience*, 9, 2015, p.392

[45] Bailey, M. T., Dowd, S. E., Galley, J. D., Hufnagle, A. R., Allen, R. G. and Lyte, M., 'Exposure to a social stressor alters the structure of the intestinal microbiota: implications for stressor-induced immunomodulation', *Brain, Behavior, and Immunity*, 25(3), 2011, pp.397–407

[46] Savignac, H. M., Kiely, B., Dinan, T. G. and Cryan, J. F., 'Bifidobacteria exert strain-specific effects on stress-related behavior and physiology in BALB/c mice', *Neurogastroenterology & Motility*, 26(11), 2014, pp.1615–27

[47] Kelly, J. R., Kennedy, P. J., Cryan, J. F., Dinan, T. G., Clarke, G. and Hyland, N. P., 'Breaking down the barriers: the gut microbiome, intestinal

[30] Clay, K., Schmick, E. and Troesken, W., 'The Rise and Fall of Pellagra in the American South', *National Bureau of Economic Research*, 2017, p.w23730

[31] Werfel, T., Heratizadeh, A., Aberer, W., Ahrens, F., Augustin, M., Biedermann, T., Diepgen, T., Fölster-Holst, R., Gieler, U., Kahle, J. and Kapp, A., 'S2k guideline on diagnosis and treatment of atopic dermatitis – short version', *Allergo Journal International*, 25(3), 2016, pp.82–95

[32] Zuberbier, T., Aberer, W., Asero, R., Bindslev-Jensen, C., Brzoza, Z., Canonica, G. W., Church, M. K., Ensina, L. F., Giménez-Arnau, A., Godse, K. and Gonçalo, M., 'The EAACI/GA(2) LEN/EDF/WAO Guideline for the definition, classification, diagnosis, and management of urticaria: the 2013 revision and update', *Allergy*, 69(7), 2014, pp.868–87

[33] Zuberbier, T., Chantraine-Hess, S., Hartmann, K. and Czarnetzki, B. M., 'Pseudoallergen-free diet in the treatment of chronic urticaria. A prospective study', *Acta Dermato-venereologica*, 75(6), 1995, pp.484–7

[34] Parodi, A., Paolino, S., Greco, A., Drago, F., Mansi, C., Rebora, A., Parodi, A. and Savarino, V., 'Small intestinal bacterial overgrowth in rosacea: clinical effectiveness of its eradication', *Clinical Gastroenterology and Hepatology*, 6(7), 2008, pp.759–64

[35] Jeong, J. H., Lee, C. Y. and Chung, D. K., 'Probiotic lactic acid bacteria and skin health', *Critical Reviews in Food Science and Nutrition*, 56(14), 2016, pp.2331–7

[36] Meneghin, F., Fabiano, V., Mameli, C. and Zuccotti, G. V., 'Probiotics and atopic dermatitis in children', *Pharmaceuticals*, 5(7), 2012, pp.727–44

[37] Chang, Y. S., Trivedi, M. K., Jha, A., Lin, Y. F., Dimaano, L. and García-Romero, M. T., 'Synbiotics for prevention and treatment of atopic dermatitis: a meta-analysis of randomized clinical trials', *JAMA Pediatrics*, 170(3), 2016, pp.236–42

[38] Smits, H. H., Engering, A., van der Kleij, D., de Jong, E. C., Schipper, K., van Capel, T. M., Zaat, B. A., Yazdanbakhsh, M., Wierenga, E. A., van Kooyk, Y. and Kapsenberg, M. L., 'Selective probiotic bacteria induce IL-10-producing regulatory T cells in vitro by modulating dendritic cell function through dendritic cell-specific intercellular adhesion molecule 3-grabbing nonintegrin', *Journal of Allergy and Clinical Immunology*, 115(6), 2005, pp.1260–7

[19] Amestejani, M., Salehi, B. S., Vasigh, M., Sobhkhiz, A., Karami, M., Alinia, H., Kamrava, S. K., Shamspour, N., Ghalehbaghi, B. and Behzadi, A. H., 'Vitamin D supplementation in the treatment of atopic dermatitis: a clinical trial study', *Journal of Drugs in Dermatology*, 11(3), 2012, pp.327–30

[20] Ma, C. A., Stinson, J. R., Zhang, Y., Abbott, J. K., Weinreich, M. A., Hauk, P. J., Reynolds, P. R., Lyons, J. J., Nelson, C. G., Ruffo, E. and Dorjbal, B., 'Germline hypomorphic CARD11 mutations in severe atopic disease', *Nature Genetics*, 49(8), 2017, p.1192

[21] Jensen, P., Zachariae, C., Christensen, R., Geiker, N. R., Schaadt, B. K., Stender, S., Hansen, P. R., Astrup, A. and Skov, L., 'Effect of weight loss on the severity of psoriasis: a randomized clinical study', *JAMA Dermatology*, 149(7), 2013, pp.795–801

[22] Singh, S., Sonkar, G. K. and Singh, S., 'Celiac disease-associated antibodies in patients with psoriasis and correlation with HLA Cw6', *Journal of Clinical Laboratory Analysis*, 24(4), 2010, pp.269–72

[23] Wolf, R., Wolf, D., Rudikoff, D. and Parish, L. C., 'Nutrition and water: drinking eight glasses of water a day ensures proper skin hydration – myth or reality?', *Clinics in Dermatology*, 28(4), 2010, pp.380–83

[24] Negoianu, D. and Goldfarb, S., 'Just add water', *Journal of the American Society of Nephrology*, 19(6), 2008, pp.1041–3

[25] Rota, M., Pasquali, E., Bellocco, R., Bagnardi, V., Scotti, L., Islami, F., Negri, E., Boffetta, P., Pelucchi, C., Corrao, G. and La Vecchia, C., 'Alcohol drinking and cutaneous melanoma risk: a systematic review and dose–risk meta-analysis', *British Journal of Dermatology*, 170(5), 2014, pp.1021–28

[26] Transparency Market Research, 'Nutricosmetics Market – Global Industry Analysis, Size, Share, Growth, Trends and Forecast 2014–2020', 2015

[27] Borumand, M. and Sibilla, S., 'Effects of a nutritional supplement containing collagen peptides on skin elasticity, hydration and wrinkles', *Journal of Medical Nutrition and Nutraceuticals*, 4(1), 2015, pp.47–53

[28] Borumand, M. and Sibilla, S., 'Daily consumption of the collagen supplement Pure Gold Collagen® reduces visible signs of aging', *Clinical Interventions in Aging*, 9, 2014, p.1747

[29] Etheridge, E. W., *The Butterfly Caste: A Social History of Pellagra in the South*, Greenwood, 1972

[10] Clarke, K. A., Dew, T. P., Watson, R. E., Farrar, M. D., Osman, J. E., Nicolaou, A., Rhodes, L. E. and Williamson, G., 'Green tea catechins and their metabolites in human skin before and after exposure to ultraviolet radiation', *The Journal of Nutritional Biochemistry*, 27, 2016, pp.203–10

[11] Moon, T. E., Levine, N., Cartmel, B., Bangert, J. L., Rodney, S., Dong, Q., Peng, Y. M. and Alberts, D. S., 'Effect of retinol in preventing squamous cell skin cancer in moderate-risk subjects: a randomized, double-blind, controlled trial. Southwest Skin Cancer Prevention Study Group', *Cancer Epidemiology and Prevention Biomarkers*, 6(11), 1997, pp.949–56

[12] Cooperstone, J. L., Tober, K. L., Riedl, K. M., Teegarden, M. D., Cichon, M. J., Francis, D. M., Schwartz, S. J. and Oberyszyn, T. M., 'Tomatoes protect against development of UV-induced keratinocyte carcinoma via metabolomic alterations', *Scientific Reports*, 7(1), 2017, article 5106

[13] Foo, Y. Z., Rhodes, G. and Simmons, L. W., 'The carotenoid beta-carotene enhances facial color, attractiveness and perceived health, but not actual health, in humans', *Behavioral Ecology*, 28(2), 2017, pp.570–78

[14] Lefevre, C. E. and Perrett, D. I., 'Fruit over sunbed: carotenoid skin colouration is found more attractive than melanin colouration', *The Quarterly Journal of Experimental Psychology*, 68(2), 2015, pp.284–93

[15] Stephen, I. D., Coetzee, V. and Perrett, D. I., 'Carotenoid and melanin pigment coloration affect perceived human health', *Evolution and Human Behavior*, 32(3), 2011, pp.216–27

[16] Watson, J., 2013. 'Oxidants, antioxidants and the current incurability of metastatic cancers', *Open Biology*, 3(1), p.120144

[17] Sidbury, R., Tom, W. L., Bergman, J. N., Cooper, K. D., Silverman, R. A., Berger, T. G., Chamlin, S. L., Cohen, D. E., Cordoro, K. M., Davis, D. M. and Feldman, S. R., 'Guidelines of care for the management of atopic dermatitis: Section 4. Prevention of disease flares and use of adjunctive therapies and approaches', *Journal of the American Academy of Dermatology*, 71(6), 2014, pp.1218–33

[18] Hata, T. R., Audish, D., Kotol, P., Coda, A., Kabigting, F., Miller, J., Alexandrescu, D., Boguniewicz, M., Taylor, P., Aertker, L. and Kesler, K., 'A randomized controlled double-blind investigation of the effects of vitamin D dietary supplementation in subjects with atopic dermatitis', *Journal of The European Academy of Dermatology and Venereology*, 28(6), 2014, pp.781–9

[46] Callewaert, C., Kerckhof, F. M., Granitsiotis, M. S., Van Gele, M., Van de Wiele, T. and Boon, N., 'Characterization of Staphylococcus and Corynebacterium clusters in the human axillary region', *PLOS ONE*, 8(8), 2013, p.e70538

[47] Callewaert, C., Lambert, J. and Van de Wiele, T., 'Towards a bacterial treatment for armpit malodour', *Experimental Dermatology*, 26(5), 2017, pp.388–91

3 腸道與皮膚

[1] Çerman, A. A., Aktaş, E., Altunay, İ. K., Arıcı, J. E., Tulunay, A. and Ozturk, F. Y., 'Dietary glycemic factors, insulin resistance, and adiponectin levels in acne vulgaris', *Journal of the American Academy of Dermatology*, 75(1), 2016, pp.155–62

[2] Smith, R. N., Mann, N. J., Braue, A., Mäkeläinen, H. and Varigos, G. A., 'A low-glycemic-load diet improves symptoms in acne vulgaris patients: a randomized controlled trial', *The American Journal of Clinical Nutrition*, 86(1), 2007, p.107–15

[3] Williams, S. in 'How the derms do it: 4 expert dermatologists on their daily skincare routines', *Get the Gloss*, 10 November 2017

[4] Fulton, J. E., Plewig, G., Kligman, A. M., 'Effect of Chocolate on Acne Vulgaris', *JAMA Network*, 210(11), 1969, pp.2071–4

[5] Davidovici, B. B. and Wolf, R., 'The role of diet in acne: facts and controversies', *Clinics in Dermatology*, 28(1), 2010, pp.12–16

[6] Caperton, C., Block, S., Viera, M., Keri, J. and Berman, B., 'Double-blind, placebo-controlled study assessing the effect of chocolate consumption in subjects with a history of acne vulgaris', *The Journal of Clinical and Aesthetic Dermatology*, 7(5), 2014, p.19

[7] Fialová, J., Roberts, S. C. and Havlíček, J., 'Consumption of garlic positively affects hedonic perception of axillary body odour', *Appetite*, 97, 2016, pp.8–15

[8] Havlicek, J. and Lenochova, P., 'The effect of meat consumption on body odor attractiveness', *Chemical senses*, 31(8), 2006, pp.747–52

[9] Bronsnick, T., Murzaku, E. C. and Rao, B. K., 'Diet in dermatology: Part I. Atopic dermatitis, acne, and nonmelanoma skin cancer', *Journal of the American Academy of Dermatology*, 71(6), 2014, p.1039

[37] Chase, J., Fouquier, J., Zare, M., Sonderegger, D. L., Knight, R., Kelley, S. T., Siegel, J. and Caporaso, J. G., 'Geography and location are the primary drivers of office microbiome composition', *MSystems*, 1(2), 2016, pp.e00022-16

[38] Gimblet, C., Meisel, J. S., Loesche, M. A., Cole, S. D., Horwinski, J., Novais, F. O., Misic, A. M., Bradley, C. W., Beiting, D. P., Rankin, S. C. and Carvalho, L. P., 'Cutaneous Leishmaniasis induces a transmissible dysbiotic skin microbiota that promotes skin inflammation', *Cell Host & Microbe*, 22(1), 2017, pp.13–24

[39] Scharschmidt, T. C., Vasquez, K. S., Truong, H. A., Gearty, S. V., Pauli, M. L., Nosbaum, A., Gratz, I. K., Otto, M., Moon, J. J., Liese, J. and Abbas, A. K., 'A wave of regulatory T cells into neonatal skin mediates tolerance to commensal microbes', *Immunity*, 43(5), 2015, pp.1011–21

[40] Lambrecht, B. N. and Hammad, H., 'The immunology of the allergy epidemic and the hygiene hypothesis', *Nature Immunology*, 18(10), 2017, pp.1076–83

[41] Volz, T., Skabytska, Y., Guenova, E., Chen, K. M., Frick, J. S., Kirschning, C. J., Kaesler, S., Röcken, M. and Biedermann, T., 'Nonpathogenic bacteria alleviating atopic dermatitis inflammation induce IL-10-producing dendritic cells and regulatory Tr1 cells', *Journal of Investigative Dermatology*, 134(1), 2014, pp.96–104

[42] Kassam, Z., Lee, C. H., Yuan, Y. and Hunt, R. H., 'Fecal microbiota transplantation for Clostridium difficile infection: systematic review and meta-analysis', *The American Journal of Gastroenterology*, 108(4), 2013, p.500

[43] Jeong, J. H., Lee, C. Y. and Chung, D. K., 2016. 'Probiotic lactic acid bacteria and skin health', *Critical Reviews in Food Science and Nutrition*, 56(14), pp.2331–7

[44] Holz, C., Benning, J., Schaudt, M., Heilmann, A., Schultchen, J., Goelling, D. and Lang, C., 'Novel bioactive from Lactobacillus brevis DSM17250 to stimulate the growth of Staphylococcus epidermidis: a pilot study', *Beneficial Microbes*, 8(1), 2017, pp.121–31

[45] Coughlin, C. C., Swink, S. M., Horwinski, J., Sfyroera, G., Bugayev, J., Grice, E. A. and Yan, A. C., 'The preadolescent acne microbiome: A prospective, randomized, pilot study investigating characterization and effects of acne therapy', *Pediatric Dermatology*, 34(6), 2017, pp.661–4

[27] Singh, K., Davies, G., Alenazi, Y., Eaton, J. R., Kawamura, A. and Bhattacharya, S., 'Yeast surface display identifies a family of evasins from ticks with novel polyvalent CC chemokine-binding activities', *Scientific Reports*, 7(1), 2017, article 4267

[28] Szabó, K., Erdei, L., Bolla, B. S., Tax, G., Bíró, T. and Kemény, L., 'Factors shaping the composition of the cutaneous microbiota', *British Journal of Dermatology*, 176(2), 2017, pp.344–51

[29] Haahr, T., Glavind, J., Axelsson, P., Bistrup Fischer, M., Bjurström, J., Andrésdóttir, G., Teilmann-Jørgensen, D., Bonde, U., Olsén Sørensen, N., Møller, M. and Fuglsang, J., 'Vaginal seeding or vaginal microbial transfer from the mother to the caesarean-born neonate: a commentary regarding clinical management', *BJOG: An International Journal of Obstetrics and Gynaecology*, 125(5), 2018, pp.533–6

[30] Cunnington, A. J., Sim, K.., Deierl, A., Kroll, J. S., Brannigan, E. and Darby, J., 'Vaginal seeding of infants born by caesarean section', *British Medical Journal*, 2016, p.i227

[31] Mueller, N. T., Bakacs, E., Combellick, J., Grigoryan, Z. and Dominguez-Bello, M. G., 'The infant microbiome development: mom matters', *Trends in molecular medicine*, 21(2), 2015, pp.109–117

[32] Oh, J., Freeman, A. F., Park, M., Sokolic, R., Candotti, F., Holland, S. M., Segre, J. A., Kong, H. H. and NISC Comparative Sequencing Program, 'The altered landscape of the human skin microbiome in patients with primary immunodeficiencies', *Genome Research*, 23(12), 2013, pp.2103–14

[33] Oh, J., Byrd, A. L., Park, M., Kong, H. H., Segre, J. A. and NISC Comparative Sequencing Program, 'Temporal stability of the human skin microbiome', *Cell*, 165(4), 2016, pp.854–66

[34] Meadow, J. F., Bateman, A. C., Herkert, K. M., O'Connor, T. K. and Green, J. L., 'Significant changes in the skin microbiome mediated by the sport of roller derby', *PeerJ – Life and Environment*, 1, 2013. p.e53

[35] Abeles, S. R., Jones, M. B., Santiago-Rodriguez, T. M., Ly, M., Klitgord, N., Yooseph, S., Nelson, K. E. and Pride, D. T., 'Microbial diversity in individuals and their household contacts following typical antibiotic courses', *Microbiome*, 4(1), 2016, p.39

[36] Ross, A. A., Doxey, A. C. and Neufeld, J. D., 'The skin microbiome of cohabiting couples', *MSystems*, 2(4), 2017, pp.e00043-17

Proceedings of the National Academy of Sciences of the United States of America, 112(52), 2015, pp.15958–63

[18] Roberts, R. J., 'Head lice', *New England Journal of Medicine*, 346(21), 2002, pp.1645–50

[19] Gellatly, K. J., Krim, S., Palenchar, D. J., Shepherd, K., Yoon, K. S., Rhodes, C. J., Lee, S. H. and Marshall Clark, J., 'Expansion of the knockdown resistance frequency map for human head lice (Phthiraptera: Pediculidae) in the United States using quantitative sequencing', *Journal of Medical Entomology*, 53(3), 2016, pp.653–9

[20] Rozsa, L. and Apari, P., 'Why infest the loved ones – inherent human behaviour indicates former mutualism with head lice', *Parasitology*, 139(6), 2012, pp.696–700

[21] Olds, B. P., Coates, B. S., Steele, L. D., Sun, W., Agunbiade, T. A., Yoon, K. S., Strycharz, J. P., Lee, S. H., Paige, K. N., Clark, J. M. and Pittendrigh, B. R., 'Comparison of the transcriptional profiles of head and body lice', *Insect Molecular Biology*, 21(2), 2012, pp.257–68

[22] Welford, M. and Bossak, B., 'Body lice, yersinia pestis orientalis, and black death', *Emerging Infectious Diseases*, 16(10), 2010, p.1649

[23] Armstrong, N. R. and Wilson, J. D., 'Did the "Brazilian" kill the pubic louse?', *Sexually Transmitted Infections*, 82(3), 2006, pp.265–6

[24] Baldo, L., Desjardins, C. A., Russell, J. A., Stahlhut, J. K. and Werren, J. H., 'Accelerated microevolution in an outer membrane protein (OMP) of the intracellular bacteria Wolbachia', *BMC Evolutionary Biology*, 10(1), 2010, p.48

[25] Savioli, L., Daumerie, D. and World Health Organization, 'First WHO report on neglected tropical diseases: working to overcome the global impact of neglected tropical diseases', *Geneva: World Health Organization*, 2010, pp.1–184

[26] Jarrett, R., Salio, M., Lloyd-Lavery, A., Subramaniam, S., Bourgeois, E., Archer, C., Cheung, K. L., Hardman, C., Chandler, D., Salimi, M., Gutowska-Owsiak, D., Bernadino de la Serna, J., Fallon, P. G., Jolin, H., Mckenzie, A,. Dziembowski, A., Podobas, E. I., Bal, W., Johnson, J., Moody, D. B., Cerundolo, V., and Ogg, G., 'Filaggrin inhibits generation of CD1a neolipid antigens by house dust mite-derived phospholipase', *Science Translational Medicine*, 8(325), 2016, p.325ra18

coproporphyrinogen oxidase', *Proceedings of the National Academy of Sciences of the United States of America*, 114(32), 2017. pp.e6652–59

[10] Nakatsuji, T., Chen, T. H., Butcher, A. M., Trzoss, L. L., Nam, S. J., Shirakawa, K. T., Zhou, W., Oh, J., Otto, M., Fenical, W. and Gallo, R. L., 'A commensal strain of Staphylococcus epidermidis protects against skin neoplasia', *Science Advances*, 4(2), 2018, p.eaao4502

[11] Doroshenko, N., Tseng, B. S., Howlin, R. P., Deacon, J., Wharton, J. A., Thurner, P. J., Gilmore, B. F., Parsek, M. R. and Stoodley, P., 'Extracellular DNA impedes the transport of vancomycin in Staphylococcus epidermidis biofilms preexposed to subinhibitory concentrations of vancomycin', *Antimicrobial Agents and Chemotherapy*, 58(12), 2014, pp.7273–82

[12] Murdoch, D. R., Corey, G. R., Hoen, B., Miró, J. M., Fowler, V. G., Bayer, A. S., Karchmer, A. W., Olaison, L., Pappas, P. A., Moreillon, P. and Chambers, S. T., 'Clinical presentation, etiology, and outcome of infective endocarditis in the 21st century: the International Collaboration on Endocarditis–Prospective Cohort Study', *Archives of internal medicine*, 169(5), 2009, pp.463–73.

[13] Silver, B., Behrouz, R. and Silliman, S., 'Bacterial endocarditis and cerebrovascular disease', *Current Neurology and Neuroscience Reports*, 16(12), 2016, p.104

[14] Blöchl, E., Rachel, R., Burggraf, S., Hafenbradl, D., Jannasch, H. W. and Stetter, K. O., 'Pyrolobus fumarii, gen. and sp. nov., represents a novel group of archaea, extending the upper temperature limit for life to 113 degrees C', *Extremophiles*, 1(1), 1997, pp.14–21

[15] Moissl-Eichinger, C., Probst, A. J., Birarda, G., Auerbach, A., Koskinen, K., Wolf, P. and Holman, H. Y. N., 'Human age and skin physiology shape diversity and abundance of Archaea on skin', *Scientific Reports*, 7(1), 2017, article 4039

[16] Turgut Erdemir, A., Gurel, M. S., Koku Aksu, A. E., Falay, T., Inan Yuksel, E. and Sarikaya, E., 'Demodex mites in acne rosacea: reflectance confocal microscopic study', *Australasian Journal of Dermatology*, 58(2), 2017

[17] Palopoli, M. F., Fergus, D. J., Minot, S., Pei, D.T., Simison, W. B., Fernandez-Silva, I., Thoemmes, M. S., Dunn, R. R. and Trautwein, M., 'Global divergence of the human follicle mite Demodex folliculorum: Persistent associations between host ancestry and mite lineages',

2 探索皮膚之旅

[1] Grice, E. A., Kong, H. H., Conlan, S., Deming, C. B., Davis, J., Young, A. C., Bouffard, G. G., Blakesley, R. W., Murray, P. R., Green, E. D. and Turner, M. L., 'Topographical and temporal diversity of the human skin microbiome', *Science*, 324(5931), 2009, pp.1190–92

[2] Human Microbiome Project Consortium, 'Structure, function and diversity of the healthy human microbiome', *Nature*, 486(7402), 2012, pp.207–14

[3] Sender, R., Fuchs, S. and Milo, R., 'Are we really vastly outnumbered? Revisiting the ratio of bacterial to host cells in humans', *Cell*, 164(3), 2016, pp.337–40

[4] Sender, R., Fuchs, S. and Milo, R., 'Revised estimates for the number of human and bacteria cells in the body', *Public Library of Science, Biology*, 14(8), 2016, p.e1002533

[5] Arsenijevic, V. S. A., Milobratovic, D., Barac, A. M., Vekic, B., Marinkovic, J. and Kostic, V. S., 'A laboratory-based study on patients with Parkinson's disease and seborrheic dermatitis: the presence and density of Malassezia yeasts, their different species and enzymes production', *BMC Dermatology*, 14(1), 2014, p.5

[6] Beylot, C., Auffret, N., Poli, F., Claudel, J. P., Leccia, M. T., Del Giudice, P. and Dreno, B., 'Propionibacterium acnes: an update on its role in the pathogenesis of acne', *Journal of the European Academy of Dermatology and Venereology*, 28(3), 2014, pp.271–8

[7] Campisano, A., Ometto, L., Compant, S., Pancher, M., Antonielli, L., Yousaf, S., Varotto, C., Anfora, G., Pertot, I., Sessitsch, A. and Rota-Stabelli, O., 'Interkingdom transfer of the acne-causing agent, Propionibacterium acnes, from human to grapevine', *Molecular Biology and Evolution*, 31(5), 2014, pp.1059–65

[8] Kobayashi, T., Glatz, M., Horiuchi, K., Kawasaki, H., Akiyama, H., Kaplan, D. H., Kong, H. H., Amagai, M. and Nagao, K., 'Dysbiosis and Staphylococcus aureus colonization drives inflammation in atopic dermatitis', *Immunity*, 42(4), 2015, pp.756–66

[9] Surdel, M. C., Horvath, D. J., Lojek, L. J., Fullen, A. R., Simpson, J., Dutter, B. F., Salleng, K. J., Ford, J. B., Jenkins, J. L., Nagarajan, R. and Teixeira, P. L., 'Antibacterial photosensitization through activation of

[19] Cowburn, A. S., Macias, D., Summers, C., Chilvers, E. R. and Johnson, R. S., 'Cardiovascular adaptation to hypoxia and the role of peripheral resistance', *eLife*, 6, 2017

[20] Carretero, O. A. and Oparil, S., 'Essential hypertension: part I: definition and etiology', *Circulation*, 101(3), 2000, pp.329–35

[21] Langerhans P., 'Über die Nerven der menschlichen Haut', *Archiv für pathologische Anatomie und Physiologie und für klinische Medicin*, 44(2–3), 1868, pp.325–37

[22] Pasparakis, M., Haase, I. and Nestle, F. O., 'Mechanisms regulating skin immunity and inflammation', *Nature Reviews Immunology*, 14(5), 2014, pp.289–301

[23] Mlynek, A., Vieira dos Santos, R., Ardelean, E., Weller, K., Magerl, M., Church, M. K. and Maurer, M., 'A novel, simple, validated and reproducible instrument for assessing provocation threshold levels in patients with symptomatic dermographism', *Clinical and Experimental Dermatology*, 38(4), 2013, pp.60–6

[24] Salimi, M., Barlow, J. L., Saunders, S. P., Xue, L., Gutowska-Owsiak, D., Wang, X., Huang, L. C., Johnson, D., Scanlon, S. T., McKenzie, A. N. and Fallon, P. G., and Ogg, G., 'A role for IL-25 and IL-33–driven type-2 innate lymphoid cells in atopic dermatitis', *Journal of Experimental Medicine*, 210(13), 2013, pp.2939–50

[25] Jabbar-Lopez, Z. K., Yiu, Z. Z., Ward, V., Exton, L. S., Mustapa, M. F. M., Samarasekera, E., Burden, A. D., Murphy, R., Owen, C. M., Parslew, R. and Venning, V., 'Quantitative evaluation of biologic therapy options for psoriasis: a systematic review and network meta-analysis', *Journal of Investigative Dermatology*, 137(8), 2017, pp.1646–54

[26] Warman, P. H. and Ennos, A. R., 'Fingerprints are unlikely to increase the friction of primate fingerpads', *Journal of Experimental Biology*, 212(13), 2009, pp.2016–22

[27] Hirsch, T., Rothoeft, T., Teig, N., Bauer, J. W., Pellegrini, G., De Rosa, L., Scaglione, D., Reichelt, J., Klausegger, A., Kneisz, D. and Romano, O., 'Regeneration of the entire human epidermis using transgenic stem cells', *Nature*, 551(7680), 2017, pp.327–32

[9] Hanifin, J. M., Reed, M. L. and Eczema Prevalance and Impact Working Group, 'A population-based survey of eczema prevalence in the United States', *Dermatitis*, 18(2), 2007, pp.82–91

[10] Maintz, L. and Novak, N., 'Getting more and more complex: the pathophysiology of atopic eczema', *European Journal of Dermatology*, 17(4), 2007, pp.267–83

[11] Palmer, C. N., Irvine, A. D., Terron-Kwiatkowski, A., Zhao, Y., Liao, H., Lee, S. P., Goudie, D. R., Sandilands, A., Campbell, L. E., Smith, F. J. and O'Regan, G. M., 'Common loss-of-function variants of the epidermal barrier protein filaggrin are a major predisposing factor for atopic dermatitis', *Nature Genetics*, 38(4), 2006

[12] Engebretsen, K. A., Kezic, S., Riethmüller, C., Franz, J., Jakasa, I., Hedengran, A., Linneberg, A., Johansen, J. D. and Thyssen, J. P., 'Changes in filaggrin degradation products and corneocyte surface texture by season', *British Journal of Dermatology*, 178(5), 2018, pp.1143–50

[13] Janich, P., Toufighi, K., Solanas, G., Luis, N. M., Minkwitz, S., Serrano, L., Lehner, B. and Benitah, S. A., 'Human epidermal stem cell function is regulated by circadian oscillations', *Cell Stem Cell*, 13(6), 2013, pp.745–53

[14] Wang, H., van Spyk, E., Liu, Q., Geyfman, M., Salmans, M. L., Kumar, V., Ihler, A., Li, N., Takahashi, J. S. and Andersen, B., 'Time-restricted feeding shifts the skin circadian clock and alters UVB-induced DNA damage', *Cell Reports*, 20(5), 2017, pp.1061–72

[15] Hofer, M. K., Collins, H. K., Whillans, A. V. and Chen, F. S., 'Olfactory cues from romantic partners and strangers influence women's responses to stress', *Journal of Personality and Social Psychology*, 114(1), 2018, p.1

[16] Miller, S. L. and Maner, J. K., 'Scent of a woman: Men's testosterone responses to olfactory ovulation cues', *Psychological Science*, 21(2), 2010, pp.276–83

[17] Wedekind, C., Seebeck, T., Bettens, F. and Paepke, A. J., 'MHC-dependent mate preferences in humans', *Proceedings of the Royal Society of London, Series B, Biological Sciences*, 260(1359), 1995, pp.245–9

[18] Kromer, J., Hummel, T., Pietrowski, D., Giani, A. S., Sauter, J., Ehninger, G., Schmidt, A. H. and Croy, I., 'Influence of HLA on human partnership and sexual satisfaction', *Scientific Reports*, 6, 2016, p.32550

參考資料

作者註：斟酌與定義

[1] Edelstein, L., 'The Hippocratic Oath: text, translation and interpretation', *Ancient Medicine: Selected Papers of Ludwig Edelstein*, 1943, pp.3–63

1 有如瑞士刀的器官

[1] Waring, J. I., 'Early mention of a harlequin fetus in America', *American Journal of Diseases of Children*, 43(2), 1932, p.442

[2] Hovnanian, A., 'Harlequin ichthyosis unmasked: a defect of lipid transport', *The Journal of Clinical Investigation*, 115(7), 2005, pp.1708–10

[3] Rajpopat, S., Moss, C., Mellerio, J., Vahlquist, A., Gånemo, A., Hellstrom-Pigg, M., Ilchyshyn, A., Burrows, N., Lestringant, G., Taylor, A. and Kennedy, C., 'Harlequin ichthyosis: a review of clinical and molecular findings in 45 cases', *Archives of Dermatology*, 147(6), 2011, pp.681–6

[4] Griffiths, C., Barker, J., Bleiker, T., Chalmers, R. and Creamer, D. (eds), *Rook's Textbook of Dermatology*, Vols 1–4, 2016, John Wiley & Sons

[5] Layton, D. W. and Beamer, P. I., 'Migration of contaminated soil and airborne particulates to indoor dust', *Environmental Science & Technology*, 43(21), 2009, pp.8199–205

[6] Weaire, D., 'Kelvin's foam structure: a commentary', *Philosophical Magazine Letters*, 88(2), 2008, pp.91–102

[7] Yokouchi, M., Atsugi, T., Van Logtestijn, M., Tanaka, R. J., Kajimura, M., Suematsu, M., Furuse, M., Amagai, M. and Kubo, A., 'Epidermal cell turnover across tight junctions based on Kelvin's tetrakaidecahedron cell shape', *Elife*, 5, 2016

[8] Hwang, S. and Schwartz, R. A., 'Keratosis pilaris: a common follicular hyperkeratosis', *Cutis*, 82(3), 2008, pp.177–80